JN240502

基礎から実践

鉄筋コンクリート

監修
辻　幸和

著者
山下　典彦
緑川　猛彦
李　春鶴
松尾　栄治
井上　真澄
庭瀬　一仁
志村　敦

理工図書

まえがき

本書は，鉄筋コンクリート構造の基礎から実践までを扱った大学および高等専門学校の建設系（土木系）学科の学生・初級技術者向けの教科書であり，執筆は大学・高等専門学校だけでなく民間企業の研究者・技術者を含むメンバーから構成され，鉄筋コンクリート構造物を設計するための基礎だけでなく最終章には道路橋の設計概要について記述している。

鉄筋コンクリート構造を用いた橋の特許は，1878年にモニエ（Monier（フランス））が取得しているが，鉄筋は基本的に部材断面の中央付近に配置されていた。同年，ハイアット（Hyatt（アメリカ））が，付着の重要性は十分に認識されていなかったが異形鉄筋を使用した鉄筋コンクリートはりの実験を行い，鉄筋コンクリート構造の特許を取得している。そして，「鉄とコンクリートの熱膨張係数が同等である」，「鉄筋コンクリート構造が耐火性に優れている」といった重要な特性を確認している。その後，1887年にケーネン（Koenen（ドイツ））が鉄筋コンクリートの設計理論を発表し，それらに基づき1903年に田邉朔郎が琵琶湖疏水にメラン式アーチ橋を架設（小橋であったことから実物試験であったと考えられる）している。これは日本で初めて造られたといわれている*鉄筋コンクリート橋で，鉄筋には疏水工事で使われたトロッコのレールが代用された。ちなみに1885年に着工された琵琶湖疏水建設は，23歳で工事責任者となった田邉の卒業論文「琵琶湖疏水工事の計画」での提言が元になっている。

日本における鉄筋コンクリートの設計法は，1931年の土木学会の鉄筋コンクリート標準示方書と1955年のプレストレストコンクリート設計施工指針の制定に始まり，許容応力度設計法，終局強度設計法，限界状態設計法，性能照査型設計法へと進歩している。許容応力度設計法は計算が容易であるが，使用限界状態しか考慮していなかったため疲労破壊（限界状態）を扱えなかった。また，鉄筋やコンクリートを弾性体とみなし弾性理論で考えられていたため，破壊に対する安全性の検討ができなかった。そこで，終局限界状態を考慮した終局強度設計法，使用限界状態，終局限界状態および疲労限界状態を考慮した限界状態設計法へと移行している。さらに，限界状態設計法をベースにした新しい設計法が性能照査型設計法で，限界状態は耐久性，安全性，使用性および復旧性に対して設定している。

上記の設計法は鉄筋コンクリートの分野では構造の領域となるが，材料の領域も1980年代に入ってから塩害，中性化およびアルカリ骨材反応等によるコンクリートの早期劣化が問題となったことから，多様な構造や新材料に対応する設計手法の導入され，2017年改定された道路橋示方書では，橋の設計供用期間100年が標準となっている。したがって，新設の構造物の設計はもちろんのこと，既設の構造物の維持管理や災害で被災した構造物の復旧などでは過去の各種設計法についても理解しておくことが重要である。

具体的に本書では，下記の９章から構成されている（詳しくは，目次および図-1.1を参照）。

第１章　コンクリート構造と設計法の概説

第２章　材料の力学的性質

第３章　各種設計法（許容応力度設計法，終局強度設計法，限界状態設計法，性能照査型設計法）

第４章　曲げモーメントを受ける部材

第５章　曲げモーメントと軸方向力を受ける部材
第６章　せん断力を受ける部材
第７章　疲労
第８章　プレストレストコンクリート
第９章　道路橋の設計概要

もちろん本書のみの内容で鉄筋コンクリート構造物の設計が十分こなせるわけではなく，演習問題の数も不十分であるが，できるだけ読者にとってわかりやすい内容となるよう図面に工夫を加え，重要な算定式については詳しく解説した。また，土木学会コンクリート標準示方書：2022の内容を多く引用させていただくと共に，JIS A 0203（コンクリート用語）：2019，ならびにJIS Z 8301：2019（規格票の様式及び作成方法）：2019に準じて執筆した。

最後に本書の監修の労をお取りくださった辻幸和先生（NPO法人持続可能な社会基盤研究会理事長，群馬大学・前橋工科大学名誉教授），ならびに出版に際してご尽力頂いた理工図書株式会社の谷内宏之氏に厚くお礼を申し上げる。

2024年11月

著　者

*岡林隆敏：長崎橋物語　石橋から戦災復興橋まで，弦書房，2022.
1903年１月に完成した吉村長策の本河内低部堰堤（ダム）放水路橋（長崎市）が日本で初めての鉄筋コンクリート橋である。

目　次

第1章　コンクリート構造と設計法の概説――1

1.1　鉄筋コンクリートの特徴　1
1.1.1　コンクリートの成立ち　1
1.1.2　鉄筋コンクリートの成立ち　3
1.2　各種設計法　5
1.2.1　作用　5
1.2.2　構造設計法の概念　7
1.3　コンクリート構造の種類と特徴　10
1.3.1　鉄筋コンクリート構造　12
1.3.2　プレストレストコンクリート構造　16
1.4　構造細目　17
1.4.1　鉄筋コンクリートの前提および構造細目　19
1.4.2　地震動を受けるコンクリート構造物の構造細目　23

第2章　材料の力学的性質――29

2.1　コンクリートの力学的性質　29
2.1.1　強度　29
2.1.2　応力―ひずみ曲線　30
2.2　鉄筋の力学的性質　33
2.2.1　強度（鉄筋の種類，寸法，強度）　33
2.2.2　応力―ひずみ曲線　34

第3章　各種設計法（許容応力度設計法，終局強度設計法，限界状態設計法，性能照査型設計法）――37

3.1　設計法と照査の方法　37
3.1.1　許容応力度設計法　38
3.1.2　終局強度設計法　38
3.1.3　限界状態設計法　38
3.1.4　性能照査型設計法　38
3.2　土木分野の限界状態設計法　39

3.2.1　限界状態　39
3.2.2　限界状態設計法の検討方法　40
3.2.3　材料強度の特性値，設計強度　41
3.2.4　荷重の特性値，設計荷重　42
3.2.5　設計断面力　42
3.2.6　設計断面耐力　43
3.2.7　安全係数の標準値　43
3.2.8　コンクリート強度の低減係数 κ_1　43
3.3　限界状態設計法の経緯と現状並びに今後の動向　44

第4章　曲げモーメントを受ける部材 ―――― 47

4.1　曲げモーメントを受ける部材の概要　47
4.2　曲げモーメントを受ける単鉄筋はりの挙動　51
4.3　単鉄筋長方形断面はりの中立軸位置　56
4.4　単鉄筋長方形断面はりの曲げ応力度　58
4.5　単鉄筋長方形断面はりの曲げ耐力　60
4.6　単鉄筋長方形断面はりの曲げひび割れ発生モーメントと曲げ降伏モーメント　70
4.7　単鉄筋 T 形断面はりの曲げ応力度　77
4.8　単鉄筋 T 形断面はりの曲げ耐力　81
4.9　複鉄筋長方形断面はりの曲げ応力度　86
4.10　複鉄筋長方形断面はりの曲げ耐力　89
4.11　はりのたわみ　93
4.12　付着と曲げひび割れ幅　97

第5章　曲げモーメントと軸方向力を受ける部材 ―――― 101

5.1　一般　101
5.2　鉄筋コンクリート柱の種類　101
5.2.1　横補強鉄筋の種類による分類　101
5.2.2　構造的分類　102
5.3　軸方向力のみを受ける部材　102
5.3.1　荷重と変位の関係　102
5.3.2　耐力の算定方法　103
5.4　柱の構造細目　105
5.4.1　帯鉄筋柱　105

5.4.2　らせん鉄筋柱　105
5.4.3　柱の鉄筋の継手　106
5.5　曲げモーメントと軸方向力を受ける部材の挙動　106
5.5.1　偏心軸圧縮　106
5.5.2　相互作用図　106
5.5.3　曲げモーメントと軸方向力を受ける部材の断面耐力　107

第6章　せん断力を受ける部材 ―― 119

6.1　せん断破壊と補強　120
6.1.1　せん断応力と破壊形態　120
6.1.2　せん断補強筋の種類　124
6.2　補強の考え方　127
6.2.1　トラス理論　127
6.2.2　修正トラス理論　129
6.3　せん断力に対する設計　132
6.3.1　設計上の留意点　132
6.3.2　せん断耐力の算定　133
6.3.3　モーメントシフト　136

第7章　疲労 ―― 141

7.1　一般　141
7.2　部材の疲労挙動　141
7.2.1　曲げ疲労　141
7.2.2　せん断疲労　141
7.3　疲労破壊に対する安全性　142
7.3.1　安全性の照査方法　142
7.3.2　曲げモーメントに対する検討　144
7.3.3　せん断力に対する検討　144
7.4　耐震設計　145
7.4.1　耐震設計の基本　145
7.4.2　耐震設計方法　146
7.4.3　耐震構造細目　149

第8章　プレストレストコンクリート ―― 155

8.1　一般　155
　8.1.1　プレストレストコンクリートとは　155
　8.1.2　コンクリートおよびPC鋼材　155
　8.1.3　プレストレストコンクリートの種類　157
8.2　有効プレストレス　159
　8.2.1　緊張直後のプレストレス　159
　8.2.2　有効プレストレス　161
　8.2.3　プレストレスの有効率　164
8.3　使用性に関する照査　165
　8.3.1　曲げモーメントと軸方向力に対する照査　165
　8.3.2　せん断力に対する照査　167
8.4　安全性に関する照査　168
　8.4.1　曲げモーメントと軸方向力に対する照査　168
　8.4.2　せん断力に対する照査　170

第9章　道路橋の設計概要 ―― 173

9.1　一般　173
9.2　構造計画　173
9.3　設計の基本　174
9.4　橋梁計画　175
9.5　各部材の設計方針　176
9.6　耐荷性能に関する基本　178
9.7　設計条件　179
9.8　鉄筋コンクリートT形橋脚の設計計算例　181

付録 ―― 192
索引 ―― 193

表紙写真

上：阪神高速三宝ジャンクション
阪神高速4号湾岸線と6号大和川線とを接続するジャンクションで，コンクリート橋脚は景観に配慮した形状の採用，表面処理の工夫を行った（土木学会デザイン賞優秀賞）
提供：阪神高速道路（株）

下：上椎葉ダム（宮崎県東臼杵郡椎葉村）
日本初の高さ100メートル級の大規模アーチ式コンクリートダムで，日本の土木技術に多大な影響を与えた（土木学会選奨土木遺産）
撮影者：山下典彦

第1章 コンクリート構造と設計法の概説

1.1 鉄筋コンクリートの特徴

鉄筋コンクリート構造およびプレストレストコンクリート構造は，コンクリートにそれぞれ補強材および初期応力を施すことにより成り立つ複合構造である。すなわち，コンクリートの内部に鉄筋を配置し補強されたコンクリートを鉄筋コンクリート，PC 鋼材を用いてあらかじめ圧縮応力を導入したコンクリートをプレストレストコンクリートと呼び，この２つの形式を**鉄筋コンクリート**と総称して本書で取り扱う。さらに，**図 -1.1**には，第１章から第９章の全体の流れの中でどの部分を学習しているかについて容易に理解できるように，フローを示す。

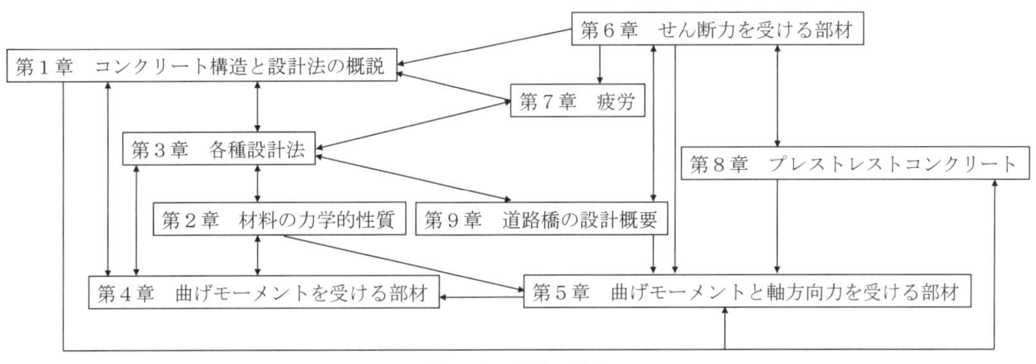

図 -1.1　全体の流れ

1.1.1 コンクリートの成立ち

コンクリートは，セメントと水を混合したセメントペーストを接着剤とし，これに砂（細骨材）を混ぜることでモルタル，さらに，このモルタルに砂利（粗骨材）などの岩石片を加え混合・結合させたものを総称し，建設材料として最も広範囲に使われている複合材料である。かつては，混凝土（こんくりーと）と漢字で記されていたことからも，固まるのは乾くのではなく，水とセメントの化学反応（水和反応）による結合であることが理解できる。通常，このコンクリートの流動性，空気量，固まる（硬化する）までの時間を調整するだけでなく，強度，ワーカビリティーおよび耐久性などの品質を改善する目的で，混和材料（使用量により混和剤または混和材）が混入される。

コンクリートは建設材料として強固なイメージがあるが，例えば，地震のような大きな外力が作用した場合，**図 -1.2**に示すように，圧縮力に対しては強いが，曲げと引張りに対しては弱いといった固有の性質を有している。そのため，コンクリートには**写真 -1.1**に示すような**ひび割れ**と欠けやすいといった弱点がある。その原因には，強固で変形しづらいという性質が影響している。さらに，ひび割れは外力だけでなく，コンクリート中の水分が減少することと**写真 -1.2**

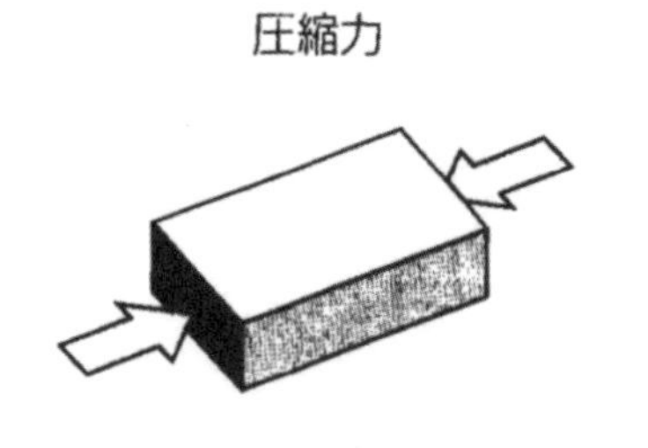

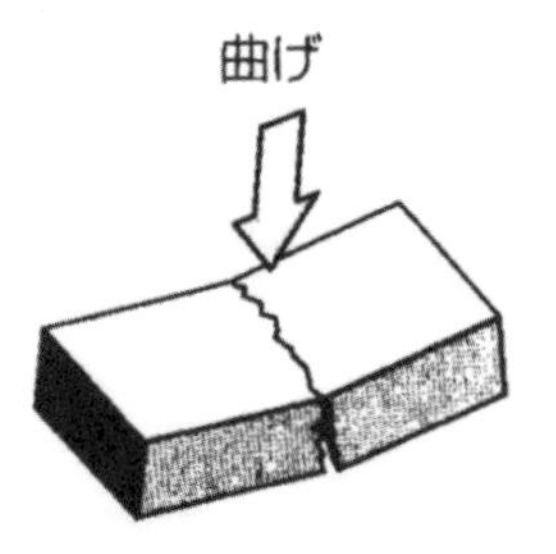

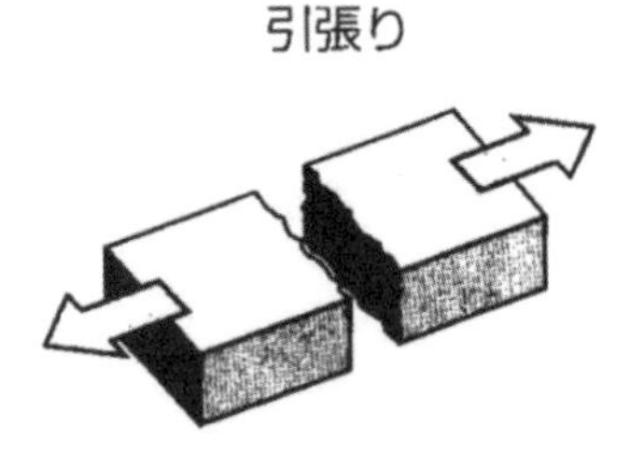

図-1.2　コンクリート固有の性質[1)]

写真-1.1　RC橋（地崎道路株式会社提供）

写真-1.2　PC橋（ショーボンド建設株式会社補修工学研究所提供）

に示すようなコンクリート自体の劣化によっても生じる。前者として，コンクリート中の水分が外部に逸散されることで生じる**乾燥収縮**と，セメントの水和反応によりコンクリート中の水分が消費されることで生じる**自己収縮**がある。後者は，コンクリート自体の組織が緩み強度低下を生じる劣化ひび割れで，アルカリシリカ反応，凍害，疲労によるひび割れがある。

現在，確認されている最も古いコンクリートは，約9000年前のものでイスラエルの南ガレリア地方のイフタフ遺跡で発見され，大型居住跡の床として使われていた[2)]。その後，古代エジプトから18世紀にかけて火山灰と石灰を混ぜて作ったポゾランセメントを用いて，土木構造物と建築物が造られた。特に，2000年前の古代ローマ帝国ではローマン・コンクリートが使用され，現代のコンクリートより耐久性が高い無筋コンクリート(コンクリートだけで外力に対して抵抗する)で水道橋，トンネルはもとより，今なお構造が維持できている遺跡などが造られた。現代のコンクリートは，1824年にイギリス人のアスプディン（Aspdin）が発明したポルトランドセメントが広まったもので，ローマン・コンクリートとは異なる。ローマン・コンクリートの詳細な製造法はローマ帝国滅亡とともに失われたが，それらを起源とするジオポリマーコンクリート[3)]に関する研究が現在も行われている。また，建設分野のCO_2排出量の削減を目指した環境配慮型コンクリート，または低炭素型コンクリート，そして完全リサイクル可能なカーボンニュートラルコンクリート[4)]など，サスティナブルな取組みが進められている。さらに，常識を覆す新たなコンクリートとしてコンクリート自体がひび割れを感知し，内部に組み込まれた修復機構によって，自らが修復する自己治癒コンクリート[5)]の開発が行われている。

1.1.2　鉄筋コンクリートの成立ち

鉄筋コンクリートは，鉄筋とコンクリートという非常に異なる力学的性質を持つ２種類の材料から構成され，引張力に弱いというコンクリートの短所を鉄筋で補強することで成り立つ複合材料である。**表-1.1**は鉄筋とコンクリートの機械的（力学的）性質[6]，**図-1.3**は応力－ひずみ曲線を示したものであり，次のような力学的・材料的特徴を持っている。

①圧縮強度について，鉄筋はコンクリートの10～20倍程度である

②引張強度について，鉄筋はコンクリートの100～200倍程度である

③鉄筋は圧縮強度と引張強度がほぼ等しいのに対し，コンクリートの引張強度は圧縮強度の１/10程度となり，コンクリートが引張に対して弱いことがわかる

④ヤング係数（**図-1.3**の弾性範囲 OA）について，鉄筋はコンクリートの10倍程度である

⑤破壊時のひずみについて，鉄筋はコンクリートに比べて極めて大きい

表-1.1　鉄筋とコンクリートの機械的（力学的）性質[6]

	圧縮強度（N/mm^2）	引張強度（N/mm^2）	ヤング係数（kN/mm^2）	ひずみ能力（10^{-6}）
コンクリート	20～100	1～3	15～50	3000～10000（圧縮） 200～500（引張）
鉄筋	500～1000	500～1000	190～210	100000～300000

コンクリート：強度的方向性あり（圧縮＞引張）
鉄筋：座屈しない場合は、強度的方向性なし（圧縮＝引張）

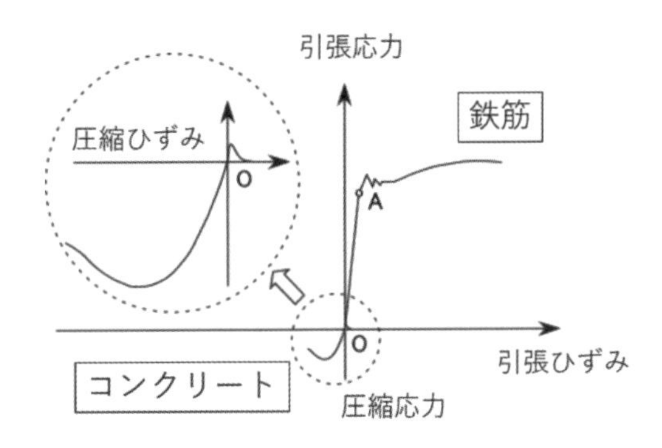

図-1.3　鉄筋とコンクリートの応力－ひずみ曲線

このような特徴から，コンクリートの中に鉄筋を配置し，引張力を負担させるのが，鉄筋コンクリートの基本的な考え方である。さらに，鉄筋コンクリートが長年にわたり構造部材として適用されてきたのは，次のような理由による[7]。

①コンクリート中の鉄筋は腐食しにくい

コンクリート中のセメントペーストはアルカリ性（pH：12～13）なので，セメントペーストに保護されている鉄筋には酸化などの腐食が生じない。

②コンクリートと鉄筋との間で付着が確保できる

異形鉄筋の使用が前提の場合，鉄筋とコンクリートの付着強度は十分に大きく，ひび割れが生じても鉄筋がコンクリートの受け持つ応力を負担する。

③コンクリートと鉄筋の熱膨張係数がほぼ等しい

鉄筋とコンクリートの熱膨張係数は，それぞれ約10～12×10^{-6}/℃と約7～13×10^{-6}/℃であり，ともに10×10^{-6}/℃程度でほぼ等しいので，温度変化が生じても両者の間にずれと応力は，ほとんど生じない。

以上のような点を前提に成り立っている鉄筋コンクリートは，優れた合理的な構造材料であるが，他の構造材料と比較して欠点もある。その長所・短所は，次の通りである[8)]。

［長所］

・耐久性，耐火性，耐候性に優れており，維持管理がしやすい
・種々な形状・寸法の構造物を容易に一体としてつくることができるので，継手が少なく，耐震性を確保しやすい
・材料の入手および運搬が容易であり，他の構造物に比べて経済的である
・構造物としての機能上，振動・騒音が少ない

［短所］

・鋼構造と比較して断面が大きくなるので，例えばスパン（支間）の大きな構造物および軟弱地盤上の構造物には不利である
・コンクリートの引張強度が低く，さらに乾燥によっても収縮することから，ひび割れが生じやすく，衝撃を受けると局所的に破損しやすい
・構造物に欠陥が生じた場合，修理または取壊しが困難である
・人的要因によって施工が粗雑になりやすい

すなわち，鉄筋コンクリート構造物を長期にわたり使用するには，良質の鉄筋とコンクリートを用いて入念な設計と施工，品質管理，維持管理を行っていくことが大切である。

鉄筋コンクリートは，1855年の第1回パリ万国博覧会へ2人のフランス人が出品したことで広く社会に認知された。1人目はランボー（Lambot）でボートを，2人目はコワネー（Coigne）で建物をそれぞれ展示した[9)]。**写真-1.3**にボートの製品と世界初の住宅をそれぞれ示す。コワネーは1861年に出版した書物で，「コンクリートと鉄棒の付着が十分確保されることによって，コンクリートが圧縮力に抵抗し，鉄筋が引張力に抵抗すること」を明らかにした。その後，アメリカ人の弁護士のハイアット（Hyatt）が鉄筋を引張側に配置することを明らかにし，1878年に鉄筋コンクリート構造の特許を取得している。

写真-1.3　ランボーのボートおよびコワネーの住宅[10,11)]

日本では，広井勇が1903年に工学会誌で『鐵筋混凝土橋梁』を発表し，欧米諸国における鉄筋コンクリートを紹介し，新材料の有用性を指摘している。同年，田邉朔郎は琵琶湖疎水日ノ岡に，**写真-1.4**のメラン式アーチ橋を架設した[12)]。また，1906年には，わが国で最初の書籍となる『鐵

(a) 琵琶湖疏水日ノ岡第11号橋

(b) 架設当時

写真 -1.4　メラン式アーチ橋[13,14]

筋コンクリート』が，田邉朔朗と井上秀二によって出版されている。そして，1931年に土木学会から鉄筋コンクリート標準示方書（現在のコンクリート標準示方書で，以下，土木学会示方書という）が初めて制定され，1964年に建設省（現　国土交通省）から現在の道路橋示方書の基になっている鉄筋コンクリート道路橋示方書が制定されている[15]。その過程で木橋に代わって鉄筋コンクリート橋が中心的存在となった。

1.2　各種設計法

構造物に変位および応力が生じる原因となるものを**荷重**と呼び，常に作用するものを主荷重，常に作用しないものを従荷重という。主荷重には構造物自身の自重（死荷重），群衆および自動車等の荷重（活荷重），衝撃，プレストレス力，コンクリートの乾燥収縮およびクリープの影響，土圧および水圧等があり，従荷重には地震，風および温度変化の影響等がある。このような荷重または影響を**作用**と呼ぶ。ここでは，作用と荷重の違いと鉄筋コンクリート構造物の構造設計法の概念について述べる。

1.2.1　作用

荷重とは，構造力学の集中荷重，分布荷重，モーメント荷重等の力学計算の中で用いられる力（大きさ，方向，作用点）をモデル化したものである。それに対し，作用とは必ずしも力に限定したものではなく，もっと幅広い概念を持っている。すなわち，構造物または部材に応力および変形の増減，材料特性に経時変化をもたらす全ての働きで，持続性，変動の程度，発生頻度によって，一般に永続作用，変動作用，偶発作用の３つに分類される。

①永続作用とは，持続的に生じる作用であり，死荷重，土圧，プレストレス力，コンクリートの収縮およびクリープ等の影響がある

②変動作用とは，連続あるいは頻繁に生じ，その平均値と比較して変動が無視できない作用であり，活荷重，風荷重，雪荷重および温度変化等の影響がある

③偶発作用とは，設計耐用期間中に生じる頻度が極めて小さいが，生じると影響が非常に大きい作用であり，地震，津波，火災，強風および衝突荷重等の影響がある

さらに，作用はISO等の国際標準だけでなく，JIS[16]にも反映されており，国土交通省が定め

る示方書の共通原則である土木・建築にかかる設計の基本[17]および土木学会の性能設計の標準である土木構造物共通示方書[18]にも作用の概念が取り入れられている[19]。ここでは，永続作用の死荷重と変動作用の活荷重について述べる。

(1)　死荷重

死荷重とは主げた自体の重量であり，固定荷重とも呼ばれる。設計にあたっては，死荷重を**表-1.2**に定められている代表的な材料の単位重量から仮定して求め，設計完了後にあらためて寸法と単位重量から求める。

(2)　活荷重

活荷重とは主げたに作用する自動車荷重，群衆荷重であり，移動荷重とも呼ばれる。自動車荷重は，大型自動車の交通状況に応じて，A活荷重とB活荷重に区分されている。主げたの設計では，**表-1.3**の荷重を**図-1.4**に示すように，L荷重として車道部分に作用する2種類の等分布荷重p_1およびp_2を作用させる。このうち，等分布荷重p_1は，1橋につき1組のみ作用させる[20]。そして，等分布荷重p_1およびp_2は，着目する点または部材に最も不利な応力が生じるように，橋の幅員5.5mまでは等分布荷重p_1およびp_2を主載荷荷重，また残りの部分にはおのおのの1/2の従載荷荷重を載荷する。

表-1.2　代表的な材料の単位重量

材　料	鋼　材	鉄筋コンクリート	アスファルト
単位重量（kN/m³）	77	24.5	22.5

表-1.3　L荷重の強度

<table>
<tr><td rowspan="4">荷重</td><td colspan="6">主載荷荷重（幅員5.5m）</td><td rowspan="4">従載荷荷重</td></tr>
<tr><td colspan="3">等分布荷重 p_1</td><td colspan="3">等分布荷重 p_2</td></tr>
<tr><td>載荷長D(m)</td><td colspan="2">荷重（kN/m²）</td><td colspan="3">荷重（kN/m²）</td></tr>
<tr><td></td><td>曲げモーメントを算出する場合</td><td>せん断力を算出する場合</td><td>L ≦80</td><td>80<L ≦130</td><td>130<L</td></tr>
<tr><td>A活荷重</td><td>6</td><td rowspan="2">10</td><td rowspan="2">12</td><td rowspan="2">3.5</td><td rowspan="2">4.3-0.01L</td><td rowspan="2">3.0</td><td rowspan="2">主載荷荷重の50%</td></tr>
<tr><td>B活荷重</td><td>10</td></tr>
</table>

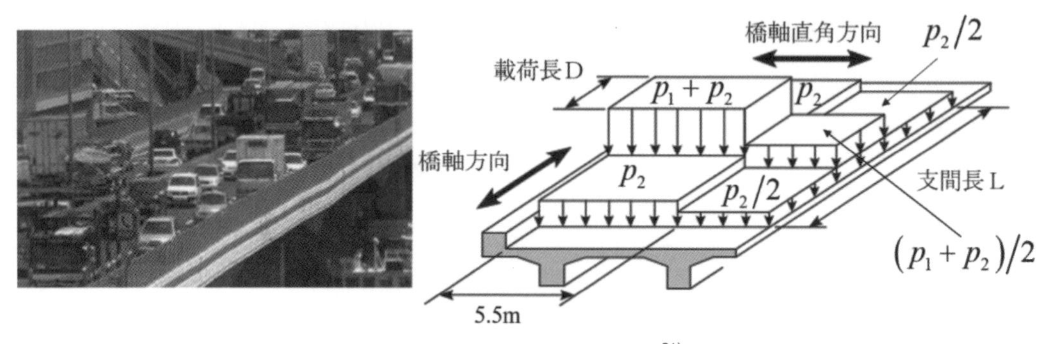

図-1.4　実際の活荷重とL荷重[21]

1.2.2　構造設計法の概念

設計法については，許容応力度設計法，終局強度設計法，限界状態設計法および性能照査設計法の４種類がある。**図-1.5**に仕様規定型の許容応力度設計法から性能照査・性能規定型の性能照査型設計法への設計法の変遷と特徴を示す。なお，図中の○△は，それぞれ長所と短所を示す[22]。

ここでは，土木学会示方書において，構造物の限界状態に基づいた性能照査型設計法が採用されており，許容応力度設計法の適用も認めた上で限界状態設計法の適用を基本とした経緯から，許容応力度設計法と限界状態設計法を取り扱う。

(1)　許容応力度設計法

許容応力度設計法は，種々の視点から欠点が指摘されてきた設計法であるが，従来から多くの構造物で使われてきた。設計荷重によって生じる部材断面の応力度が弾性，すなわち材料の応力－ひずみ関係に**フックの法則**が成り立つという仮定に基づいている。基本的な手順は，**図-1.6**[23,24]のように与えられた設計荷重 F_k に対して，部材の断面力（曲げモーメント，せん断力，軸方向力）S が求まり，各材料（コンクリートおよび鉄筋）に生じる応力度 σ（**図-1.7**の圧縮側（上縁）のコンクリートの応力度 σ'_c（記号の $'$ は圧縮側を意味する），引張側（下縁）の鉄筋の応力度 σ_S およびせん断応力度 τ が生じ，詳細については，第４章を参照されたい）が得られる。一方，これとは別に使用される材料と同じ品質のものの材料試験からコンクリートの圧縮強度，鉄筋の降伏強度が得られ，これを材料強度（設計基準強度）f_k とし，コンクリートの設計基準強度および鋼材の降伏点に対し十分な安全性を見込んだ安全率 γ で除することで，許容応力度 σ_a が得られる。そして，各材料の応力度 σ が許容応力度以下となるように繰り返して，断面寸法等を求める方法である。

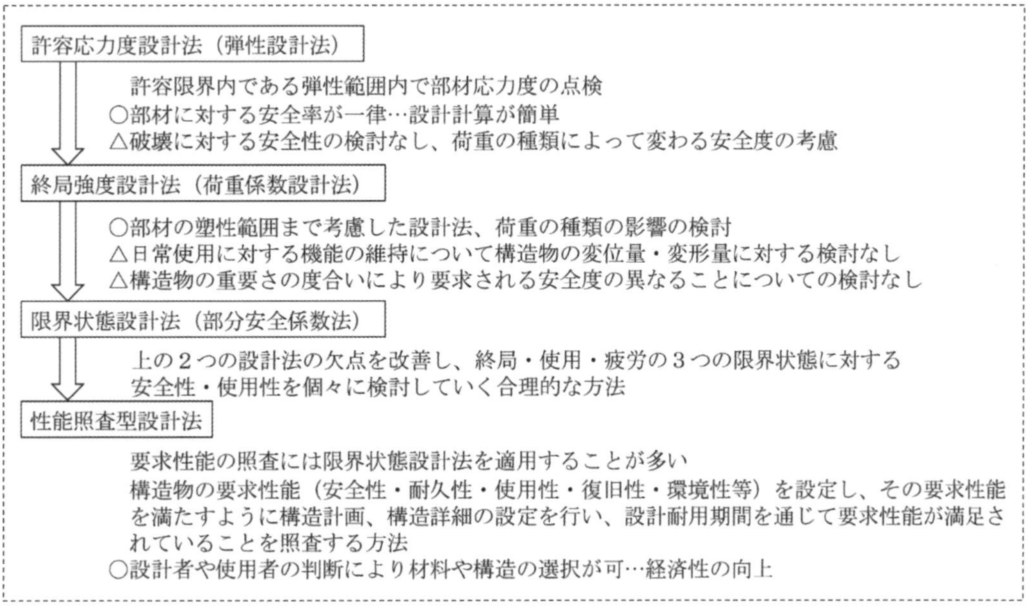

許容応力度設計法（弾性設計法）

　許容限界内である弾性範囲内で部材応力度の点検
　○部材に対する安全率が一律…設計計算が簡単
　△破壊に対する安全性の検討なし、荷重の種類によって変わる安全度の考慮

終局強度設計法（荷重係数設計法）

　○部材の塑性範囲まで考慮した設計法、荷重の種類の影響の検討
　△日常使用に対する機能の維持について構造物の変位量・変形量に対する検討なし
　△構造物の重要さの度合いにより要求される安全度の異なることについての検討なし

限界状態設計法（部分安全係数法）

　上の２つの設計法の欠点を改善し、終局・使用・疲労の３つの限界状態に対する安全性・使用性を個々に検討していく合理的な方法

性能照査型設計法

　要求性能の照査には限界状態設計法を適用することが多い
　構造物の要求性能（安全性・耐久性・使用性・復旧性・環境性等）を設定し、その要求性能を満たすように構造計画、構造詳細の設定を行い、設計耐用期間を通じて要求性能が満足されていることを照査する方法
　○設計者や使用者の判断により材料や構造の選択が可…経済性の向上

図-1.5　設計法の変遷と特徴[22]

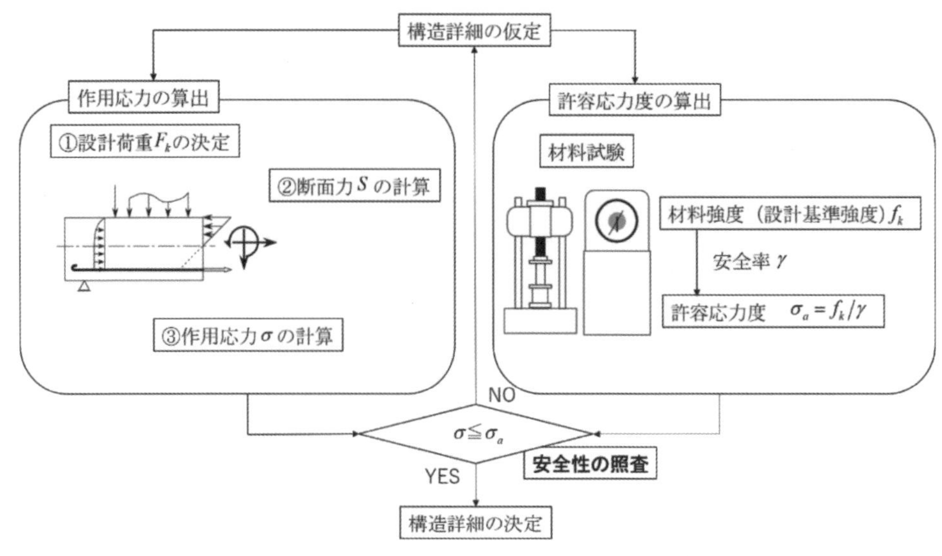

図-1.6　許容応力度設計法における設計手順[23,24]

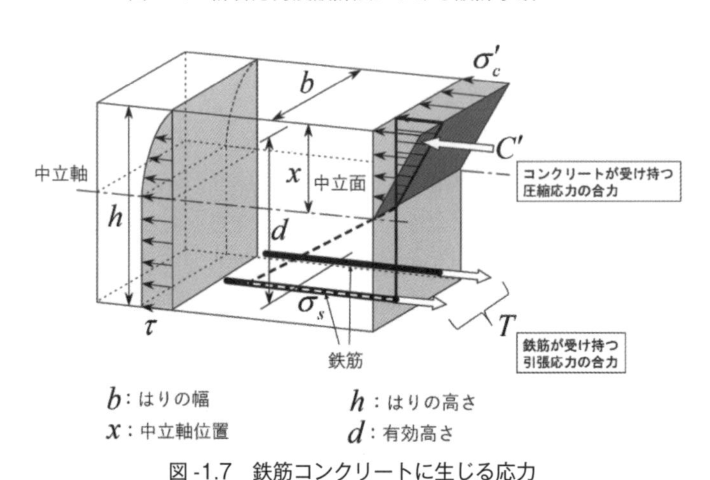

図-1.7　鉄筋コンクリートに生じる応力

(2)　限界状態設計法

構造物に作用する荷重の増加に伴い，弾性的であった挙動が塑性的となり，ついには破壊する。その過程は，ひび割れの発生・進展，たわみの増加，鉄筋の降伏，断面破壊等の際だった変化を示す特別な状態[21]を示し，これらの特定の状態を**限界状態**と呼ぶ。この状態を設計の拠り所としている設計法が，限界状態設計法である。

限界状態設計法では，一般に要求性能（安全性，耐久性，使用性，復旧性および環境性等）を明確に定め，それぞれに応じて限界状態を与える。そして，**設計耐用期間**を通じて構造物が限界状態に至らないことを照査し，要求性能を満足するかどうかを確認する。

図1-8[20,21]に従って説明すると，まず荷重の特性値 F_k を組み合わせて，荷重に対する荷重係数 γ_f を考慮し設計荷重 F_d を設定する。この荷重が作用した時の断面力 S（F_d）を構造解析によって算出し，さらに安全側に構造解析係数 γ_a で割り増したものが設計断面力 S_d となる。一方，耐荷力としては，材料強度 f_k から材料係数 γ_m を用いてばらつきを考慮して若干割り引いた値が材料の設計強度 f_d であり，これを用いて計算された断面耐力を部材係数 γ_b で除したものが設計断

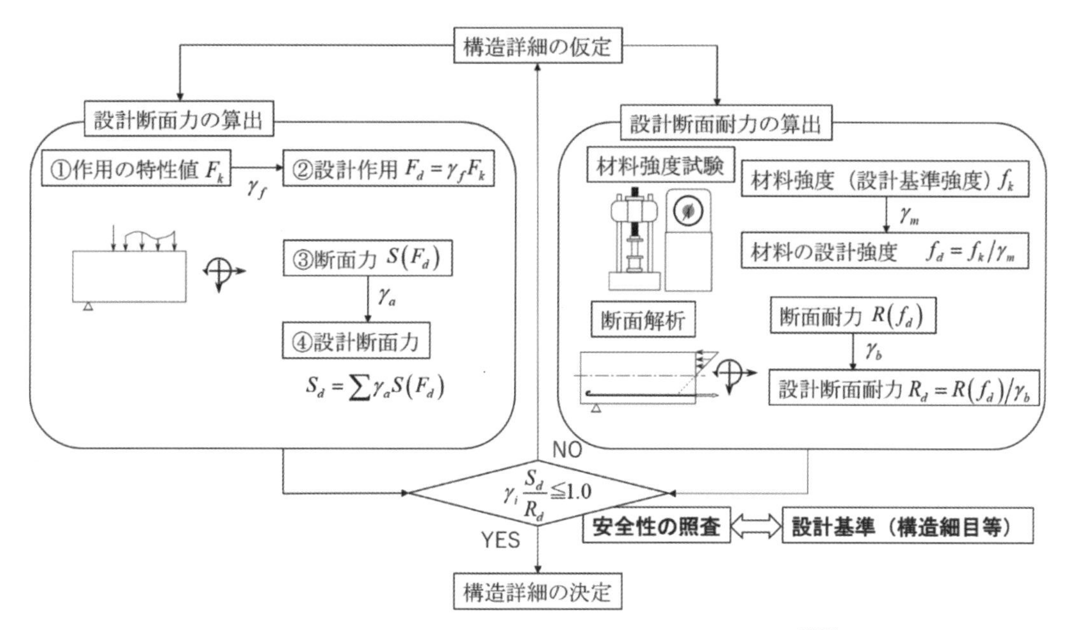

図 -1.8　限界状態設計法における設計手順（終局状態の場合）[23,24]

面耐力 R_d となる。そして，設計断面力 S_d に対する設計断面力 R_d の比をとり，$\gamma_i(S_d/R_d)\leqq1.0$を満足すればよい。ここで，$\gamma_i$ は**構造物係数**と呼ばれ，構造物の重要度・社会的影響度を考慮して設定される。

構造物の設計の流れを**図 -1.9**[22] に示す。設計では，まず自然条件，社会条件，施工性，経済性，環境適合性等の構造物の要件を考慮した個別の目的に応じて，**要求性能**を設定する。そして，その要求性能を満たすように構造物の構造計画，構造詳細の設定を行い，設計耐用期間を通じて要求性能が満足されていることを照査することになる。

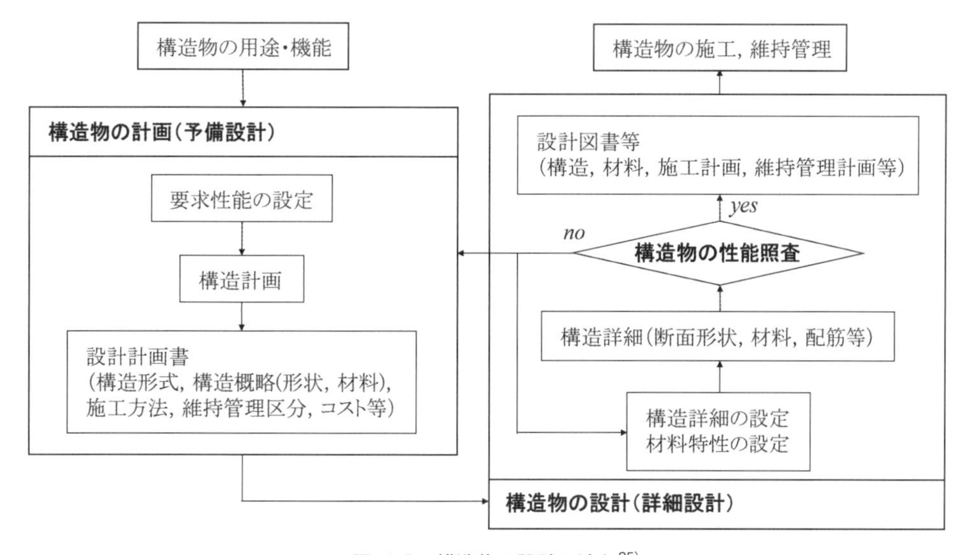

図 -1.9　構造物の設計の流れ[25]

さらに，サスティナブル社会に求められる要求性能は，新規建設投資の時代から維持管理の時代に移行しつつあることから，長寿命化だけでなく十分な**環境性能**を持つことが重要となる。環境性能においても，構造物は設計，施工，供用，維持管理，解体・廃棄，再生利用のライフサイクルにわたって環境負荷が生じるため，一定の水準を設けて抑制することが必要である。

図-1.10[26] は，サスティナブル社会に求められる要求性能を時系列変化で表したものである。わが国は地震国であることから，構造物の安全性が特に重要であるので，ここでは安全性能として**耐震性能**を示している。耐震性能は当初は変化しないが，地震被害の経験により見直される耐震基準とともに変化する要求性能を満足させるためには，耐震補強により性能を引き上げる必要がある。これに対して，耐久性能は経年劣化により時間とともに低下し，やがて当初の要求性能を満たさなくなる。環境性能は，耐震性能および耐久性能と異なり，一般に環境負荷の低減性能なので，ライフサイクルにわたって何らかの環境負荷を与える。各種設計法の詳細については，第３章を参照されたい。

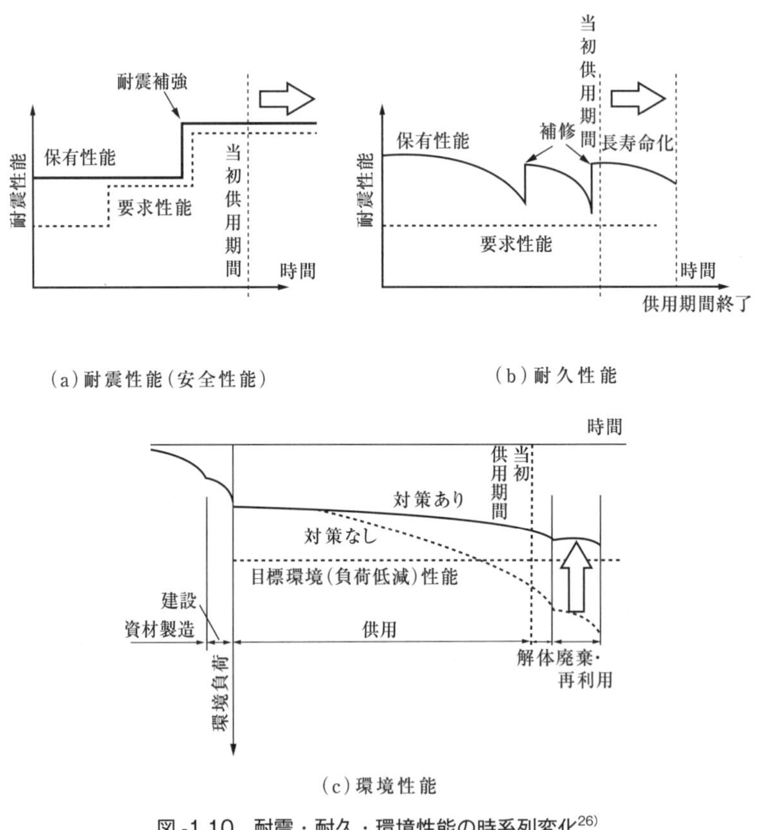

図-1.10　耐震・耐久・環境性能の時系列変化[26]

1.3　コンクリート構造の種類と特徴

鉄筋コンクリート構造，プレストレストコンクリート構造に対し，無筋コンクリート構造は鉄筋による補強がなく，コンクリートだけで荷重に抵抗する構造である。

ここでは，構造力学で学ぶ内容を用いて無筋コンクリートのはりについて簡単な計算例を示す。

まず，**図-1.11**(a)に示すはりのスパン（支間長）を $L=10$m，はりの断面を $b=40$cm，$h=80$cm とした場合，はりの自重（等分布荷重）w は，コンクリートの単位体積重量を23kN/m^{3}とすると，$w=23\times0.4\times0.8=7.36$kN/m となる。次に，はりの断面２次モーメントⅠは $I=bh^3/12=0.017$m^4，はりの中央に発生する曲げモーメントは $M=w\times L^2/8=92$kN·m となることから，はりの下端（引張側）の引張応力度は，中立軸からの距離 y を0.4m とし，$\sigma=M/I\times y=2{,}165$kN/m^{2}となる。最後に無筋コンクリートの許容引張応力度 σ_{ta} をコンクリートの設計基準強度 f'_{ck}（ここでは，24N/mm^2）の１/80とすると，σ_{ta}=300kN/m^{2}であることから，コンクリートの安全率（３～４）を考慮しても，はりの自重だけで破断する。このような場合，はりの高さを高くすることも考えられるが，自重以外に様々な荷重がはりに作用するので，非常に不経済なはりの断面となる。以上の理由から，無筋コンクリートは断面が大きくなっても問題のないダムおよびトンネル等の土木構造物で利用されている。

次に，**図-1.11**(a)に示すはりに荷重および反力の外力が作用し，断面力のせん断力と曲げモーメントが生じる場合を考える。**図**(b)から(d)は左側が荷重を下向きに作用させた場合，右側が荷重を上向きに作用させた場合である。**図**(c)のはりの軸に対して直角にはりをハサミで切断するような作用をせん断力 V といい，その断面から左（または右）にある全ての外力の断面に平行な外力の合力として求められる。右下がりにずらそうとするせん断力を正のせん断力，その反対が負のせん断力である。次に，**図**(d)のはりを凹凸状に反らせる作用を曲げモーメント M といい，その断面から左（または右）にある全ての外力の，その断面の図心についてのモーメントの和として求められる[27)]。曲げモーメントははりを曲げようとする力であることから，はりの下側に引張，はりの上側に圧縮が生じるような向きに作用するものを正の曲げモーメント，その反対が負の曲げモーメントである。

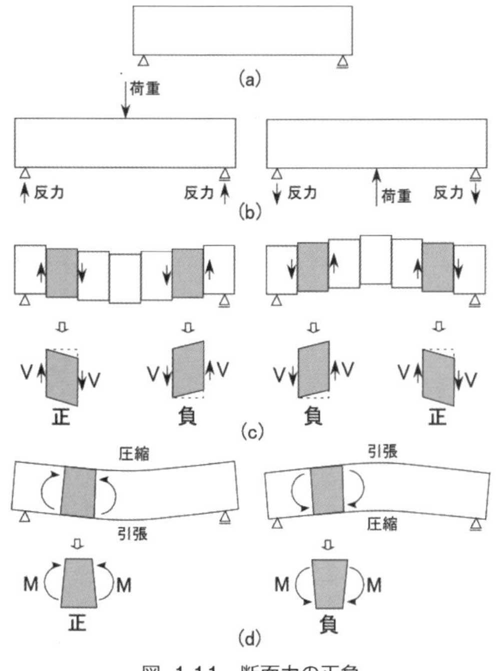

図-1.11　断面力の正負

さらに，許容応力度設計法では，弾性理論によって生じる応力をもとに設計しており，**平面保持の仮定**が設計計算上の仮定の１つである。平面保持の仮定とは，部材の変形前に平面だった断面は変形後も平面であることを仮定している。しかしながら，せん断スパン比（スパンの1/2とはりの有効高さ *d* の比）が小さい**ディープビーム**ではこの仮定が成り立たないことに注意が必要である[28]。

1.3.1　鉄筋コンクリート構造

(1)　曲げモーメントとせん断力が作用するとき

鉄筋コンクリート構造は，**1.1.2**で述べたように，複合材料である。荷重作用に対して鉄筋コンクリート構造が抵抗するには，圧縮力を負担するコンクリートと引張力を負担する単鉄筋が境界面での付着（くっつく程度）により力の伝達を行う必要がある。**図 -12(b)**に示すように曲げによって引張応力度が生じ，コンクリートにひび割れが生じた後，引張側に軸方向鉄筋（主筋）を配置しているが界面に付着がないため鉄筋がコンクリート中を滑り引張力を負担できない。そして，ひび割れが進展しはりが破断する。**図(c)**は付着があるので，ひび割れが生じても鉄筋が引張力を分担するため，ひび割れは上端（圧縮側）まで進展することがなく，かなり大きい荷重作用が生じない限りはりは破壊しない。ただし，鉄筋のみではひび割れの発生に対するひび割れ発生強度を高めることがほとんどできない[29]。すなわち，断面寸法およびコンクリートの品質が同じ場合，**図(a)**の無筋コンクリートも鉄筋コンクリートもほぼ同じ荷重作用でひび割れが発生する。従って，一般に鉄筋が有効なのはひび割れが発生した後であり，通常の力学的計算および設計はひび割れ発生後の状態を基準（全ての引張応力度は鉄筋が負担する）としてなされている。

ここでは，外力が作用した場合にコンクリートのはりに発生するひび割れに着目する。このひび割れは，上述した断面力である曲げモーメントとせん断力に関連づけて整理されている。

図 -1.13には，はりに発生する３種類のひび割れの状況を示す。曲げモーメントが作用すると，軸に対し直角方向に入る曲げひび割れと斜め方向に入る曲げせん断ひび割れが生じる。曲げひび割れは，せん断応力度がほとんど生じない位置で生じるひび割れで，下端から上端に伸びる特徴がある。曲げせん断ひび割れは，せん断応力度より曲げ応力度が大きい位置で生じるひび割れで，下端から上端および荷重作用点に向かって伸びる特徴がある。せん断ひび割れは，せん断応力度が大きい位置で生じるひび割れで，中立軸から荷重作用点に45°前後の方向へ向かって伸びる特徴がある。斜め方向に入る**斜めひび割れ**は，破壊の進行が急激で変形性能が乏しくせん断破壊の原因となることから注意が必要である。

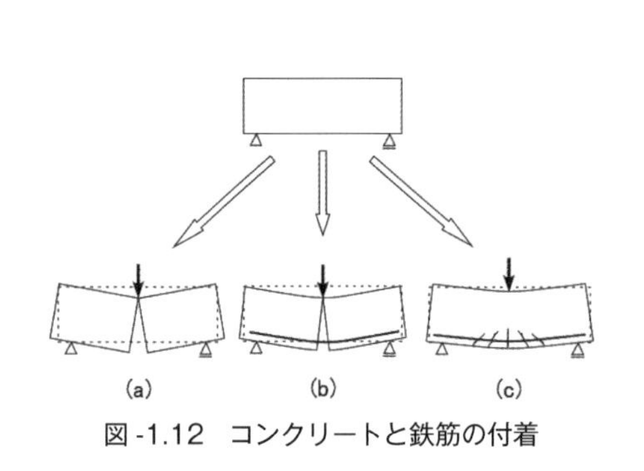

図 -1.12　コンクリートと鉄筋の付着

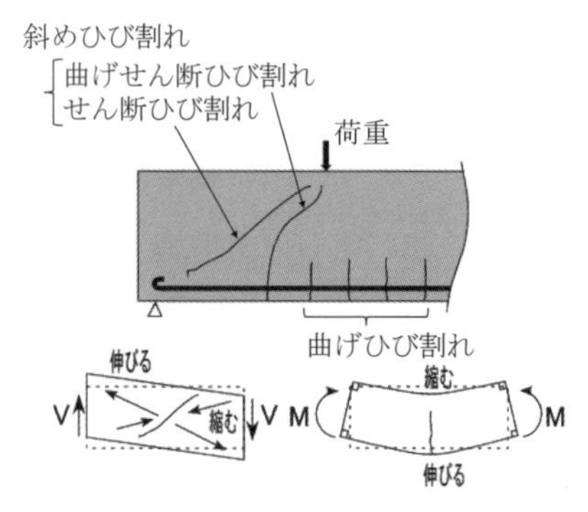

図 -1.13　３種類のひび割れ

はりのせん断破壊を防止するには，引張側の鉄筋のみでは対応できない。その理由は，はりに地震荷重が作用すると**図-1.11**(d)に示す正負の曲げモーメントが作用し，圧縮側にも鉄筋を配置する必要があるからである。このような鉄筋の配置を単鉄筋に対し複鉄筋という。さらに，複鉄筋は有効高さが制限されている場合だけでなく，コンクリートのクリープおよび収縮に対しても有効に作用する。

さらに，軸方向の引張側と圧縮側の鉄筋だけでは斜め方向にコンクリートが引っ張られ，斜めひび割れが生じ，せん断破壊を起こす可能性がある。そこで，曲げモーメントを受ける場合と同様に，せん断力によって引っ張られるコンクリートを鉄筋で補強する必要があるので，**図-1.14**に示す**せん断補強鉄筋**を必ず入れ，圧縮側の鉄筋に定着させる。せん断補強鉄筋としては，**図-1.15**に示すスターラップ（あばら筋ともいう）と折曲げ鉄筋がある。スターラップは軸方向鉄筋と直角方向に配置され，折曲げ鉄筋は軸方向鉄筋を途中から折り曲げて斜め方向に配置し，1本の鉄筋で軸方向鉄筋だけでなく，せん断補強鉄筋としての役割を持っている。

はりのまとめとして，**図-1.16**に鉄筋の有無によるひび割れの影響を曲げモーメントとせん断力が作用した場合について示す。**図-1.13**に示すように曲げモーメントが作用した場合に曲げひび割れ，せん断力が作用した場合のせん断ひび割れが生じ，軸方向鉄筋が曲げひび割れ，せん断補強鉄筋がせん断ひび割れを抑制することがわかる。

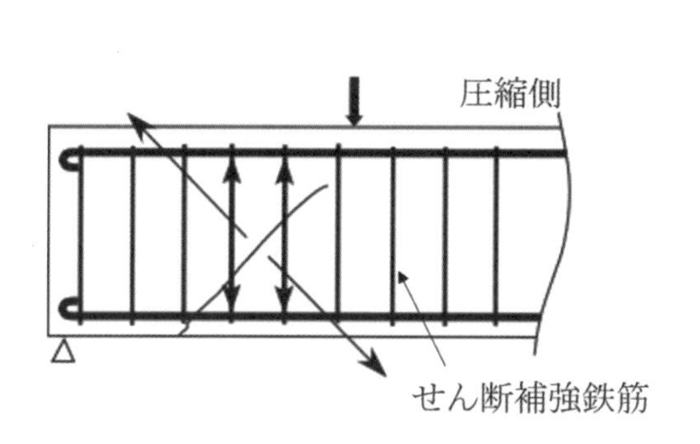

図-1.14　せん断補強鉄筋による補強[30)]

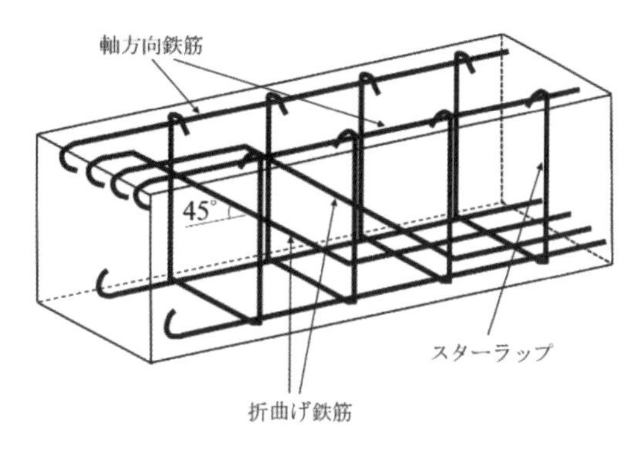

図-1.15　スターラップと折曲げ鉄筋

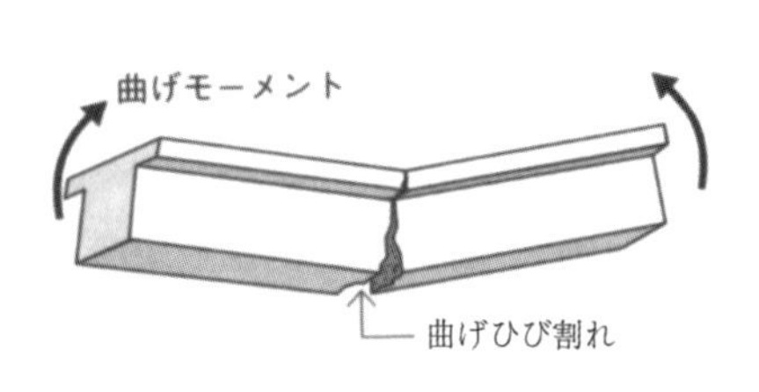

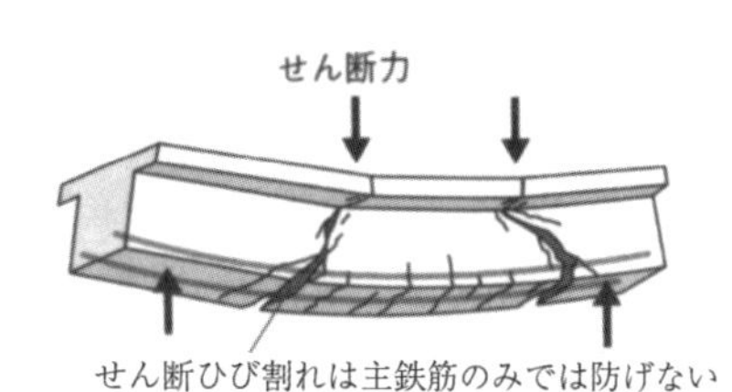

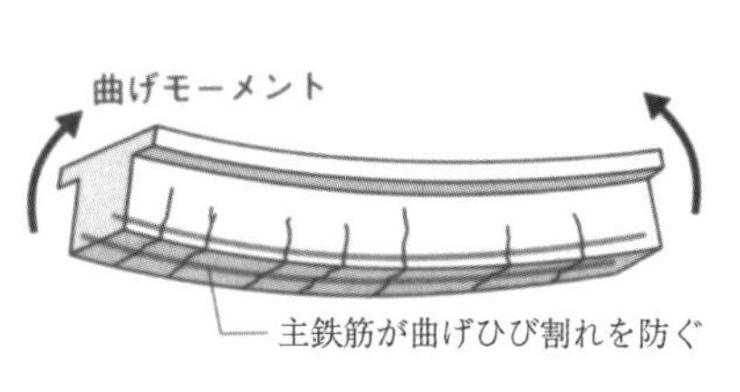

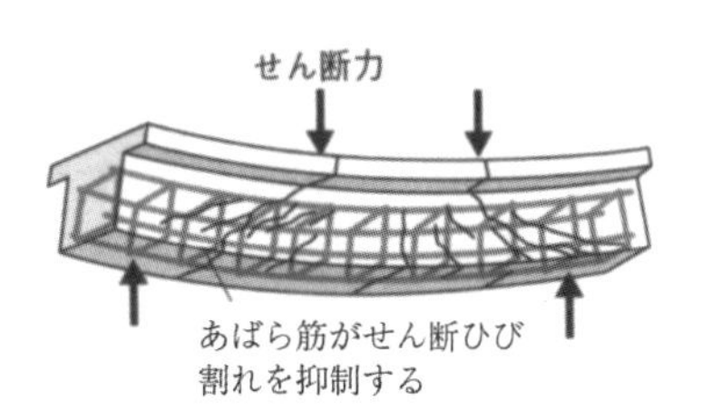

(a)曲げひび割れ　　(b)せん断ひび割れ

図-1.16　鉄筋の有無による断面力とひび割れの影響[31)]

(2)　圧縮力が作用するとき

ここまでは，はりに曲げモーメントとせん断力が作用するときについて述べた。ここからは，**図-1.17**に示すように柱に断面力の軸方向力が生じる場合を考える[32,33]。柱の軸方向には軸方向鉄筋が柱の周辺に近い位置に配置され，**帯鉄筋**が軸方向鉄筋を囲むように高さ方向に一定間隔で配置されている。

まず，この柱から帯鉄筋を除き，上から外力（圧縮力）が軸方向に作用し縮む場合を考える。コンクリートと鉄筋のヤング係数は異なるので，同じ大きさの外力が別々に作用した場合は，ヤング係数の小さいコンクリートの圧縮変形が鉄筋と比べ10倍程度大きくなる。しかし，鉄筋コンクリートは付着により一体となって外力に抵抗するので，**図-1.18**に示すように，同じ圧縮変形となり鉄筋にコンクリートの10倍程度の圧縮応力度が生じる。

次に，柱に外力（引張力）が軸方向に作用し伸びる場合を考える。引張力が小さい領域では，**図-1.19**(a)に示すように鉄筋とコンクリートの引張変形は同じとなり，鉄筋にコンクリートの10倍程度の引張応力度が生じる。引張力が大きくなってくると，**図**(b)に示すようにコンクリートの応力度が引張強度に達し，柱の水平方向にひび割れが生じる。ひび割れが生じると，コンクリー

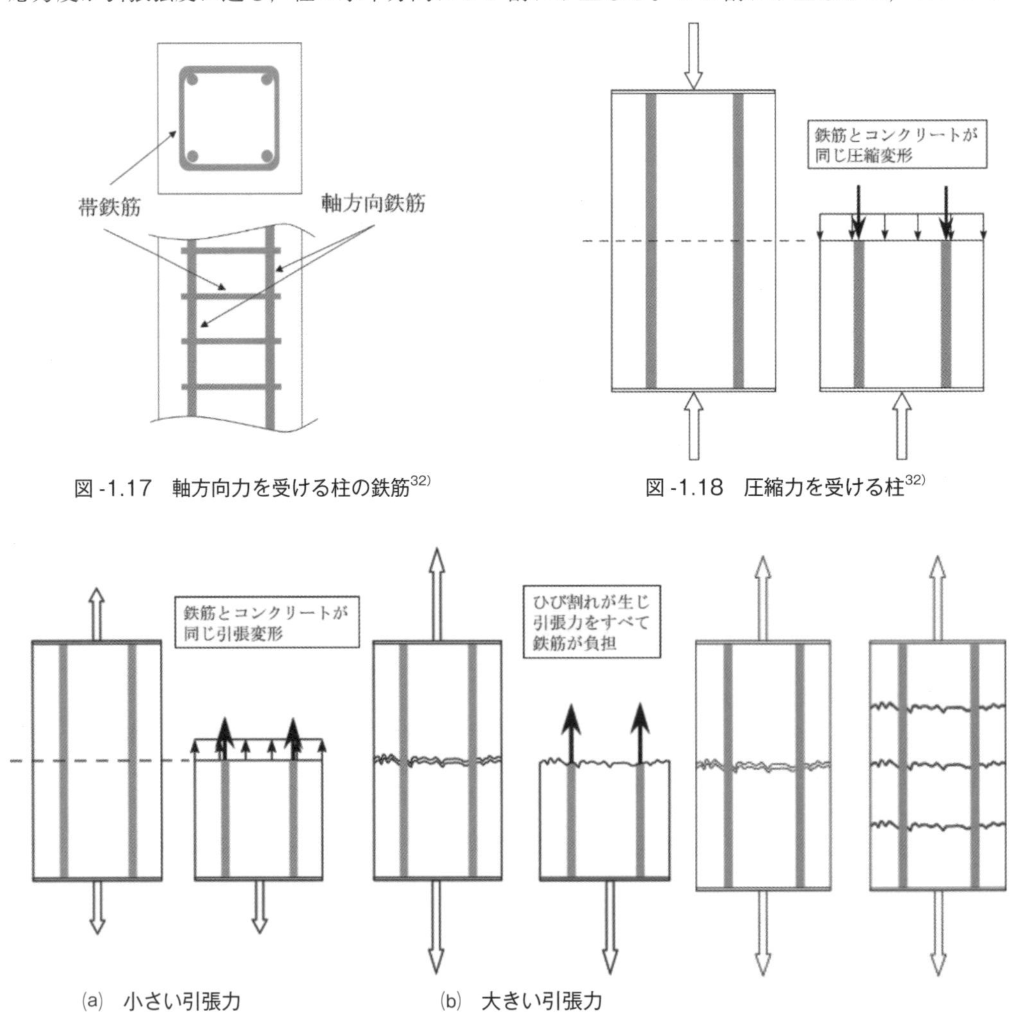

図-1.17　軸方向力を受ける柱の鉄筋[32)]

図-1.18　圧縮力を受ける柱[32)]

(a)　小さい引張力　　(b)　大きい引張力

図-1.19　引張力を受ける柱[32)]

図-1.20　付着によるひび割れ[32)]

トは力を伝達できなくなり，引張力を全て鉄筋が負担することになる。さらに引張力が大きくなると，ひび割れが生じて付着がない箇所では引張力は鉄筋が負担し，コンクリートのひび割れ幅が大きくなる。付着がある別な箇所では，同じ現象が生じて新たなひび割れが生じることになる。このためひび割れが多く発生すると，**図-1.20**に示すように，１本当たりのひび割れ幅は小さく抑制される。すなわち，この１本当たりのひび割れ幅が**許容ひび割れ幅**以下であれば，外部からの塩化物イオン等の浸透は小さくなると考えられる。

さらに，柱でははりのスターラップと同じくせん断力に抵抗するために，**図-1.17**に示す帯鉄筋が軸方向鉄筋を拘束している。その理由は，柱ははりと違い軸方向の伸び縮みに抵抗するだけでなく，**図-1.21**に示すように，地震時には上部構造の荷重を支えながら横方向の変形にも抵抗する必要があるからである。柱が大きな交番荷重を受けて左右に変形することで，曲げひび割れが柱の断面を切るように発生し，せん断ひび割れはX形のひび割れとなる[34)]（**写真-1.5**）。

以上から，鉄筋コンクリート構造では，鉄筋とコンクリートの付着性能を高めることが重要である。普通丸鋼（JIS記号SR）より異形鉄筋（JIS記号SD（**写真-1.6**））がコンクリートとの付着強度が大きく，同じ異形鉄筋でも鉄筋の表面積が大きいほうが付着は大きくなる。従って，道路橋では1970年以降は異形鉄筋が用いられるのが通常であるし，太い鉄筋を使うより細い鉄筋を使って同じ断面積となるようにすることにより，適切に配筋を行う必要がある。鉄筋コンクリート構造の詳細については，第４章から第６章を参照されたい。

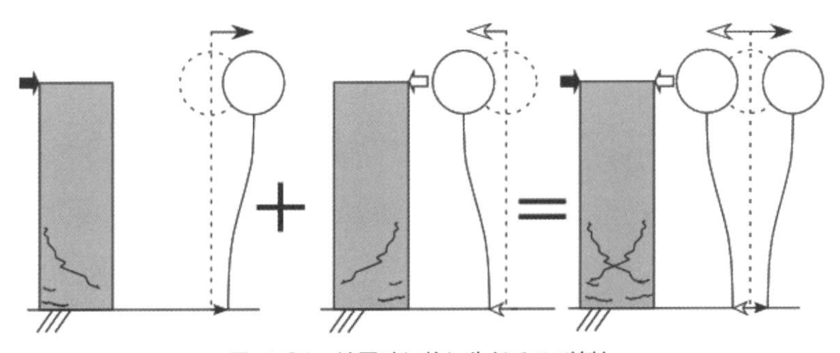

図-1.21　地震時に柱に生じるひび割れ

写真-1.5　道路橋の地震被害

写真-1.6　異形鉄筋

1.3.2　プレストレストコンクリート構造

プレストレストコンクリート構造（PC 構造）は，橋の構造として多用されているにもかかわらず，鉄筋コンクリート構造とは異なるものと考えられているようである[35)]。あらかじめはりの軸方向に圧縮応力を与えている点では異なるが，本質は鉄筋コンクリート構造と変わらず適用範囲を拡大したものである。**図-1.22**に示すように圧縮力によりはり断面には圧縮応力が作用した状態に外力を作用させると引張応力が生じるが，この圧縮応力が打ち消すように働く。圧縮応力のほうが引張応力より大きければ，はり断面の応力は圧縮のみとなるので，ひび割れは生じない。このようにあらかじめ与えておく圧縮応力を，プレストレスという。

プレストレスを与えるためには，高強度の鋼材（PC 鋼材）を用いて緊張させる。PC 鋼材は降伏点強度が鉄筋の３～４倍の800～1550N/mm^{2}のものが使用され，コンクリートも比較的高品質な圧縮強度が50N/mm^{2}程度のものが使用されている。プレストレスを与える方法としては，様々なものがあるが，通常はPC 鋼材をジャッキで緊張する方法が用いられ，**写真-1.7**に示すようにプレテンション方式とポストテンション方式の２つがある。さらに，与えるプレストレスの大きさによって様々な性能の構造物をつくることができる。例えば，道路橋は通常の使用状態において引張応力は生じるが，ひび割れは発生させない構造であるが。タンクおよび原子炉用容器等では水密性と気密性が要求されるので，使用状態でひび割れを発生させないことが特に重要となるので，引張応力が生じない構造となる。

以上のような点を前提に成り立っているプレストレストコンクリートの長所・短所は次の通りである[36)]。

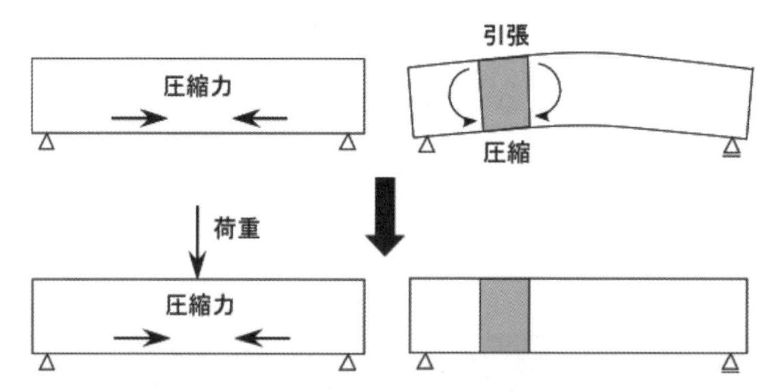

図-1.22　プレストレストコンクリート構造の原理

(a)プレテンション方式

(b)ポストテンション方式

写真-1.7　プレストレストを与える方法（株式会社日本ピーエス提供）

［長所］

・ひび割れを生じないようにすることが可能なので，耐久性と水密性が優れている

・ひび割れを生じないので全断面を有効に利用でき，スレンダーな構造が可能である。さらに，プレストレスによって部材と部材を接合できる

・高強度のPC鋼材と高品質なコンクリートを用いているので，高応力レベルで有効に活用できる

［短所］

・鉄筋コンクリートと比べて剛性が小さいので，変形，振動しやすい

・PC鋼材は鉄筋に比べて耐熱性が多少劣るため，耐火性に注意が必要である

すなわち，プレストレストコンクリートは，様々な構造に利用されており，今後もますます発展すると考えられている。

プレストレストコンクリートは，1886年にアメリカ人のジャクソン（Jackson），1888年にドイツ人のデーリング（Doehring）によって相次いで発案されたのが始まりである。その後，紆余曲折を経て1930～1940年にフレシネー（Freyssinet）はポストテンション工法におけるくさび形定着具とPC鋼線を束ねたケーブルを開発し，プレストレストコンクリートの実用化に著しい貢献をした。これは日本においても1932年に補強コンクリート製品の製造法の特許として登録された。

日本では，戦後本格的に研究が開始され，1949年頃からPCまくら木が実用化，**写真-1.8**に示す日本初のPC橋としてプレテンション方式の長生橋（1951年），ポストテンション方式の十郷橋（1953年）が建設された。**写真-1.9**には1958年に技術導入され多数の実績がある張出し架設工法の施工例（ブロックサイクル施工）を示す。張出し架設工法とは，橋脚から左右にバランスをとりながら移動作業車を用いて順次張出していく技術的方法である。プレストレストコンクリート構造の詳細については，第8章を参照されたい。

(a)　長生橋（石川県七尾市）

(b)　十郷橋（福井県坂井市）

写真-1.8　日本初のPC橋[37,38)]

1.4　構造細目

構造細目は，性能照査（性能照査型設計法）において照査方法の前提条件等として重要な事項である。通常の場合，配筋詳細および部材形状等の妥当性は，性能照査においては検討断面のその一部を照査しているに過ぎず，これ以外については構造細目でその妥当性を検討する。

写真 -1.9　張出し架設工法の施工例（株式会社日本ピーエス提供）

2022年制定土木学会示方書［設計編］は，2017年制定版の制定方針を受け継ぎ，［本編］，［標準］および［付属資料］で構成されている。図 -1.23に［標準］７編の構造細目に関する目次を示すが，下線部が改訂された箇所である。この構造細目は，構造物の設計において計算に考慮できない問題について，実験，経験等に基づいて定めたものである。従って，計算とともに極めて重要な意味を持つので，設計においては土木学会示方書の構造細目を熟読し，規定を守らなければならない[39]。

さらに，［標準］５編の耐震設計および耐震性に関する照査が，偶発作用に対する計画，設計および照査に改訂され，レベル２地震動に加え，津波，洪水および衝突を偶発作用と定義し，それらに対する性能照査を可能にする体系となった。ここでは，鉄筋に関する構造細目のうち，鉄

7 編　鉄筋コンクリートの前提および構造細目
1 章　総　　則
2 章　鉄筋コンクリートの前提
2.1　か ぶ り
2.2　鉄筋のあき
2.3　鉄筋の配置
2.3.1　軸方向鉄筋の配置
2.3.2　横方向鉄筋の配置
2.3.3　ねじり補強鉄筋の配置
2.3.4　ひび割れ制御のための鉄筋の配置
2.4　鉄筋の曲げ形状
2.5　鉄筋の定着
2.5.1　一　　般
2.5.2　標準フック
2.5.3　機械式定着
2.5.4　鉄筋の定着長
2.5.5　軸方向鉄筋の定着
2.5.6　横方向鉄筋の定着
2.5.7　定着破壊に対する照査
2.6　鉄筋の継手
2.6.1　一　　般
2.6.2　軸方向鉄筋の継手
2.6.3　横方向鉄筋の継手
3 章　部材の構造細目
3.1　はりの構造細目
3.1.1　一　　般
3.1.2　独立したはり
3.1.3　ディープビーム
3.1.4　コーベル
3.2　柱の構造細目
3.2.1　帯鉄筋柱
3.2.2　らせん鉄筋柱
3.2.3　柱の鉄筋の継手
3.3　スラブの構造細目
3.3.1　一　　般
3.3.2　一方向スラブ
3.3.3　二方向スラブ
3.3.4　片持ちスラブ
3.3.5　斜めスラブ
3.3.6　円形スラブ
3.3.7　フラットスラブ
3.4　シェルおよび壁の構造細目
3.5　フーチングの構造細目
3.6　ラーメンの構造細目
3.6.1　一　　般
3.6.2　部材接合部
3.7　アーチの構造細目
4 章　その他の構造細目
4.1　面 取 り
4.2　露出面の用心鉄筋
4.3　集中反力を受ける部分の補強
4.4　開口部周辺の補強
4.5　打 継 目
4.5.1　一　　般
4.5.2　床組みおよびこれと一体になった柱または壁の打継目
4.5.3　アーチの打継目
4.6　目　　地
4.6.1　一　　般
4.6.2　伸縮目地
4.6.3　ひび割れ誘発目地
4.7　水密構造
4.8　排水工および防水工
4.9　コンクリート表面の保護
4.10　ハ ン チ

図 -1.23　［標準］７編の構造細目に関する目次

筋コンクリートの前提および構造細目（かぶり，鉄筋のあき，鉄筋の配置および鉄筋の定着）および地震動を受けるコンクリート構造物の構造細目（かぶり，帯鉄筋の配置，鉄筋の定着，鉄筋の継手，実験に基づく構造細目の設定）について一部を紹介する。

1.4.1　鉄筋コンクリートの前提および構造細目

(1)　かぶり

かぶりとは，図-1.24の最外縁に配置された鉄筋の表面とコンクリートの表面との最短距離を測ったコンクリートの厚さで，付着強度を大きくしたり，鉄筋をセメントペーストで保護するために必要である。図-1.25に示すように，耐火性を要求しない場合についてその一部を紹介する。

①鉄筋の直径または耐久性を満足するかぶりのいずれか大きい値 c_d に施工誤差 Δc_e を考慮した値を最小値とする

②鉄筋の継手部に帯鉄筋またはスターラップがある場合には，帯鉄筋とスターラップのかぶりが①の規定を満足する必要がある

③異形鉄筋を束ねて配置する場合は，図-1.26に示すように束ねた鉄筋をその断面積の和に等しい断面積の1本の鉄筋と考えて，鉄筋直径 ϕ' を求めてよい

(2)　鉄筋のあき

鉄筋のあきとは，図-1.24と図-1.26に示すように配置された鉄筋の互いの表面の水平・鉛直方向の間隔で，コンクリート打ち込み時の施工のし易さや，締固めが行われた上で鉄筋との付着

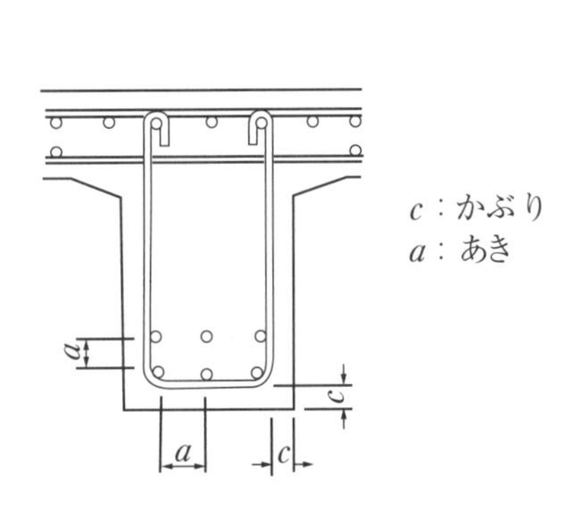

図-1.24　鉄筋のかぶりおよびあき[40)]

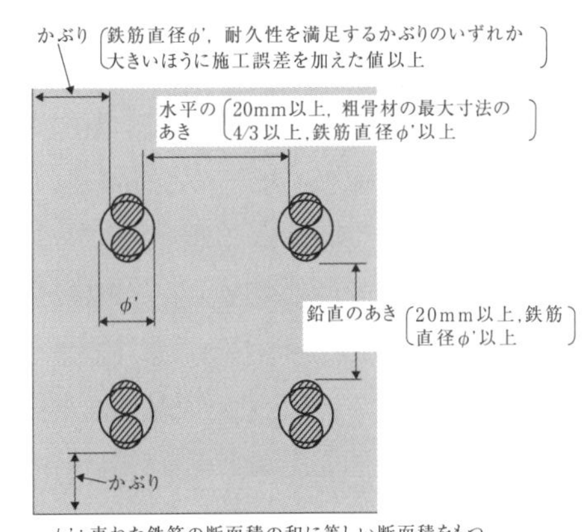

図-1.26　束ねた鉄筋のかぶりおよびあき[42)]

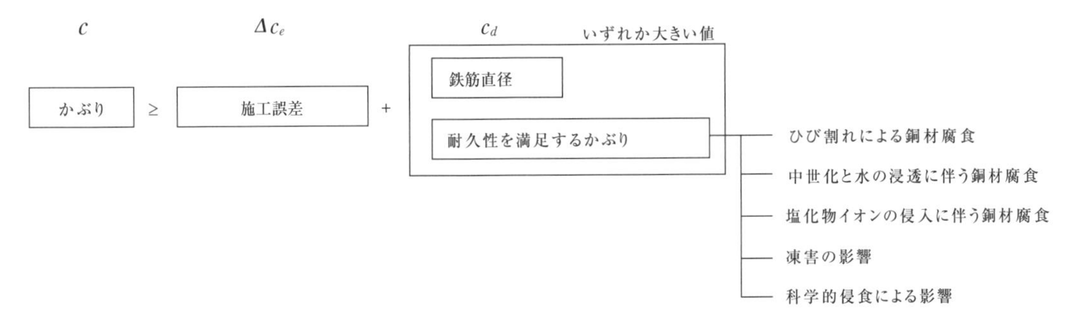

図-1.25　かぶりの算定（耐火性を要求しない場合）[41)]

力が十分に得られる必要がある。はり，柱および異形鉄筋を束ねる場合についてその一部を紹介する。

①はりにおける軸方向鉄筋の水平のあきは，20 mm 以上，粗骨材の最大寸法の4/3倍以上，鉄筋の直径以上としなければならない。2段以上に軸方向鉄筋を配置する場合には，一般にその鉛直方向のあきは20 mm 以上，鉄筋の直径以上とする

②柱における軸方向鉄筋のあきは，40 mm 以上，粗骨材の最大寸法の4/3倍以上，鉄筋直径の1.5倍以上としなければならない

③直径32 mm 以下の異形鉄筋を用いる場合で，複雑な鉄筋の配置により，十分な締固めが行えない場合は，**図-1.27**に示すようにはりの水平の軸方向鉄筋は2本ずつを上下に束ね，柱の鉛直軸方向鉄筋は，2本または3本ずつを束ねて，これを配置してもよい

(3)　鉄筋の配置

鉄筋の配置には，軸方向鉄筋の配置と横方向鉄筋の配置がある。前者には最小鉄筋量，最大鉄筋量，後者にはスターラップの配置と帯鉄筋の配置があり，その一部を紹介する。

①最小鉄筋量として，軸方向力の影響が支配的な鉄筋コンクリート部材には，軸方向力のみを支えるのに必要な最小限のコンクリート断面積の0.8%以上の軸方向鉄筋を配置しなければならない。さらに，曲げモーメントの影響が支配的な部材の場合，曲げひび割れ発生と同時に部材が脆性的に破壊することを防止するために十分な量の引張鉄筋を配置することを原則とする

②最大鉄筋量として，軸方向力の影響が支配的な鉄筋コンクリート部材の軸方向鉄筋量は，コンクリート断面積の6%以下を原則とする。さらに，曲げモーメントの影響が支配的な棒部材の軸方向引張鉄筋量は，釣合鉄筋比の75%以下とすることを原則とする

③スターラップの配置として，棒部材には0.15%以上のスターラップを部材全長にわたって配置する。また，その間隔は，部材の有効高さの3/4倍以下，かつ400 mm 以下を原則とする

④帯鉄筋の配置として，帯鉄筋の部材軸方向の間隔は，一般に，軸方向鉄筋の直径の12倍以下で，かつ部材断面の最小寸法以下とする。**塑性ヒンジ**となる領域は，軸方向鉄筋の直径の12倍以下で，かつ部材断面の最小寸法の1/2以下とする。帯鉄筋は，斜めひび割れの進展を抑止してせん断耐力を向上させるので，せん断補強あるいは所要のじん性の確保という観点から，[設計編：標準] 5編における照査を満足する鉄筋量が配置されるとともに，**図-1.28**に示すように，部材軸方向の間隔も所定の値以下とする必要がある

(4)　鉄筋の定着

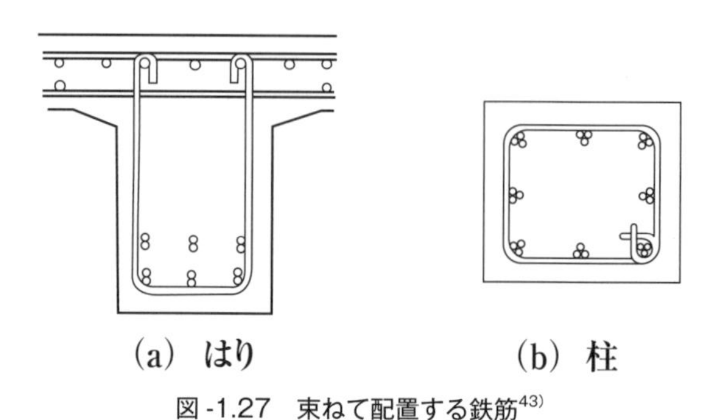

図-1.27　束ねて配置する鉄筋[43)]

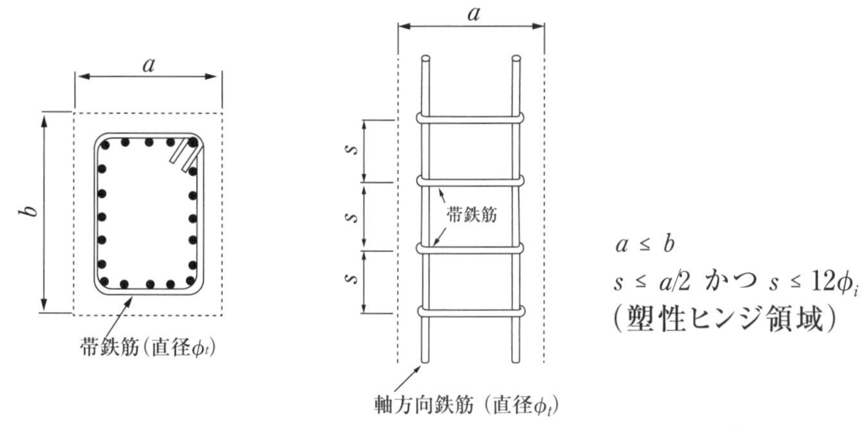

図-1.28　軸方向鉄筋全てを取り囲んで配置する帯鉄筋の間隔[44)]

(a)　一般

鉄筋端部の定着は，次のいずれかの方法で行われる。

①コンクリート中に埋め込み，鉄筋とコンクリートとの付着力により定着する

②コンクリート中に埋め込み，**標準フック**をつけて定着する

③定着具等を取り付けて，機械的に定着する

(b)　標準フック

図-1.29に示すように，標準フックの形状は，次の３つが定められている。

①半円形フックは，鉄筋の端部を半円形に180° 折り曲げ，半円形の端から鉄筋直径の４倍以上で60 mm 以上まっすぐ延ばしたものとする

②鋭角フックは，鉄筋の端部を135° 折り曲げ，折り曲げてから鉄筋直径の６倍以上で60 mm 以上まっすぐ延ばしたものとする

③直角フックは，鉄筋の端部を90° 折り曲げ，折り曲げてから鉄筋直径の12倍以上まっすぐ延ばしたものとする

(c)　鉄筋の定着長

①鉄筋の基本定着長 l_d は，式（1-1）による算定値を，次のⅰ～ⅲに従って補正した値とする

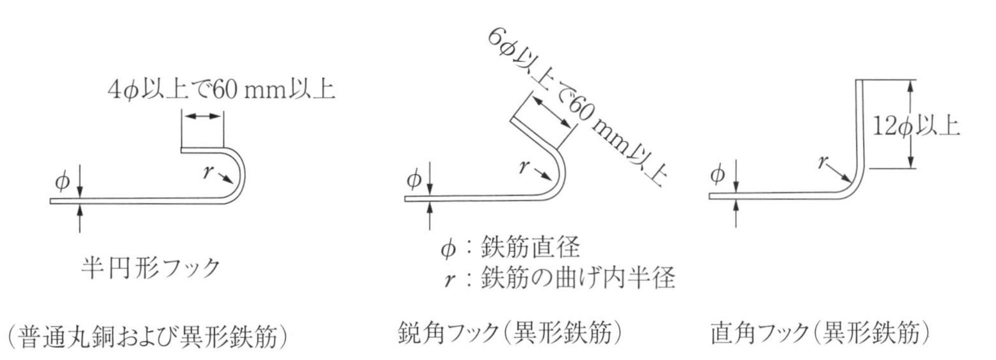

図-1.29　鉄筋端部のフックの形状[45)]

ただし，この補正した値 l_d は 20ϕ 以上とする。また，鉄筋の降伏強度の特性値が390N/mm2を超える場合は，降伏強度の影響を適切に考慮しなければならない。

$$l_d = \alpha \frac{f_{yd}}{4 f_{bod}} \phi \qquad \text{式 (1-1)}$$

ここに，ϕ：鉄筋の直径（mm），f_{yd}：鉄筋の設計引張降伏強度（N/mm^2），f_{bod}：コンクリートの設計付着強度（N/mm^2）で，$f_{bod} = 0.28 f'_{ck}{}^{2/3}/1.3$ より求めてよい。f'_{ck}：設計基準強度，ただし，$f_{bod} \leq 3.2\ N/mm^2$

$\alpha = 1.0$（　　$k_c \leq 1.0$ の場合）
$= 0.9$（$1.0 < k_c \leq 1.5$ の場合）
$= 0.8$（$1.5 < k_c \leq 2.0$ の場合）
$= 0.7$（$2.0 < k_c \leq 2.5$ の場合）
$= 0.6$（$2.5 < k_c$　　の場合）

ここに，

$$k_c = \frac{c}{\phi} + \frac{15 A_t}{s \phi}$$

c：主鉄筋の下側のかぶりの値と定着する鉄筋のあきの半分の値のうちの小さい方の値（mm），A_t：仮定される割裂破壊断面に垂直な横方向鉄筋の断面積（mm^2），s：横方向鉄筋の中心間隔（mm）

(i)　引張鉄筋の基本定着長 l_d は，式（1-1）による算定値とする。ただし，標準フックを設ける場合には，この算定値から 10ϕ だけ減じることができる。

(ii)　圧縮鉄筋の基本定着長 l_d は，式（1-1）による算定値の0.8倍とする。ただし，標準フックを設ける場合でも，これ以上減じてはならない。

(iii)　定着を行う鉄筋が，コンクリートの打込みの際に，打込み終了面から300mm の深さより上方の位置で，鉄筋の下側におけるコンクリートの打込み高さが300mm 以上ある場合，かつ水平から45° 以内の角度で配置されている場合は，引張鉄筋または圧縮鉄筋の基本定着長は，(i) または(ii)で算定される値の1.3倍とする。

②実際に配置される鉄筋量 A_s が計算上必要な鉄筋量 A_{sc} よりも大きい場合，低減定着長 l_0 を式（1-2）により求めてよい。

$$l_0 \geq l_d \cdot \frac{A_{sc}}{A_s} \qquad \text{ただし，} l_0 \geq l_d/3,\ l_0 \geq 10\phi \qquad \text{式 (1-2)}$$

ここに，ϕ：鉄筋直径（mm）

③定着部が曲がった鉄筋の定着長のとり方は，以下の通りとする（**図-1.30**参照）

(i)　引張鉄筋の基本定着長 l_d は式（1-1）による算定値とする。ただし，標準フックを設ける場合や特性が標準フックと同等であると確認された機械式定着とする場合には，この算定値から 10ϕ だけ減じることができる。

(ii)　圧縮鉄筋の基本定着長 l_d は式（1-1）による算定値の0.8倍とする。ただし，標準フックを設ける場合でも，これ以上減じてはならない。

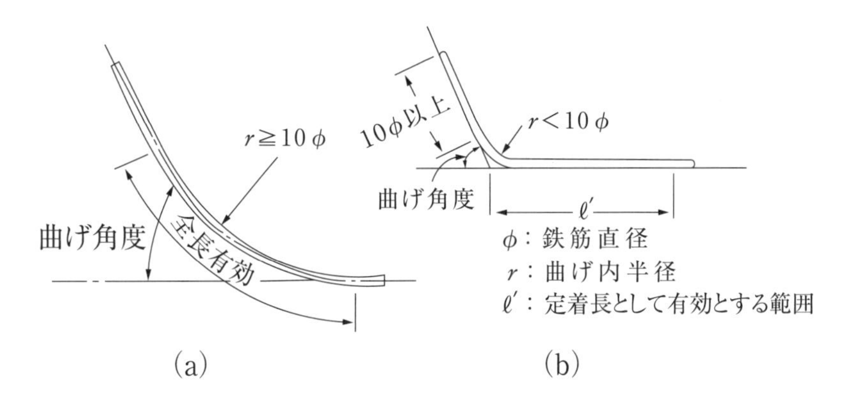

図-1.30　定着部が曲がった鉄筋の定着長のとり方[46)]

1.4.2　地震動を受けるコンクリート構造物の構造細目

鉄筋コンクリート構造物の地震動に対する照査は，偶発作用を受けた構造物の構造細目を満足する必要がある。ここでの鉄筋に関する構造細目は，地震動に対する照査の方法の前提条件となっているものを示す。

(1)　かぶり

かぶりは，地震動によってコンクリート構造物に大きな剥落が生じて周囲の安全を脅かすことがないよう，損傷状態を考慮して定めなければならない。

(2)　帯鉄筋の配置

①帯鉄筋の部材軸方向の間隔は，一般に，軸方向鉄筋の直径の12倍以下で，かつ部材断面の最小寸法以下とする。ヒンジとなる領域は，軸方向鉄筋の直径の12倍以下で，かつ部材断面の最小寸法の1/2以下とする。なお，帯鉄筋は，原則として，軸方向鉄筋を取り囲むように配置するものとする

②矩形断面で帯鉄筋を用いる場合には，帯鉄筋の一辺の長さは，帯鉄筋直径の48倍以下かつ1m以下とする。帯鉄筋の一辺の長さがそれを超えないように，帯鉄筋を配置しなければならない

(3)　鉄筋の定着

定着部に地震動の作用によって高応力繰返し作用が作用した場合，構造物が所要の損傷状態にとどまることを，対象とする部材の応力状態と配筋方法を再現した実験や解析により確認することを原則とする。

(4)　鉄筋の継手

①継手部が所要の高応力繰返し性能を有していることを，実際の施工および検査に起因する信頼度の影響を考慮し，適切な実験や解析等で照査しなければならない

②継手は，母材の降伏強度を上回る高応力繰返し作用を受ける場合であっても，継手近傍の母材で過大な応力集中および亀裂や破断が生じないことを，適切な部材実験等により確認しなければならない

③部材の軸方向鉄筋に継手を配置することによって，その部材の剛性と耐力が増加する場合には，偶発作用に対する照査でそれを適切に考慮するために，部材の力学的特性を実物大実験等によって確認しなければならない

④軸方向鉄筋に継手を配置した部材の損傷を許容する場合には，その損傷が適切に修復可能であることを，実物大実験等によって確認しなければならない

(5)　実験に基づく構造細目の設定

実験による照査で構造細目を設定する場合，その構造細目で作製した供試体は［設計編：標準］7編に従って作製した供試体と同等以上の耐力および塑性変形能を有していなければならない。実験は，原則として，以下の方法によるものとする。

①部材の形状・寸法，用いる材料の種類，鋼材の寸法および間隔，かぶり等は，実部材と同じとすることを原則とする

②部材断面に作用する力が実部材とほぼ同様になる加力方法を用い，変位制御による正負交番載荷を行う

演習問題

問1． 正方形断面で断面積 A，高さ H の鉄筋コンクリートの柱がある。この柱に軸方向荷重 P が作用している。面積は鉄筋が A_S，コンクリートが A_C，縦弾性係数は鉄筋が E_S，コンクリートが E_C として，以下の問いに答えなさい。

①コンクリートの受け持つ力を P_C，鉄筋の受け持つ力を P_S として，力のつり合い式を求めなさい。

②鉄筋とコンクリートが一体となって荷重 P を受け持つとき，柱の上端の鉛直変位を ΔH とし，柱のひずみ ε のつり合い式を求めなさい。

③鉄筋の断面積を A_S，コンクリートの断面積を A_C，鉄筋の応力度 σ_S を，コンクリートの応力度を σ_C として受け持つ力 P_C と P_S の式を求めなさい。

④鉄筋とコンクリートが一体となって変形するとき，柱のひずみ ε の式を求めなさい。

解 答

① $\sum V=0:P_C+P_S-P=0$

② $\Delta H=\Delta H_C=\Delta H_S,\ \varepsilon=\Delta H/H=\Delta H_C/H=\Delta H_S/H,\ \varepsilon=\varepsilon_C=\varepsilon_S$

③ $\sigma=P/A,\ \sigma=E\varepsilon$ より，$P=(E\varepsilon)A,\ P_C=(E_C\varepsilon_C)A_C,\ P_S=(E_S\varepsilon_S)A_S$

④ $(E_C\varepsilon_C)A_C+(E_S\varepsilon_S)A_S-P=0,\ (E_C\varepsilon)A_C+(E_S\varepsilon)A_S-P=0$

$$\varepsilon=\frac{P}{E_CA_C+E_SA_S}$$

問2． はりの軸方向の鉄筋の配置を単鉄筋ではなく複鉄筋とする理由を説明しなさい。

解 答

圧縮側に鉄筋を配置することで，クリープの抑制および地震時の靱性の確保，引張側に鉄筋を配置することで，曲げモーメントを負担する。

参考文献

1）水村俊幸，速水洋志，吉田勇人，長谷川均：最新図鑑　基礎からわかるコンクリート，ナツメ社，2018
2）コンクリートの劣化と補修研究会：おもしろサイエンス　コンクリートの科学，日刊工業新聞社，2013.
3）日本コンクリート工学会：“古くて新しい建設材料「ジオポリマー」”の可能性と課題
https://www.jci-net.or.jp/j/concrete/technology/201706_article_1.html#a02（2024.2.24確認）
4）コンクリート委員会カーボンニュートラルに向けたコンクリート分野の新技術活用に関する研究小委員会：コンクリートライブラリー165　コンクリート技術を活用したカーボンニュートラルの実現に向けて，土木学会，2023
5）岸利治：ハイポテンシャルコンクリートの実現に向けたひび割れ自己治癒技術の開発，コンクリート工学，Vol.49，No.5，pp.74-77，2011.
6）川口直能：やさしい鉄筋コンクリート工学　改訂版，p.3，東洋書店，2004.
7）小林和夫，宮川豊章，森川英典，五十嵐心一，山本貴士，三木朋広：コンクリート構造学　第５版補訂版，p.2，森北出版，2019.
8）吉川弘道：鉄筋コンクリートの設計　限界状態設計法と許容応力度設計法，pp.5-6，丸善出版，1997.
9）鈴木圭，山下真樹：欧州における鉄筋コンクリート技術の歴史的変遷，土木史研究論文集，Vol.25，pp.1-13，2006.
10）O compósito que deu certo: Concreto + Aço = Concreto Armado：
https://www.researchgate.net/figure/Fig-ura-1-Joseph-Louis-Lambot-e-seu-barco-de-cimento-reforcado-com-ferro_fig 1 _351591299（2024.4.22確認）
11）François Coignet’ s Reinforced Concrete House：
https://www.amusingplanet.com/2019/06/francois-coignets-reinforced-concrete.html（2024.4.22確認）
12）山根巌：明治末期における京都での鉄筋コンクリート橋，土木史研究，第20号，pp.325-336，2000.
13）日本遺産琵琶湖疏水
https://biwakososui.city.kyoto.lg.jp/place/detail/18（2024.8.1確認）
14）琵琶湖疏水記念館
https://biwakososui-museum.city.kyoto.lg.jp/archives/ar/photo/daiichisosui/25.html（2024.8.1確認）
15）大塚浩司，小出英夫，武田三弘，阿波稔，子田康弘：新版　鉄筋コンクリート工学［第２版］，技報堂出版，pp.6-12，2016.
16）JIS　A3305：2020建築・土木構造物の信頼性に関する設計の一般原則，2020.
17）国土交通省：土木・建築にかかる設計の基本，2002.
https://www.mlit.go.jp/kisha/kisha02/13/131021/131021.pdf（2024.2.24確認）
18）土木学会：2016年制定土木構造物共通示方書　性能・作用編，2016.

19）公益社団法人土木学会構造工学委員会メンテナンス技術者のための教本開発研究小委員会：これだけは知っておきたい橋梁メンテナンスのための構造工学入門（実践編），p.4，建設図書，2023.
20）中井博，北田俊行：新編　橋梁工学（第５版）改訂・改題，pp.19-23，共立出版，2003.
21）国土交通省地方建設局，阪神高速道路株式会社：大阪湾岸道路西伸部
https://www.kkr.mlit.go.jp/naniwa/prj/17/15rvdn0000000gnj-att/pamph_seisinbu_2022.12.pdf（2024.8.1確認）
22）伊藤実，小笹修広，佐藤啓治：絵とき　鉄筋コンクリートの設計（改訂３版），p.20，オーム社，2015.
23）吉川弘道：鉄筋コンクリートの設計　限界状態設計法と許容応力度設計法，pp.31-44，丸善出版，1997.
24）大塚浩司，小出英夫，武田三弘，阿波稔，子田康弘：新版　鉄筋コンクリート工学［第２版］性能照査型設計法へのアプローチ，pp.49-65，技報堂出版，2016.
25）公益社団法人土木学会関西支部：コンクリート構造物の設計の基本
https://www.jsce-kansai.net/wp-content/uploads/2021/09/concrete35_2021_1-1.pdf（2024.11.4確認）
26）真鍋英規，山口隆司，鬼頭宏明，佐藤知明，田村悟士，麓隆行，川満逸雄：サステイナブル社会基盤構造物，pp.2-7，森北出版，2010.
27）石川敦：絵とき　構造力学，p.53，オーム社，2015.
28）畑山義人，佐藤靖彦，久保田善明，松井幹雄，八馬智，春日昭夫，安江哲：橋をデザインする，pp.48-49，技報堂出版，2023.
29）大塚浩司，小出英夫，武田三弘，阿波稔，子田康弘：新版　鉄筋コンクリート工学［第２版］性能照査型設計法へのアプローチ，pp.2-5，技報堂出版，2016.
30）田中礼治：改訂新版　鉄筋コンクリートの構造設計入門　常識から構造計算まで，p.29，水曜社，2016.
31）水村俊幸，速水洋志，吉田勇人，長谷川均：最新図解　基礎からわかるコンクリート，p.173，ナツメ社，2018.
32）WEB マガジン e- コンクリート：コンクリート構造入門
https://beton.co.jp/webmagazine/（2024.2.24確認）
33）上田尚史，内田慎哉，武田字浦，三木朋広，三岩敬孝：図説　わかるコンクリート構造，pp.27-28，学芸出版社，2015.
34）畑山義人，佐藤靖彦，久保田善明，松井幹雄，八馬智，春日昭夫，安江哲：橋をデザインする，pp.56-60，技報堂出版，2023.
35）近藤真一：METHOD コンクリート構造の力学，pp.65-66，技報堂出版，2016.
36）小林和夫，宮川豊章，森川英典，五十嵐心一，山本貴士，三木朋広：コンクリート構造学　第５版補訂版，pp.7-8，森北出版，2019.
37）西垣義彦，小門前亮一，奥田由法，鳥居和之：日本最初の PC 橋－長生橋の耐久性調査，コンクリート工学年次論文集，Vol.24，No.2，pp.607-612，2002.

38）公益社団法人土木学会関西支部：関西エリアの土木遺産
https://heritage.jsce-kansai.net/heritage/detail/detail.html?id=1232（2024.8.1確認）
39）鹿島建設土木設計本部：土木設計の要点　設計の基礎知識［構造物編］，pp.131-155，鹿島出版会，2020.
40）土木学会：2022年制定　コンクリート標準示方書【設計編】p.352，2023.
41）土木学会：2022年制定　コンクリート標準示方書【設計編】p.350，2023.
42）土木学会：2022年制定　コンクリート標準示方書【設計編】p.351，2023.
43）土木学会：2022年制定　コンクリート標準示方書【設計編】p.352，2023.
44）土木学会：2022年制定　コンクリート標準示方書【設計編】p.315，p.358，2023.
45）土木学会：2022年制定　コンクリート標準示方書【設計編】p.363，2023.
46）土木学会：2022年制定　コンクリート標準示方書【設計編】p.368，2023.

第2章 材料の力学的性質

2.1 コンクリートの力学的性質

2.1.1 強度

コンクリートの強度特性としては，圧縮強度，引張強度，曲げ強度，せん断強度の主要なコンクリート固有のものの他，曲げひび割れ強度，鉄筋との付着強度，支圧強度などがある。これらのうち，コンクリートでは圧縮強度が最も大きいこと（引張強度は圧縮強度の1/10～1/13程度）と圧縮強度試験方法が比較的簡単であるとともに，圧縮強度から他の各種強度を推定することができることなどから，コンクリートの強度としては圧縮強度を指すことが多い。

建設構造物に用いるコンクリートの圧縮強度は，20～50 N/mm^{2}程度であるが，プレストレストコンクリートに用いる場合には40 N/mm^{2}以上の大きな圧縮強度が必要となる。近年は，技術の進歩により400 N/mm^{2}を超えるような超高強度のコンクリートの製造も可能となっている。一般的に圧縮強度が50 N/mm^{2}以上のコンクリートを，高強度コンクリートと呼ぶことがある。

コンクリートの圧縮強度は，コンクリートの配合，養生方法，材齢などによって変わるとともに，試験値は供試体の形状寸法，載荷の方法などによっても異なる。そのために土木学会示方書などの各基準においては，ある一定の試験方法が定められている。日本におけるコンクリートの圧縮強度は，標準養生（20±３℃の水中養生）を行った供試体の材齢28日の**シリンダー強度**（f'_c）に基づいて定められる。供試体の形状は，直径15 cm ×高さ30 cm または直径10 cm ×高さ20 cm（いずれも高さが直径の２倍）の円柱体を用いるが，諸外国では一辺10～15 cm の立方体を採用している国もあるので，圧縮強度を比較する際には注意が必要である。

コンクリート構造物の設計において基準となるコンクリートの強度を**設計基準強度**（f'_{ck}）と呼ぶ。設計基準強度は，標準養生を行った材齢28日におけるシリンダー強度に，材料のばらつきを考慮した**特性値**を用いている。一般的にコンクリートのシリンダー強度の分布は，**図-2.1**に示す正規分布に従うことが知られている。設計基準強度とは，この正規分布において設計基準強度を下回る確率を５％とした圧縮強度（＝特性値）であり，以下の式で求めることができる。

$$f'_{ck} = f'_{cm} - k\sigma = f'_{cm} - f'_{cm}k\delta = f'_{cm}(1 - k\delta) \qquad 式（2\text{-}1）$$

ここに，f'_{ck}：設計基準強度（N/mm^2）

f'_{cm}：シリンダー強度の平均値（N/mm^2）

k：正規分布の連続密度関数を積分して得られる係数（k=1.64）

σ：標準偏差（N/mm^2）

δ：変動係数(=σ/f'_{cm})

コンクリートの**設計圧縮強度**（f'_{cd}）は，設計基準強度を**材料係数**（γ_c）で除したものである。

$$f'_{cd} = f'_{ck}/\gamma_c \qquad 式（2\text{-}2）$$

材料係数は，供試体と実構造物におけるコンクリートの相違（コンクリートの運搬・打込み条

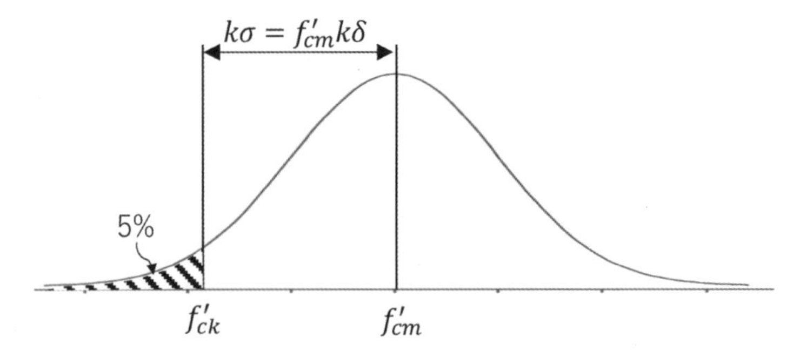

図 -2.1　コンクリートの設計基準強度

件などによる変動，締固め状況による局所的欠陥，型枠の不良による局所的欠陥，養生条件の相違による影響など)，設計基準強度以下の試験値が生ずる可能性および長期載荷状態にあることの影響などを考慮するための安全係数であり，土木学会示方書では1.3とされている。

コンクリートの**引張強度**（f_{tk}）および**曲げ強度**（f_{bk}）の特性値は，土木学会示方書によれば，設計基準強度の関数として以下のように示されている。

$$f_{tk}=0.23f'^{\frac{2}{3}}_{ck} \qquad \text{式（2-3）}$$

$$f_{bk}=0.42f'^{\frac{2}{3}}_{ck} \qquad \text{式（2-4）}$$

例題2-1

シリンダー強度の平均値 f'_{cm} が40 N/mm^{2}のコンクリートの場合，供試体作製時の変動係数 δ が10% と仮定すると，設計基準強度と設計圧縮強度は以下の通りである。

解 答

$$f'_{cm}=40\text{N/mm}^2$$

$$f'_{ck}=f'_{cm}(1-k\delta)=40\times(1-1.64\times0.1)=33.4\ \text{N/mm}^2$$

$$f'_{cd}=\frac{f'_{ck}}{\gamma_c}=\frac{33.4}{1.3}=25.7\ \text{N/mm}^2$$

2.1.2　応力－ひずみ曲線

コンクリートの応力－ひずみ曲線は，鉄筋コンクリートの力学的性質において重要な性質である。**図 -2.2**は一軸圧縮を受けるコンクリートの応力－ひずみ曲線を示したものであるが，大まかに３つの部分に分けられる。載荷初期は線形弾性に近い性質を示すが，荷重が大きくなるに従って徐々にカーブして行き，最大応力を示す。その後，ひずみの増加とともに応力が減少する。

コンクリートの内部では，最大応力のおよそ30% の応力になると，粗骨材とモルタルの剛性の違いにより境界面において局部的なひび割れが発生する。応力の増加に伴い粗骨材周辺で生じた局部的なひび割れが増加するとともに，モルタル内部にもひび割れが発生し，これにより応力－ひずみ曲線がカーブすることになる。その後，ひび割れが相互に連結しながら成長し，最大応力に達した後にひび割れが急激に進行し，脆性的に破壊に至る。

厳密にいえば，コンクリートは応力－ひずみ曲線において弾性を示す部分はほとんどないが，

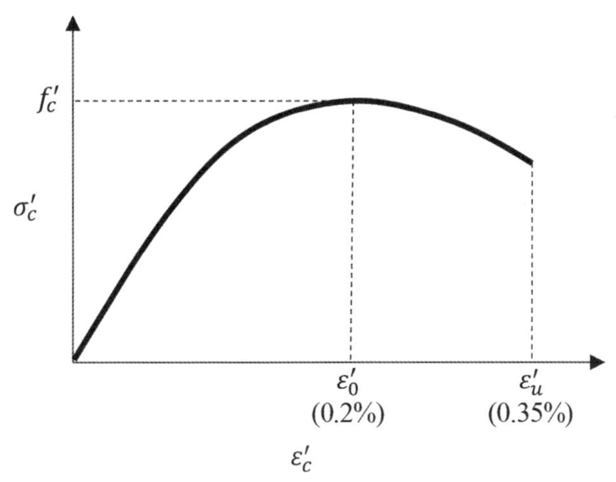

図 -2.2　コンクリートの応力ーひずみ曲線

通常の使用状態にあるコンクリート構造物の応力レベルは，コンクリートを弾性体として取り扱って良い範囲にある。コンクリートの弾性係数には，初期接線弾性係数，接線弾性係数および**割線弾性係数**の３種類があるが，通常状態での弾性係数は，最大応力の1/3程度の応力に対応する割線弾性係数が用いられている。これは実際の設計において，コンクリートに発生する応力を圧縮強度の1/3程度以下に抑えることが行われているためである。土木学会示方書によるコンクリートの弾性係数（E_c）と圧縮強度（f'_c）の関係は，以下の通りである。

$$E_c=\left(2.2+\frac{f'_c-18}{20}\right)\times10^4 \qquad f'_c<30\ \mathrm{N/mm^2} \qquad 式（2\text{-}5）$$

$$E_c=\left(2.8+\frac{f'_c-30}{33}\right)\times10^4 \qquad 30\leq f'_c<40\ \mathrm{N/mm^2} \qquad 式（2\text{-}6）$$

$$E_c=\left(3.1+\frac{f'_c-40}{50}\right)\times10^4 \qquad 40\leq f'_c<70\ \mathrm{N/mm^2} \qquad 式（2\text{-}7）$$

$$E_c=\left(3.7+\frac{f'_c-70}{100}\right)\times10^4 \qquad 70\leq f'_c<80\ \mathrm{N/mm^2} \qquad 式（2\text{-}8）$$

表 -2.1には，上記の式から近似されるコンクリートのヤング係数を示す。

表 -2.1　コンクリートのヤング係数

f'_{ck}(N/mm^2)		18	24	30	40	50	60	70	80
E_c（kN/mm^2）	普通コンクリート	22	25	28	31	33	35	37	38
	軽量骨材コンクリート *	13	15	16	19	-	-	-	-

*骨材を全部軽量骨材とした場合

曲げモーメントおよび軸方向力による断面破壊の限界状態に対する照査では，二次放物線と直線を組み合わせてモデル化したコンクリートの応力－ひずみ曲線が，一般に用いられている。（**図 -2.3**参照）

$0\leq\varepsilon'_c\leq\varepsilon'_0=0.002$の場合

$$\sigma'_c = k_1 f'_c \left[2\left(\frac{\varepsilon'_c}{\varepsilon'_0}\right) - \left(\frac{\varepsilon'_c}{\varepsilon'_0}\right)^2 \right]$$ 式（2-9）

$\varepsilon'_0 = 0.002 \leq \varepsilon'_c \leq \varepsilon'_u$ の場合

$$\sigma'_c = k_1 f'_c$$ 式（2-10）

$$k_1 = 1 - 0.003 f'_c \text{（ただし } k_1 \leq 0.85\text{）}$$ 式（2-11）

$$\varepsilon'_u = \frac{155 - f'_c}{30000} \text{（ただし} 0.0025 \leq \varepsilon'_u \leq 0.0035\text{）}$$ 式（2-12）

ここに，σ'_c：圧縮応力度（N/mm^2）

ε'_c：コンクリートのひずみ

ε'_0：最大圧縮応力時のひずみ（＝0.002）

ε'_u：終局ひずみ

f'_c：圧縮強度（N/mm^2）

k_1：一軸圧縮強度がシリンダー強度よりも小さいことを考慮する係数

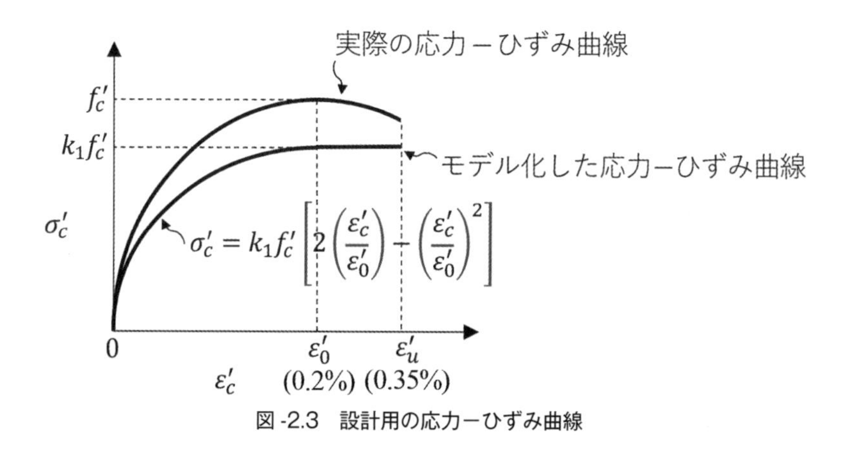

図-2.3　設計用の応力－ひずみ曲線

【参考】モデル化した応力－ひずみ曲線の求め方

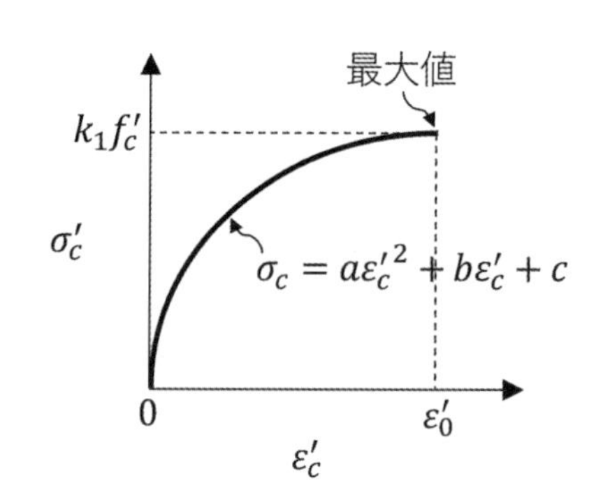

二次放物線として，$\sigma_c = a\varepsilon'^2_c + b\varepsilon'_c + c$ を考える。

この二次放物線において，

$\varepsilon'_c = 0$ の時に $\sigma_c = 0$　……①

$\varepsilon'_c = \varepsilon'_0$ の時に $\sigma_c = k_1 f'_c$　……②

$\varepsilon'_c = \varepsilon'_0$ の時に σ_c は最大値　……③

①より，$0 = a \cdot 0^2 + b \cdot 0 + c$　なので $c = 0$

②より，$k_1 f'_c = a \cdot (\varepsilon'_0)^2 + b \cdot \varepsilon'_0$　……④

③より，$\dfrac{d\sigma_c}{d\varepsilon_c} = 2a\varepsilon'_0 + b = 0$　……⑤

⑤より，$b = -2a\varepsilon'_0$

これを④に代入し，$k_1 f'_c = a \cdot (\varepsilon'_0)^2 + (-2a\varepsilon'_0) \cdot \varepsilon'_c = -a(\varepsilon'_0)^2$

$$\therefore a = \frac{k_1 f'_c}{(\varepsilon'_0)^2}$$

$$b=-2a\varepsilon'_0=-2\cdot\left(-\frac{k_1 f'_c}{(\varepsilon'_0)^2}\right)\varepsilon'_0=\frac{2k_1 f'_c}{\varepsilon'_0}$$

以上より，

$$\sigma_c=a\varepsilon'^2_c+b\varepsilon'_c+c=-\frac{k_1 f'_c}{(\varepsilon'_0)^2}\cdot\varepsilon'^2_c+\frac{2k_1 f'_c}{\varepsilon'_0}\cdot\varepsilon_c=k_1 f'_c\left[2\left(\frac{\varepsilon'_c}{\varepsilon'_0}\right)-\left(\frac{\varepsilon'_c}{\varepsilon'_0}\right)^2\right]$$

2.2　鉄筋の力学的性質

2.2.1　強度（鉄筋の種類，寸法，強度）

鉄筋コンクリート構造に用いる鉄筋は，強度，付着性，耐疲労性，加工性，溶接性などの性質が重要である。鉄筋は表面形状の違いから丸鋼（SR：steel round bar）と異形棒鋼（SD：steel deformed bar）の２種類とされており，また，再生鉄筋としての再生丸鋼（SRR：steel round rerolled bar）と再生異形棒鋼（SDR：steel deform rerolled bar）がある。異形棒鋼には，**図-2.4**に示すように，鉄筋表面に「節」と「リブ」と呼ばれる突起が設けられ，コンクリートと鉄筋との付着強度を高める工夫がなされている。この工夫のおかげでコンクリートに生じるひび割れの分散効果が高まり，ひび割れの幅を小さくすることができる。現在のコンクリート構造物に用いられる鉄筋は，異形棒鋼が主流となっている。

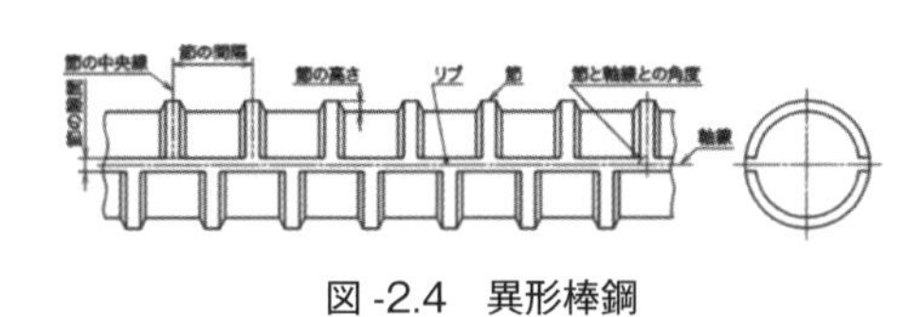

図-2.4　異形棒鋼

表-2.2に示すように，JIS G 3112「鉄筋コンクリート用棒鋼」には，丸鋼としてSR235，SR295，SR785の３種類および異形棒鋼としてSD295，SD345，SD390，SD490，SD590A，SD590B，SD685A，SD685B，SD685R，SD785Rの10種類が規定されている。これらのうち，丸鋼のSR785と異形棒鋼のSD390，SD490，SD590A，SD590B，SD685A，SD685B，SD685R，SD785Rは，2020年のJIS改正により加わったものである。

鉄筋の種類の記号の数字（例えばSD295の295）は，保証される降伏強度（N/mm^2）を示すものである。なお鋼板では，種類の記号の数字が引張強度（N/mm^2）であるので，その違いに注意が必要である。鉄筋コンクリートにおいては，鉄筋の引張強度よりも降伏強度の方が重要であるためである。

表 -2.2　鉄筋の機械的性質

種類の記号		降伏点又は耐力 N/mm²	引張強さ N/mm²	降伏比 %	引張試験片	伸び [a] %	曲げ性 曲げ角度	曲げ性 内側半径	
丸鋼	SR235	235以上	380～520	—	2号	20以上	180°		公称直径の1.5倍
					14A 号	22以上			
	SR295	295以上	440～600	—	2号	18以上	180°	径16mm 以下	公称直径の1.5倍
					14A 号	19以上		径16mm 超え	公称直径の2倍
	SR785	785以上	924以上	—	2号に準じるもの 14A 号に準じるもの	8以上	90° [b]		公称直径の1.5倍 b)
異形棒鋼	SD295	295以上	440～600	—	2号に準じるもの	16以上	180°	呼び名 D16以下	公称直径の1.5倍
					14A 号に準じるもの	17以上		呼び名 D16超え	公称直径の2倍
	SD345	345～440	490以上	80以下	2号に準じるもの	18以上	180°	呼び名 D16以下	公称直径の1.5倍
								呼び名 D16超え 呼び名 D41以下	公称直径の2倍
					14A 号に準じるもの	19以上		呼び名 D51	公称直径の2.5倍
	SD390	390～510	560以上	80以下	2号に準じるもの	16以上	180°		公称直径の2.5倍
					14A 号に準じるもの	17以上			
	SD490	490～625	620以上	80以下	2号に準じるもの	12以上	90°		公称直径の2倍
					14A 号に準じるもの	13以上			
	SD590A	590～679 [c]	695以上	85以下	2号に準じるもの 14A 号に準じるもの	10以上	90°		公称直径の2倍
	SD590B	590～650 [c]	738以上	80以下	2号に準じるもの 14A 号に準じるもの	10以上	90°		公称直径の2倍
	SD685A	685～785 [c]	806以上	85以下	2号に準じるもの 14A 号に準じるもの	10以上	90°		公称直径の2倍
	SD685B	685～755 [c]	857以上	80以下	2号に準じるもの 14A 号に準じるもの	10以上	90°		公称直径の2倍
	SD685R	685～890	806以上	—	2号に準じるもの 14A 号に準じるもの	8以上	90°b)		公称直径の1.5倍 [b]
	SD785R	785以上	924以上	—	2号に準じるもの 14A 号に準じるもの	8以上	90°b)		公称直径の1.5倍 [b]

注記　1N/mm² = 1MPa
柱 a)　異形棒鋼で，寸法が呼び名 D32を超えるものについては，呼び名3を増すごとにこの表の伸びの値からそれぞれ2を減じる。ただし，減じる現度は4とする。
b)　受渡当事者間の協定によって，曲げ角度・内側半径を他の値に変更してもよい。
c)　降伏棚のひずみ度は，1.4%以上とする。

表 -2.3には，異形棒鋼の寸法を示す。異形棒鋼の直径は**呼び名**で表されるが，これは公称直径をミリ整数に直して丸鋼と区別するために，D をつけたものである。異形棒鋼では断面が均一ではないため，設計計算に用いる数値は**表 -2.3**の公称直径及び公称断面積を用いることとする。

2.2.2　応力－ひずみ曲線

鉄筋の応力－ひずみ曲線を**図 -2.5**に示す。コンクリートの応力－ひずみ曲線とは異なり，O から P（比例限界）までは応力とひずみが比例する弾性部分を有している。P を過ぎた Y_U を上降伏点，Y_L を下降伏点というが，測定が容易であることから一般的に降伏点は上降伏点 Y_U を

表 -2.3　異形棒鋼の寸法，単位質量および節の許容限度

呼び名	公称直径 (d)	公称周長 a) (l)	公称断面積 a) (S)	単位質量 a) (w)	節の許容限度				
					節の平均間隔の最大値 b)	節の高さ c)		節の隙間の合計の最大値 d)	節と軸線との角度の最小値
						最小値	最大値		
	mm	mm	mm^2	kg/m	mm	mm	mm	mm	
D4	4.23	13.3	14.05	0.110	3.0	0.2	0.4	3.3	
D5	5.29	16.6	21.98	0.173	3.7	0.2	0.4	4.3	
D6	6.35	20.0	31.67	0.249	4.4	0.3	0.6	5.0	
D8	7.94	24.9	49.51	0.389	5.6	0.3	0.6	6.3	
D10	9.53	29.9	71.33	0.560	6.7	0.4	0.8	7.5	
D13	12.7	39.9	126.7	0.995	8.9	0.5	1.0	10.0	
D16	15.9	50.0	198.6	1.56	11.1	0.7	1.4	12.5	
D19	19.1	60.0	286.5	2.25	13.4	1.0	2.0	15.0	
D22	22.2	69.8	387.1	3.04	15.5	1.1	2.2	17.5	45°
D25	25.4	79.8	506.7	3.98	17.8	1.3	2.6	20.0	
D29	28.6	89.9	642.4	5.04	20.0	1.4	2.8	22.5	
D32	31.8	99.9	794.2	6.23	22.3	1.6	3.2	25.0	
D35	34.9	109.7	956.6	7.51	24.4	1.7	3.4	27.5	
D38	38.1	119.7	1140	8.95	26.7	1.9	3.8	30.0	
D41	41.3	129.8	1340	10.5	28.9	2.1	4.2	32.5	
D51	50.8	159.6	2027	15.9	35.6	2.5	5.0	40.0	

備考　a)　公称断面積，公称周長及び単位質量は，公称直径（d）から，次の式で求めた値である。
なお，公称断面積（S）は有効数字4桁に丸め，公称周長（l）は小数点以下1桁に丸め，基本質量は，1 cm^3の鋼を7.85gとし，有効数字3桁に丸めた値である。
公称周長（l）：$l=3.142\times d$
公称断面積（S）：$S=0.7852\times d^2$
単位質量（w）：$7.85\times10^{-3}\times S$
b)　節の平均間隔の最大値は，その公称（d）の70％とし，算出した値を小数点以下1桁に丸めた値である。
c)　節の高さは，算出値を小数点以下1桁に丸めた値である。
d)　節の隙間の周方向の合計の最大値は，ミリメートルで表した公称周長（l）の25％とし，算出した値を小数点1桁に丸めた値である。ここでの節の隙間は，リブと節とがない場合には節の欠損部の幅とし，また，節とリブとが接続している場合にはリブの幅としている。

用いている。Y_L から R（ひずみ硬化開始点）までは一定の応力を保ったままひずみだけ増加する塑性部分となる。R を過ぎるとひずみ硬化部分となり再び応力が増加し，U で最大応力（引張強度）を示した後に，B で破断する。弾性部分から求められる鉄筋のヤング係数 E_s は，鉄筋の種類によらず200 kN/mm^2で一定ある。

図 -2.6には，設計に用いる鉄筋の応力－ひずみ曲線を示す。降伏点以降のひずみ硬化域は設計に反映しにくいため，2つの直線を組み合わせて完全弾塑性として表している。

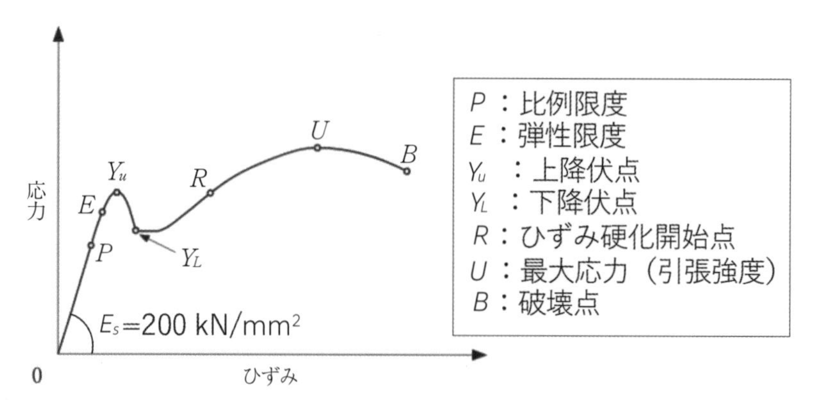

図 -2.5　鋼材の応力－ひずみ曲線

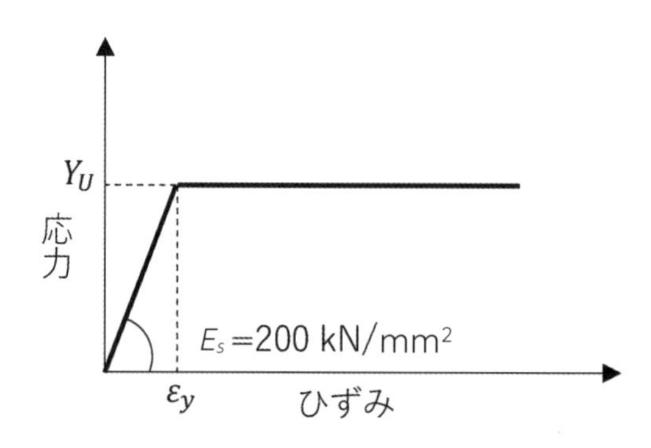

図 -2.6　鉄筋の設計用応力－ひずみ曲線

第3章
各種設計法（許容応力度設計法，終局強度設計法，限界状態設計法，性能照査型設計法）

3.1　設計法と照査の方法

土木構造物は一般に，国民生活と産業活動に直接関連する公共性の高いものである。また，規模が大きく，耐用期間も長いものが多い。従って土木構造物は，建造中および長期間にわたる供用期間中において，あらゆる外力と作用に対して安全であるとともに，その耐用期間を通じてその使用目的を満足させる必要がある。また景観および環境などにも十分な配慮が払われていなければならない。

設計では，図-3.1に示すように，構造物の用途・機能を果たすために要求性能を設定し，その要求性能を満たすように構造物の構造計画，構造詳細の設定を行い，設計耐用期間を通じて構造物が耐久性，安全性，使用性，および復旧性等に関して要求された性能が満足されていることを照査する。

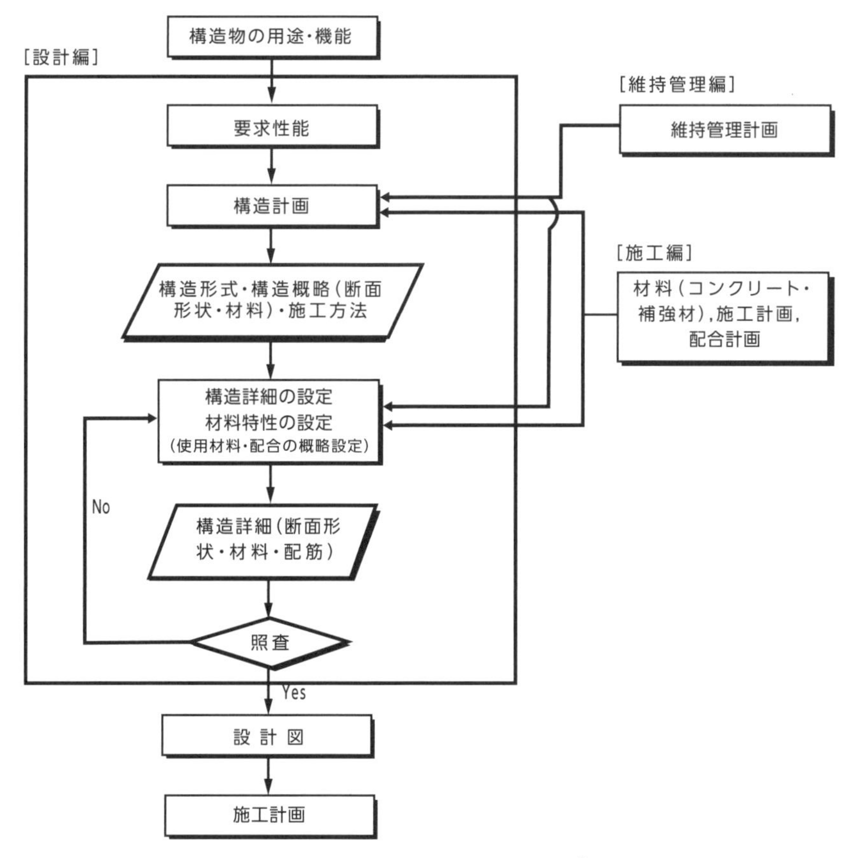

図-3.1　構造物の設計作業の流れ[1)]

設計する方法には，許容応力度設計法，終局強度設計法，限界状態設計法および性能照査型設計法がある。

3.1.1　許容応力度設計法

許容応力度設計法では，鉄筋は弾性体であり，コンクリートは引張に対する抵抗を無視した弾性体であるという仮定が使用される。これらの仮定のもと，構造物に設計荷重が作用したときに，各材料に生じる応力度が許容応力度以下になっていることを照査する設計法である。

許容応力度設計法は，明快で簡便であることから，これまで広く用いられてきているし，現在においても一部ではこの設計法が使用されているが，終局に対する安全度が不明確であることや，荷重の種類に拘わらず一律の**安全率**を使用するなどの問題点があげられる。

3.1.2　終局強度設計法

許容応力度設計法では，構造物の破壊に対してどの程度の余裕度があるのかについて確認することができないので，終局強度設計法が導入されるようになった。**終局強度設計法**は，終局時に重点を置いた設計法であり，設計荷重作用時に断面に生じる断面力が，断面耐力以下になっていることを確認することで，破壊に対する部材の安全度を照査する設計法である。

終局強度設計法は，材料強度を低減させることにより，間接的に構造物の安全度を確保する許容応力度設計法とは異なり，部材に必要な耐力を直接確保しようとする点に特徴があるが，通常の使用状態に対する安全度が不明瞭などの問題点がある。

3.1.3　限界状態設計法

限界状態設計法は，構造物がその機能を達成できなくなる**限界状態**を具体的に想定し，この限界状態に達する確率を許容限度以下にしようとする設計法である。**限界状態設計法**では，確率を計算するために，荷重と材料強度などの不確定要因の確率分布を精度よく推定する必要があるが，現状ではこれらの確率分布を精度よく推定するに至っていない。そのため，土木学会示方書では，材料強度と荷重などの不確定要因に対して**部分安全係数**を用いることで，構造物の安全性を確保している[2)]。すなわち，材料と荷重などの様々な要因に対して個々の安全係数を設定することにより，材料特性と荷重特性などに関する不確実さを照査に取り入れているため，許容応力度設計法と終局強度設計法を包含した設計法であり，以下の特徴があげられる。

3.1.4　性能照査型設計法

近年の各種示方書などでは，性能照査型の設計法が取り入れられつつある。この**性能設計**では，構造物に求められる様々な要求性能を明確に規定し，この要求性能が満足されるように設計を行う。2007年制定の土木学会示方書からは，構造物に求められる性能は，一般に，**耐久性**，**安全性**，**使用性**および**復旧性**などであることが定められ，現在に至っている[3)]。

構造物に求められる各種性能に対して，具体的にどのレベルの要求性能を設定するのかは，発注者と設計者，その構造物を使用する人々の合意に基づいて決定される。また，この手法では設計された構造物が，構造物に求められる各種の要求性能を満足していることが重要であるので，設計手段そのものは自由であり，高性能な材料と新しい部材などの新たな技術も自由に取り入れることが可能である。

要求性能が定められた後，構造物の設計が行われるのであるが，設計された構造物が有している**構造性能**（保有性能）が，**要求性能**を満足していることを照査（確認）しなければならない。

構造性能＞要求性能　　　　式（3-1）

土木学会示方書では，式（3-1）の照査に，部分安全係数を用いた限界状態設計法が使用されている。

3.2　土木分野の限界状態設計法

土木分野で実施されている限界状態設計法を以下に述べる[4)]。

3.2.1　限界状態

限界状態とは，構造物または部材がその機能を果たさなくなり，設計目的を満足しなくなる全ての状態と定義されている。また，その状態に達すると不都合さが急激に増加する状態とも定義でき，荷重の大きさと鉄筋コンクリート部材の不都合さの程度との関係を表すと，**図-3.2**に示すようになる。

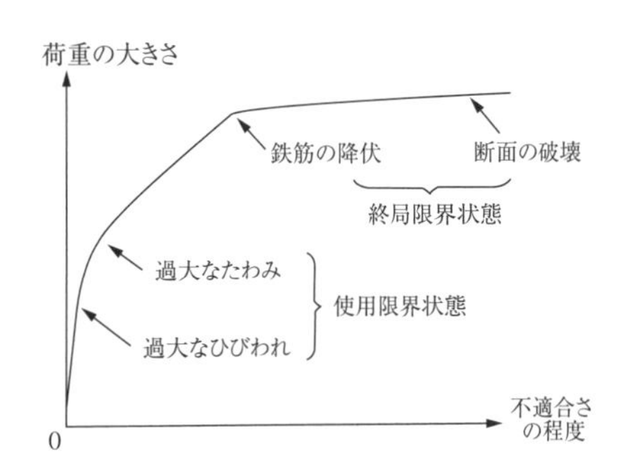

図-3.2　荷重と不都合さの概念図[5)]

限界状態設計法では，いくつかの限界状態を設定し，その限界状態になる確率を**許容限度**以下とすることを目的としている。そして，次の３つの限界状態に大別して検討するのが，わが国における土木分野の一般的な手法である。すなわち，(a)終局限界状態，(b)使用限界状態，(c)疲労限界状態であり，それぞれの限界状態を以下に詳述する。

(a)終局限界状態は，最大耐荷力に対応する状態が生じる限界状態であり，構造物の耐荷力にとって極めて重大な事態が生じる限界の状態である。またその限界状態に達すると，人命，社会機能，復旧に要する費用と時間などの被害が多大となるので，その発生の確率を０に近くまで，小さくしなければならない限界状態である。**表-3.1**に示すような限界状態に細分されているが，先ずは**断面破壊の終局限界状態**についての検討が行われ，必要に応じて，剛体安定の終局限界状態な

表-3.1　終局限界状態の例[2)]

断面破壊の終局限界状態	構造物の部材の断面が破壊を生ずる状態
剛体安定の終局限界状態	構造物の全体，または一部が，一つの剛体の構造物として転倒その他により安定を失う状態
変位の終局限界状態	構造物に生ずる大変位によって構造物が必要な耐荷能力を失う状態
変形の終局限界状態	塑性変形，クリープ，ひび割れ，不当沈下等の大変形によって構造物が必要な耐荷能力を失う状態
メカニズムの終局限界状態	不静定構造物がメカニズムへ移行する状態

表-3.2　使用限界状態の例[2)]

ひび割れの使用限界状態	ひび割れにより美観を害するか，耐久性，または水密性や気密性を損ねるかする状態
変形の使用限界状態	変形が構造物の正常な使用状態に対して過大となる状態
変位の使用限界状態	安定，平衡を失うまでには至らないが，正常な状態で使用するには変位が過大となる状態
損傷の使用限界状態	構造物に各種の原因によって損傷が生じ，そのまま使用するのが不適当となる状態
振動の使用限界状態	振動が過大となり，正常な状態で使用できないか，不安の念を抱かせるかする状態
有害振動発生の使用限界状態	地盤等を通じて周辺構造物に有害振動を伝播し，不快感を抱かせる状態

どの他の終局限界状態に対する検討を行っている。

(b)**使用限界状態**は，**表-3.2**に示すような，通常の供用性，使用性または耐久性に関連する限界状態であり，比較的軽微な不都合を生じる状態である。また，美観と景観にも悪影響を与えない状態でもある。そして，終局限界状態に比べてその現れ方が穏やかであるため，日常の保守点検，損傷に対する修繕を容易に行える場合が多いことなどのため，発生の確率を緩めてもよい限界状態である。従来の許容応力度設計法は，この限界状態を対象としていたとも考えられる。

(c)**疲労限界状態**は，繰返し荷重により，鋼材の破断，コンクリートの圧壊，部材の破壊という**疲労破壊**を生じる状態であり，後述するISO規格と欧州規格では一般に終局限界状態に含めている。しかしながら，①破壊が静的強度ではなくて応力振幅によって規定されること，②荷重のレベルが比較的小さく頻繁に作用する荷重を対象とすることなどのため，土木学会示方書で昭和61（1986）年制定において初めて限界状態設計法を採用した際は，疲労限界状態は終局限界状態とは別に取り扱っていた。しかしながらその後，2007年制定版からは終局限界状態の一部に組み入れられて，現在に至っている。

3.2.2　限界状態設計法の検討方法

限界状態設計法は，種々の限界状態について，それぞれ安全性とともに耐久性を含む使用性とを明確に区別しながら検討している。そして，それらを１つの設計体系にまとめたものであって，合理的で理解しやすい設計法である。

すなわち，限界状態設計法は，許容応力度設計法で一括して考慮していた安全率の代わりに，設計の段階ごとに“安全係数γ”を導入し，次式により照査を行うことで，構造物の安全性および使用性を保証している。

$$R_d/S_d=R(f_k/\gamma_m)/\gamma_b(\gamma_a \cdot S(\gamma_f \cdot F_k)) \geq \gamma_i \qquad \text{式（3-2）}$$

ここに，R_dは設計断面耐力，S_dは設計断面力，f_kは材料強度の特性値，F_kは荷重の特性値，γ_mは材料係数，γ_bは部材係数，γ_aは構造解析係数，γ_fは荷重係数，γ_iは構造物係数を示す。

これらの部分安全係数は，**表-3.3**に示すように，分担する不確実性の内容を明確化したものであって，必要に応じて統合することも可能である。なお，構造物係数γ_iは，**図-3.3**に示すように，**断面力**と**断面耐力**の分布の山全体を離すものである。そして，構造物の重要度および限界

表 -3.3　安全係数により配慮されている内容[2]

	配慮されている内容	取扱う項目
断面耐力	1．材料強度のばらつき (1)　材料実験データから判断できる部分 (2)　材料実験データから判断できない部分（材料実験データの不足・偏り・品質管理の程度，供試体と構造物中の材料強度の差異，経時変化等による） 2．限界状態に及ぼす影響の程度 3．部材断面耐力の計算上の不確実性，部材寸法のばらつき，部材の重要度，破壊性状	特性値 f_k 材料係数 γ_m 部材係数 γ_b
断面力	1．荷重のばらつき (1)　荷重の統計的データから判断できる部分 (2)　荷重の統計的データから判断できない部分（荷重の統計的データの不足·偏り，耐用期間中の荷重の変化，荷重の算出方法の不確実性等による） 2．限界状態に及ぼす影響の度合 3．荷重の組合せの確率 4．断面力等の計算時の構造解析の不確実性	特性値 F_k 荷重係数 γ_f 組合せ係数 ϕ 構造解析係数 γ_a
構造物の重要度，限界状態に達したときの社会的経済的影響等		構造物係数 γ_i

状態に達した時の社会的経済的影響等を考慮した安全係数である。

断面破壊の終局限界状態に対する検討方法を概念的に示すと，**図 -3.4**に示すようになる。設計断面耐力 R_d と設計断面力 S_d を，式(3-2) が満足することを確かめるのである。

このように，部分安全係数を用いる限界状態の検討方法の特徴は，従来の許容応力度設計法と比較して，①荷重と材料強度の特性を別々に取り扱えること，②安全率の中身を明確にし得ることなどである。また，③各分野における研究成果を独立に採用しやすいフレームを持っていることも大きな利点である。

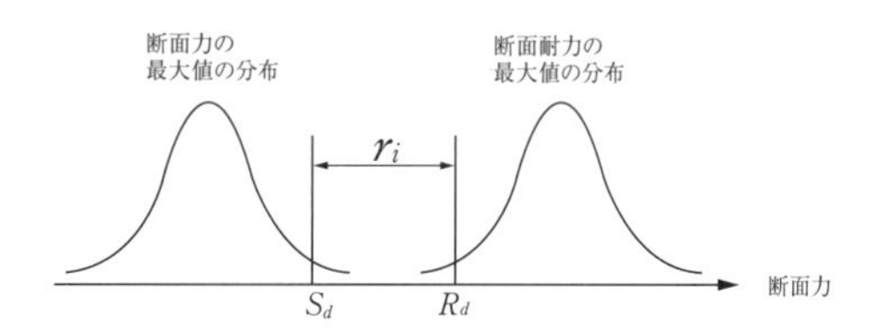

図 -3.3　構造物係数 γ_i の概念[4]

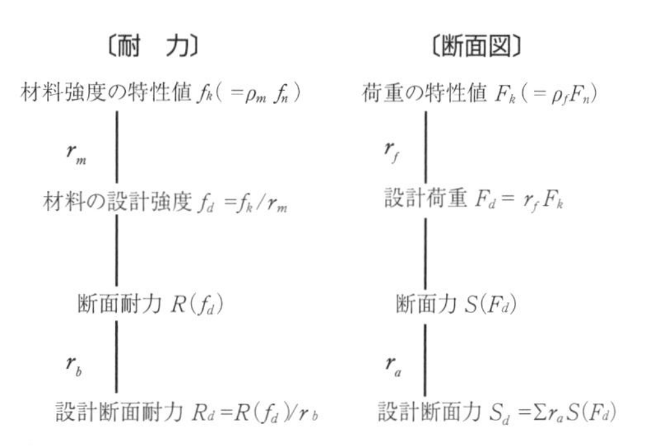

図 -3.4　断面破壊に対する安全性の検討方法[4]

3.2.3　材料強度の特性値，設計強度

材料強度の特性値 f_k は，ある一定の確率でそれを下回らない強度と定義されている。コンクリートと鉄筋の強度のように，通常の管理状態にある場合には，強度の試験値は正規分布を示すことが認められており，次式により，材料強度の特性値 f_k を表わしている（**図 -3.5**参照）。

$$f_k=f_m(1-\kappa\cdot\delta) \quad 式(3\text{-}3)$$

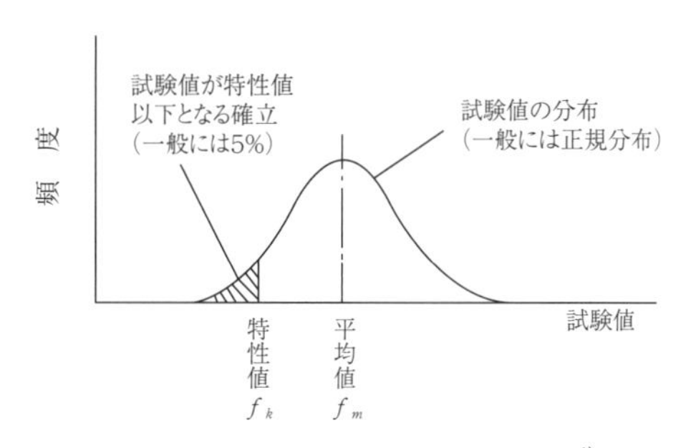

図 -3.5　材料強度の特性値の決め方[4]

ここに，f_m は試験値の平均値，δ は試験値の変動係数，κ は係数で，確率を５%，正規分布と仮定すれば，$\kappa = 1.64$ となる。

材料強度の規格値 f_n がその特性値とは別に定められている場合には，材料強度の特性値 fk は，その規格値 f_n に材料修正係数 ρ_f を乗じた値としている。

設計強度 f_d は，特性値 f_k を材料係数 γ_m で除したものである。

3.2.4　荷重の特性値，設計荷重

荷重の特性値 F_k は，ある一定の確率でその値を上回らない荷重，ある場合によってはその値を下回らない荷重と定義されており，検討すべき限界状態の種類ごとに，それぞれ定められている。必要なデータがある場合にはその統計的処理によって定め，データがない場合には将来を予測して経験的に定められている。そして，終局限界状態の検討には，構造物の施工中および耐用期間中に生じる最大荷重または最小荷重の**期待値**が，一般に採られている（図 -3.6参照）。

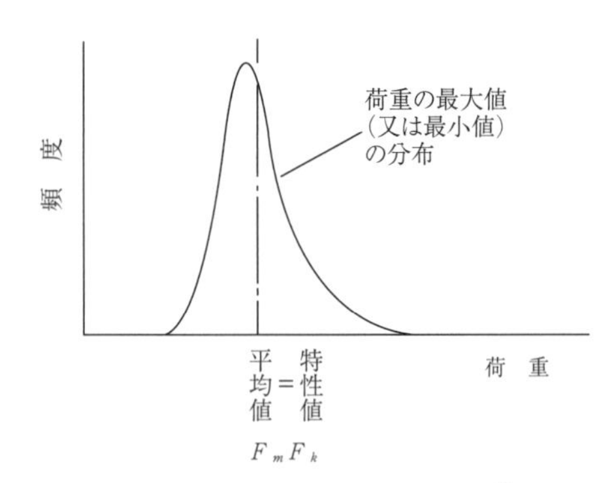

図 -3.6　荷重の特性値の決め方[4)]

荷重の規格値または**公称値** F_n が，その特性値とは別に定められている場合には，荷重の特性 F_k は F_n に荷重修正係数 ρ_f を乗じた値としている。

設計荷重 F_d は，荷重の特性値 F_k に荷重係数 γ_f と荷重の組合せ係数 ϕ とを乗じて，次式により求めている。

$$F_d = \sum \gamma_f \cdot \phi \cdot F_k \qquad \text{式 (3.4)}$$

ここに γ_f は，荷重の算出方法の不確実性，荷重特性が限界状態に及ぼす影響など荷重の特性値からの望ましくない方向への変動を考慮した安全係数である。また，ϕ は，同時に作用する荷重の**生起確率**を考慮した係数である。

3.2.5　設計断面力

構造解析により，設計荷重が作用した時の部材各断面に生じる曲げモーメント，せん断力，軸方向力，およびねじりモーメントを算定し，これらを**設計断面力**と総称している。すなわち，設計断面力 S_d は，設計荷重を用いて断面力 S（S は F_d の関数）を算定し，これに構造物解析係数 γ_a を乗じた値としている。

鉄筋コンクリートでは，断面力と変形が比例しないため，各部材の剛性を種々の荷重状態に対して正確に求めることは実際上不可能に近い。そのため，鉄筋コンクリートの場合も弾性体として**線形解析**が行われることが多い。そして，荷重による剛性変化の及ぼす影響について，**曲げモーメントの再分配**と称して，連続はりの中間支点上などにおける曲げモーメントの低減を行う方法が，土木学会示方書で定められている。

3.2.6　設計断面耐力

図-3.4に示したように，**設計断面耐力** R_d は，材料の設計強度 f_d を用いて，部材断面の耐力 R（R は f_d の関数）を算定し，これを部材係数 γ_b で除した値である。

3.2.7　安全係数の標準値

安全係数は，限界状態の種類によって異なり，その値は規準類によって異なる値が規定されている。土木学会示方書の値を，**表-3.4**に示す。使用限界状態の検討に用いる安全係数は，すべて1.0であるが，終局限界状態と疲労限界状態に対する検討に用いる安全係数は，1.3を最大値にして，安全係数の種類によって1.0以上の値が与えられている。

表-3.4　安全係数の標準値[2)]

		終局限界状態	疲労限界状態	使用限界状態
材料係数 γ_m	コンクリート γ_c	1.3	1.3	1.0
	鋼材 γ_s	1.0	1.0	1.0
部材係数 γ_b		1.15～1.3	1.0～1.1	1.0
荷重係数 γ_f		1.0～1.2	1.0	1.0
構造解析係数 γ_a		1.0～1.2	1.0	1.0
構造物係数 γ_i		1.0～1.2	1.0～1.1	1.0

コンクリートの**材料強度の特性値**は，標準養生を行った円柱供試体による試験値に基づいて定められている。そのため，構造物中のコンクリート強度との相違を配慮するための安全係数が必要である。すなわち，コンクリートの運搬および打込みの方法による相違の変動，締固め不充分による局部的な欠陥，型枠の不良による局所的な欠陥，養生の相違による影響などを考慮するために，材料係数 γ_c が導入されている。この安全係数には，特性値を下回る試験値が生ずる可能性および長期載荷状態にあることの影響なども考慮している。また，コンクリートの破壊によって部材が破壊する**脆性破壊**を，鋼材の降伏よりも遅らせる意味で，コンクリートの材料係数 γ_c の値を鉄筋の材料係数 γ_s より大きく採ることも考慮されている。そのため，終局限界状態および疲労限界状態に対しては，一般に γ_c は1.3が与えられている。

鉄筋については，**JIS規格値**を下回る可能性は極めて少ないこと，鉄筋は構造物中のものと同一のもので試験できることから，JIS規格値を特性値にする場合には，その特性値を設計値として用いても良いと考えられている。すなわち，鉄筋に関する材料係数 γ_s は，終局限界状態に対しての検討に用いる場合も，一般に1.0としている。

3.2.8　コンクリート強度の低減係数 κ_1

土木学会示方書では，コンクリートの圧縮強度の設計値には，特性値である設計圧縮強度 f_{cd}' とともに，**強度の低減係数** κ_1が導入されている。すなわち，設計断面耐力の算定に用いる応力—ひずみ曲線は，**図-3.7**に示すように，“強度の低減係数 κ_1” を考慮したコンクリートの応力—ひずみ曲線を用いるのである。

強度の低減係数 κ_1は，CEB設計施工基準から導入されており，1970年のCEB/FIPの国際指針からその値は0.85で一定とされてきた。欧州構造基準では，用語と記号をISO規格に整合させたため，α_{cc}をこれまでのκ_1の代わりに用いている。そして，強度の低減係数κ_1は欧州連合等の構成国によって異なり，1.0を採ることも許容されているが，英国などでは0.85の値が特にコンクリート橋梁に対して推奨されている（**図-3.8**参照）。

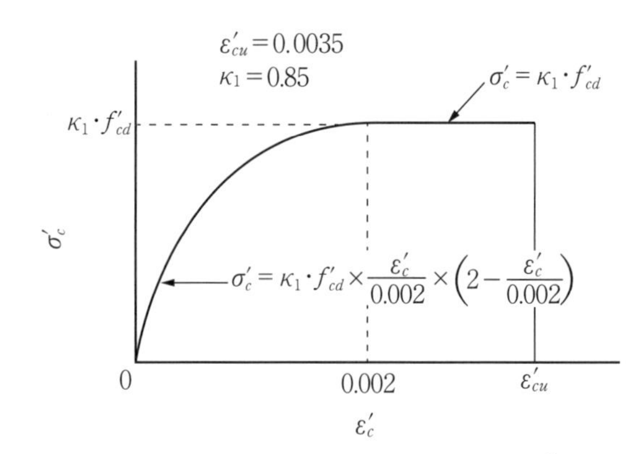

図-3.7　コンクリートの応力―ひずみ曲線[2)]

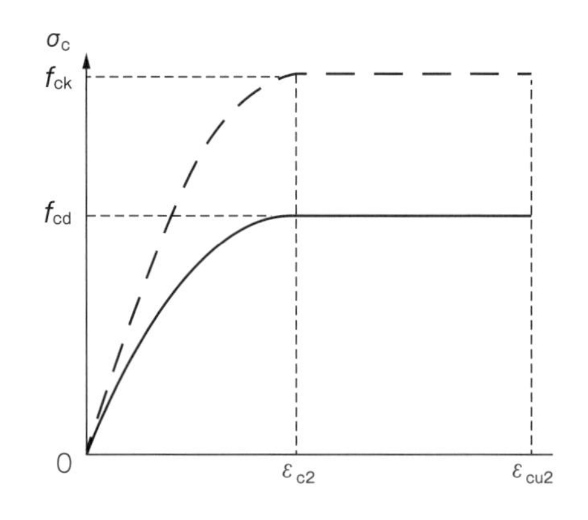

図-3.8　欧州規格のコンクリートの応力―ひずみ曲線の例[6)]

強度の低減係数κ_1は，コンクリート部材の軸方向耐力から求められるコンクリート強度が，円柱供試体の強度から求める値より低下する現象を考慮した係数である。

土木学会示方書では，2007年制定版より，このκ_1を高強度コンクリートに対する圧縮強度に依存させて，0.85より小さい値を規定している。

なお，強度の低減係数κ_1が導入された理由については，研究者と技術者の間で必ずしも意見が一致しない。構造物中のコンクリートの圧縮強度が，上側において小さくなることが反映されているとの意見が多い。しかしながら，実際の構造物中のコンクリートと円柱供試体のコンクリートとの強度の相違は，**表-3.3**においても示したように，材料係数γ_cで考慮されていると考えられている。従って，構造物中の部材の一軸方向圧縮強度が円柱供試体による強度に断面積を乗じた値より小さくなること，長期載荷の及ぼす影響，および荷重作用の種類が及ぼす好ましくない影響を考慮するものが，強度の低減係数κ_1と考えるのが良いと思われる。そして，構造物中のコンクリート強度が，上側において著しく小さくなることは，限界状態の種類により異なる“材料係数γ_c”だけではなく，強度の低減係数κ_1に反映させることが合理的だと考えることの検討については，今後の課題である。

3.3　限界状態設計法の経緯と現状並びに今後の動向

限界状態設計法は，1964年にヨーロッパ・コンクリート委員会（CEB）によって提唱されたものである。わが国は，1963年にCEBに加入している。その後，1970年に国際プレストレストコンクリート協会（FIP）とCEBの協同による基準案が発表され，ヨーロッパを中心に各国の規準類に大きな影響を及ぼしてきた。

ユーロコード（欧州構造基準）は，2007年半ばから利用可能となっており，2010年４月１日からはEU（欧州連合）およびEFTA（欧州自由貿易連合）のメンバー国において，公共施設の設計では唯一の構造基準となっている[6]。

次世代のユーロコードの改訂・制定版がこれから公表されることになる。すなわち，次世代のユーロコードは，以下の４項目を重点に置いて改訂･制定作業が行われている。①メンテナンス，②整合化，③更なる発展，および④第三国への普及の４項目であり，その作業結果が近々公表される予定である。

わが国でも，土木学会において，**試案**[7] および**指針（案）**[8] の形で限界状態設計法が公表された後，前述したように，昭和61年制定の示方書に本格的に採用された。その後，電力施設，鉄道，高速道路などへ適用されている。

土木学会示方書も，何回かの制定・改訂が行われ，2022年版が発行されている。その間に，**性能照査型設計法**に変換されているが，その内容の骨子は限界状態設計法である。

参考文献

１）土木学会：2022年制定，コンクリート標準示方書，設計編，p.5，2023年.
２）土木学会：昭和61年制定，コンクリート標準示方書，設計編，pp.200，1986年.
３）土木学会：2022年制定，コンクリート標準示方書，設計編，pp.727，2023年.
４）辻幸和：限界状態設計法の現状，下水道協会誌，Vol.27 No.313, pp.16-20, 1990年.
５）岡村甫：コンクリート構造の限界状態設計法第２版，共立出版，p.183, 1984年.
６）C. R. Hendy and D. A. Smith：Designers' Guide to EN 1992-2 Eurocode 2：Design of concrete structures, Part 2：Concrete bridges, Thomas Telford limited 2007.
７）土木学会：コンクリート構造の限界状態設計法試案，コンクリート・ライブラリー第48号，1981年.
８）土木学会：コンクリート構造の限界状態設計法指針（案），コンクリート・ライブラリー第52号，1983年.

第 4 章 曲げモーメントを受ける部材

4.1 曲げモーメントを受ける部材の概要

部材には様々な形状寸法があるが，一方向だけが長い形状を「棒」といい，棒を縦にしたものを「柱」，横にしたものを「はり（梁）」という。従って，橋もはりということになる。では，**図 -4.1**に示すように，はりに上から荷重が作用したら，はりはどのように変形するだろうか。もちろん，中央部分が下がる形で反る。いわゆる曲げモーメントを受けるはりの基本的な挙動である。

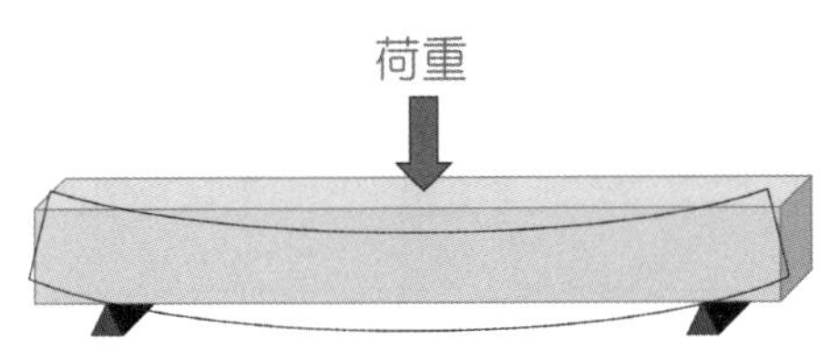

図 -4.1 曲げモーメントを受ける部材（はり）

このとき，はりの上面は圧縮され，逆に下面は引っ張られる。すなわち，**図 -4.2**に示すように上からの荷重による「曲げ」によって，断面には「圧縮」と「引張」の応力が生じる。少し表現を変えると，曲げモーメントに応じた（比例した）圧縮応力と引張応力が発生する。ちなみに，はりの場合は上面を上縁，下面を下縁ということが多く，上縁が最も圧縮されて下縁が最も引っ張られる。このイメージは，本章ではとても重要である。

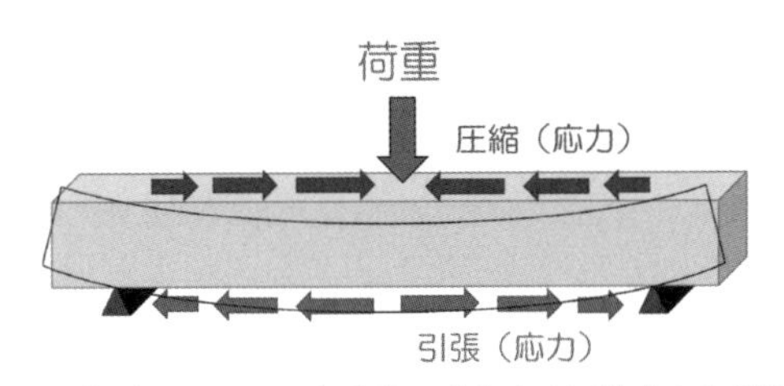

図 -4.2 曲げモーメントを受けて発生する圧縮応力と引張応力

さて，補強材を配置せずにコンクリートだけではりを作ったとしよう。荷重が大きくなると断面に作用する応力はどうなるだろうか？　コンクリートは圧縮には強く，引張りに弱いということを思い出してほしい。

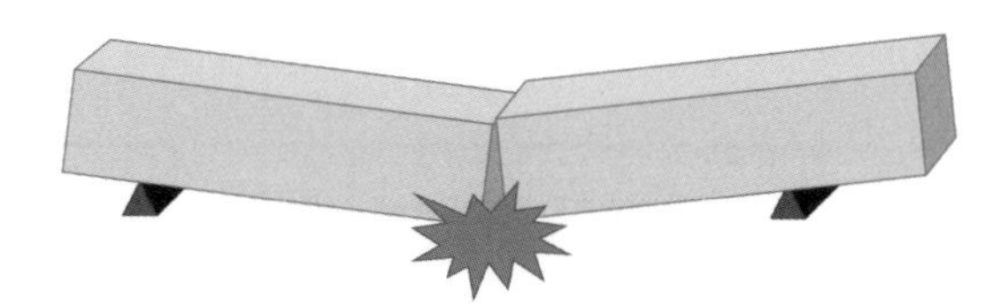

図-4.3　曲げモーメントを受けて下縁から破壊する部材（はり）

下縁に発生する引張応力度がコンクリートの引張強度を超えた瞬間に，**図-4.3**に示すように下縁にひび割れが発生して破壊してしまう。この場合は荷重がスパン中央部に作用しているので，はりは中央部付近で壊れる。構造力学で学んだように，中央部が曲げモーメントが最大となるためである。そこで，**図-4.4**に示すように下側に鉄筋を配置して補強するのである。鉄筋は引っ張りに強いので，はりが壊れずに済む。コンクリートにひび割れが発生することを防ぐことは難しいが，簡単には壊れなくなる。

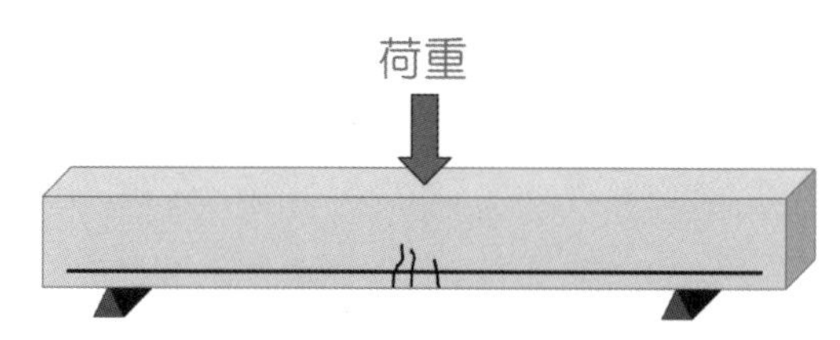

図-4.4　鉄筋で補強された部材（はり）

このように，コンクリートが引っ張られることが予測される場所に，あらかじめ鉄筋を配置しておくと安全であり，このような鉄筋を「**主鉄筋**」という。先ほどの図を二次元的に描くと，**図-4.5**に示すようになる。主鉄筋が下側に３本配置されている状態がイメージできるようになろう。

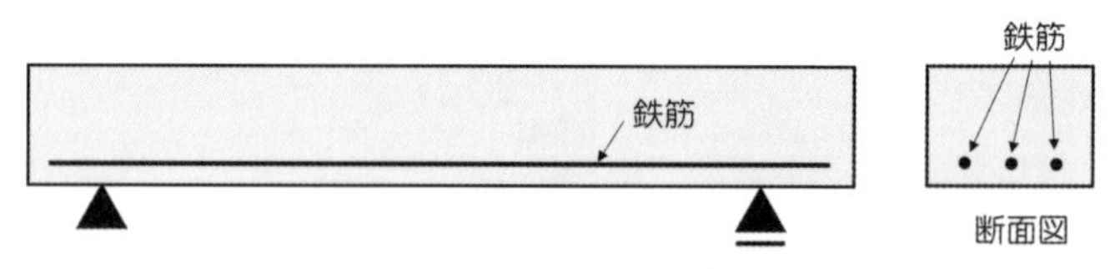

図-4.5　鉄筋で補強されたはりの側面図と断面図

上記のように，コンクリートに鉄筋を配置して補強したものを，「鉄筋コンクリート」という。英語では「reinforced concrete」といい，その頭文字をとって「RC」と略す。RCでは，外力（荷重）に対してコンクリートと鉄筋の両者が一体となって抵抗する。基本的にコンクリートは圧縮を，鉄筋は引張を負担する。RCの利点と欠点をまとめると，次のようになる。

＜利点＞

・耐久性や耐火性に優れる

・種々な形状，寸法の構造物を容易に作製できる

・他の構造物に比べて経済的である

など

＜欠点＞

・自重が比較的大きいので，軟弱地盤上の構造物には不適である

・ひび割れが生じやすく，局部的に破損しやすい

・検査や改造が困難である

・施工が粗雑になりやすい

など

また，偶然ながら鉄筋とコンクリートはとても相性が良く，それをまとめると次の①～③のようになる。

①鉄筋とコンクリートの**熱膨張係数**（線膨張係数ともいう）がほぼ等しい。

多くの物体は温度が上がると膨張し，下がると縮む。その程度の大きさを「熱膨張係数」で表すが，たまたま運の良いことに，鉄筋とコンクリートでは熱膨張係数の値がほぼ同じである。つまり，気温の変化に対して一体となって伸び縮みするということである。具体的な熱膨張係数は，次のような値である。

$$\begin{cases} \text{コンクリート}：10\times10^{-6}/℃ \\ \text{鋼材}：12\times10^{-6}/℃ \end{cases}$$

②鉄筋とコンクリートとの付着強度が大きい。

③コンクリート中に埋め込んだ鉄筋は錆びにくい。

コンクリートは強アルカリ性である。強アルカリ性の環境では鉄筋の表面に「**不動態皮膜**」という薄い膜が形成され，酸素との結合を抑制してくれる。つまり，錆びにくくなる。これもたまたま運が良かったことである。

次に，コンクリートの材料特性について考えてみる。コンクリートは水和反応によって徐々に強くなっていくので，材齢28日の圧縮強度を基準にする。また，養生方法によっても強度発現が異なるので，20℃の水中で養生することを前提とする。これを「**標準養生**」という。許容範囲も考慮すると20℃±３℃すなわち17～23℃となる。水中で養生することが難しい場合もあるので，湿度100%RHに近い状態でもよいとされる。例えば，コンクリートに布をまいて散水すれば，湿度はほぼ100%RHとみなされる。

＜補足：設計基準強度とヤング係数＞

図-4.6のように標準養生を行った円柱供試体の材齢28日における圧縮強度を「**設計基準強度**」といい，記号は f'_{cd} で表す。f は強度を意味し，「′ダッシュ」は「圧縮」を意味する。コンクリートの強度には，圧縮強度以外にも引張強度や曲げ強度などがある。引張強度は圧縮強度の約1/10～1/12で，曲げ強度は圧縮強度の約1/7である。また，強度と同じくらい重要な性質が**ヤング係数**（静弾性係数ともいう）である。これは**図-4.6**の応力－ひずみ曲線の直線部分の傾きであり，ヤング係数が大きいということは，硬い材料ということである。

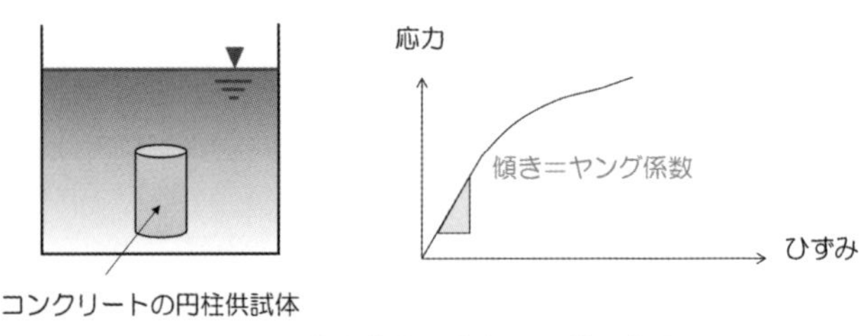

図-4.6　水中養生と応力－ひずみ曲線

ヤング係数の測定は実験的に少し煩雑なので，土木学会示方書では，設計基準強度をもとに，**表-4.1**を使って求めてもよいことになっている。この表から，強度が強いほど硬いことが確認できる。

表-4.1　設計基準強度とヤング係数の関係

設計基準強度 f'_{ck}(N/mm²)		18	24	30	40	50	60	70	80
ヤング係数 E_c (kN/mm²)	普通コンクリート	22	25	28	31	33	35	37	38
	軽量骨材コンクリート	13	15	16	19	—	—	—	—

一方，鉄筋のヤング係数は，鉄筋の種類によらずほぼ一定の値を示し，計算では次の値を用いる。

$E_s = 200\mathrm{kN/mm}^2$（一定）

なお，ヤング係数はElastic Modulusの頭文字の E で表すので，コンクリートのヤング係数は E_c となり，鉄筋のヤング係数は E_s となる。E_s と E_c の比率を「**ヤング係数比**」といい，n で表す。すなわち $n=E_s/E_c$ である。また，応力度 σ とヤング係数 E とひずみ ε の関係は次のようになる。

$\sigma=E\cdot\varepsilon$

さて，曲げモーメントを受ける部材のはりの上縁には圧縮応力が，下縁には引張応力が生じることは，前述した通りであるが，その応力度分布は**図-4.7**の右に示すようになる。すなわち上縁が最も圧縮され，下縁が最も引っ張られる。圧縮応力度を右側に引張応力度を左側に表すと，上縁と下縁を直線で結んだものが応力度分布となる。これを**平面保持の法則**という。この応力度分布にしたがうと，はりの真ん中付近は，圧縮もされず引っ張られることもない場所がある。そのようなポイントを軸方向に結んでいくと図の点線のようになるが，この点線のことを**中立軸**（neutral axis）といい，n で表す。もちろんヤング係数比の n とは別な記号である。

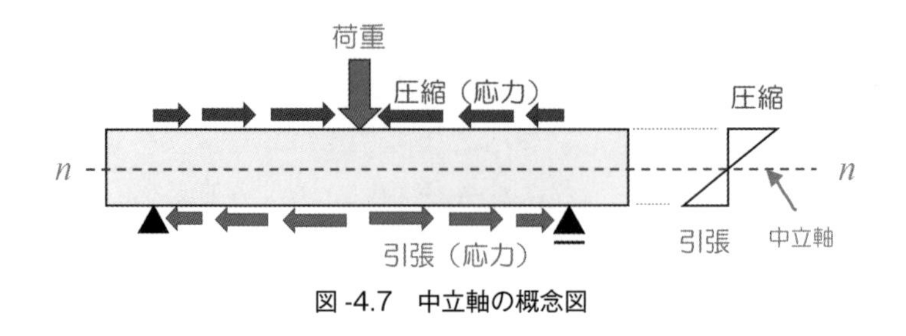

図-4.7　中立軸の概念図

中立軸はいつも断面の真ん中になるのだろうか？　**図-4.8**の左に示すように，単一の材料で上下対象な断面であれば，中立軸は真ん中に位置する。しかし，**図-4.8**の中央のRCのような異質な材料が混在していれば，中立軸は真ん中にはならない。また，右図に示すT形断面のように，上下非対称な断面の場合も，中立軸は真ん中にはならないので注意が必要である。

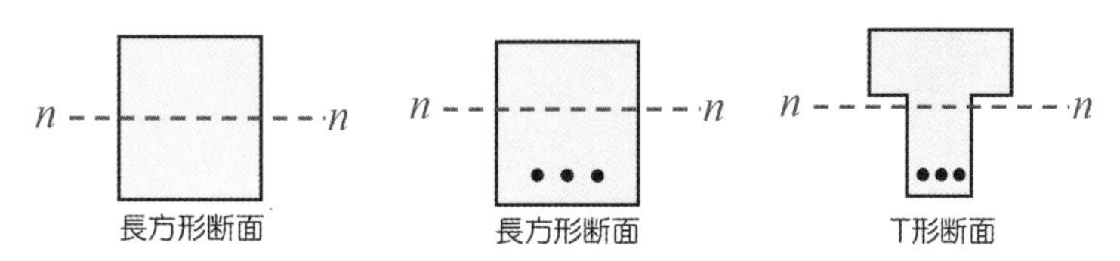

図-4.8　各種断面の中立軸の例

図-4.9に示すように，引張側だけに鉄筋を配置したはりのことを，「**単鉄筋はり**」という。断面が長方形の場合は「単鉄筋長方形はり」，断面がT形の場合は「単鉄筋T形はり」という。長方形を「矩形（くけい）」と称する場合がある。

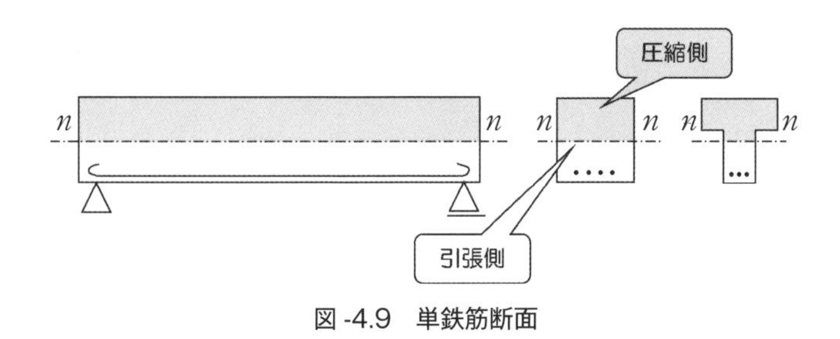

図-4.9　単鉄筋断面

図-4.10に示すように，圧縮側にも鉄筋を配置する場合がある。このようなはりを「**複鉄筋はり**」という。構造上，はりの高さに制限を受ける場合や，正負の曲げモーメントを受ける断面に適用される。

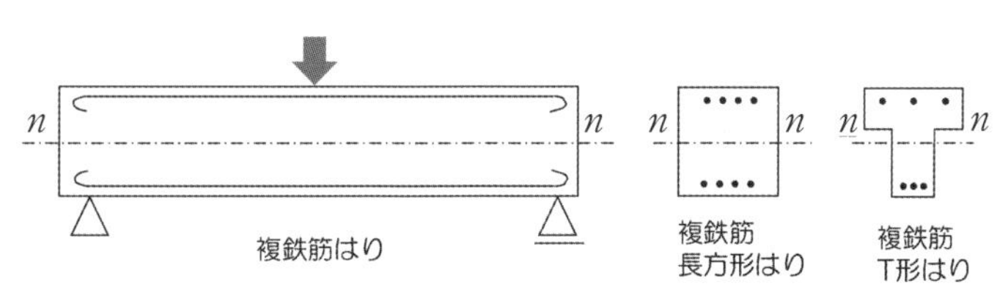

図-4.10　複鉄筋断面

4.2　曲げモーメントを受ける単鉄筋はりの挙動

本節では，単鉄筋はりの曲げ挙動を述べる。**図-4.11**に示すように，荷重Pを徐々に増加すると，たわみδもそれに伴って大きくなる。その挙動を，縦軸に荷重Pを，横軸にたわみδをとって，**図-4.12**～**図-4.14**に示す。

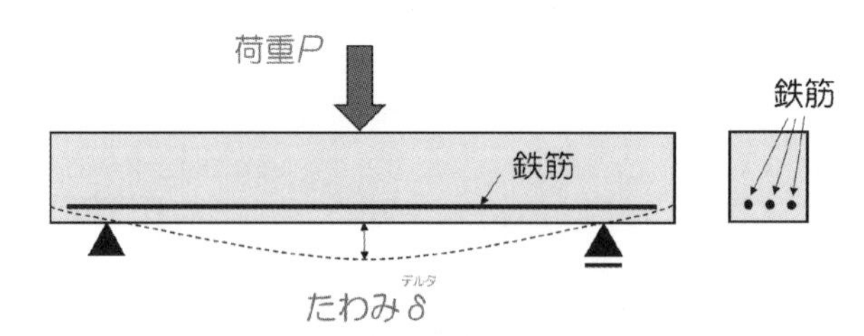

図-4.11　単鉄筋長方形断面はりとした荷重とたわみ

はじめは荷重に比例してたわみが大きくなるので，直線関係になる（図-4.12）。

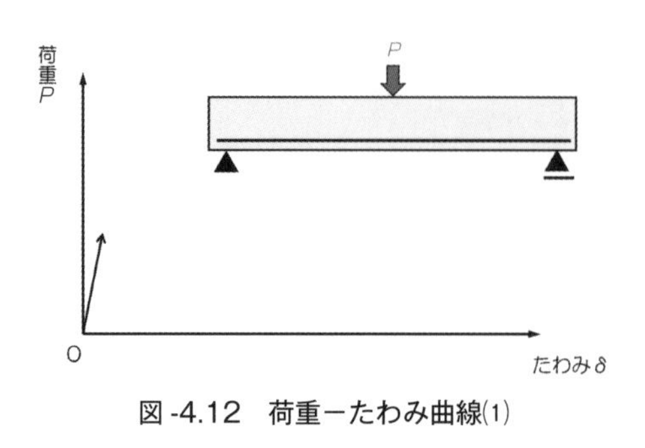

図-4.12　荷重－たわみ曲線(1)

さらに荷重を大きくしていくと，下縁のコンクリート応力度が引張強度を超えた瞬間にひび割れが発生する（図-4.13）。

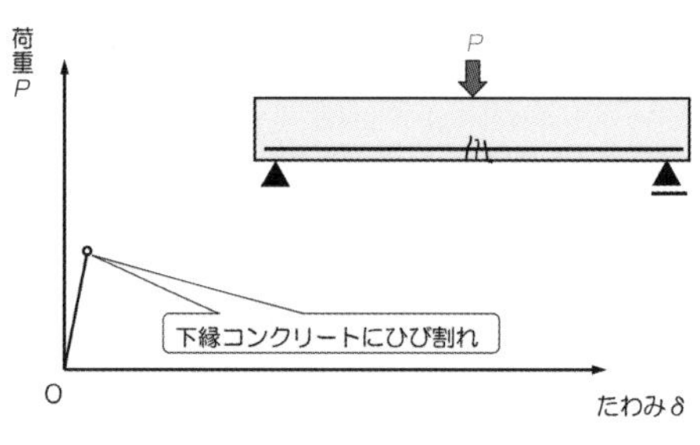

図-4.13　荷重－たわみ曲線(2)

ひび割れが発生すると，引張応力度は鉄筋のみで負担することになる。はりの剛性が少し低下するので，直線の傾きが小さくなる（図-4.14）。

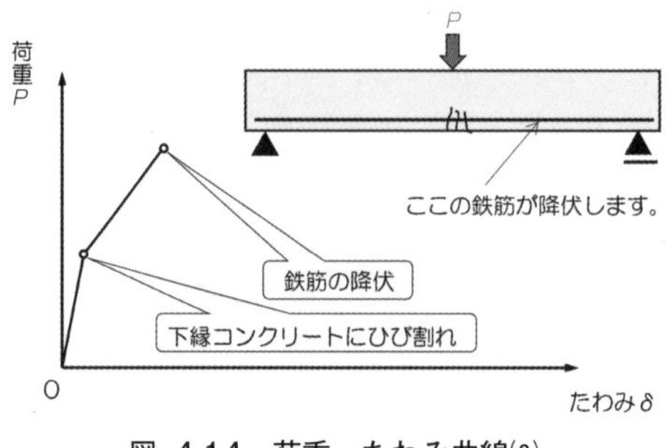

図-4.14　荷重－たわみ曲線(3)

さらに荷重を増加していくと，鉄筋が分担する引張応力度も限界（**降伏点**）を迎える。一般的には，この段階をはりの破壊とみなす。もちろん鉄筋を多量に配置すると降伏せずにすむのであるが，また別の問題が生じてしまう。その点は後で解説する。

鉄筋が降伏した後も荷重を大きくすると，荷重はあまり増えずに，たわみだけが大きくなる（**図-4.15**）。この現象は壊れ方としては好ましく，「危ない！橋を渡るのは止めておこう！」と思わせることが重要なのである。

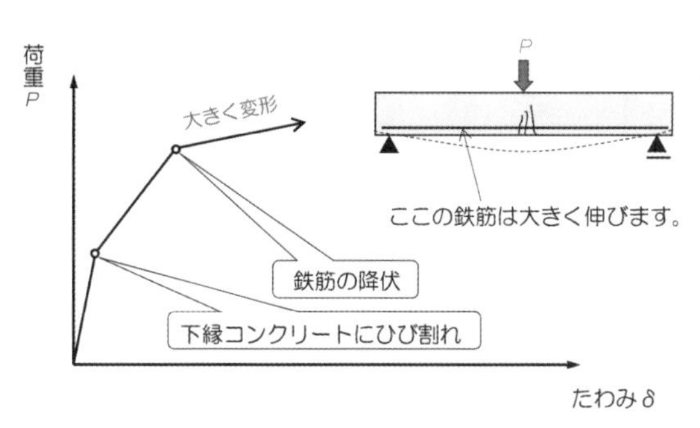

図-4.15　荷重－たわみ曲線(4)

最後は，上縁コンクリートが圧壊する（**図-4.16**）。

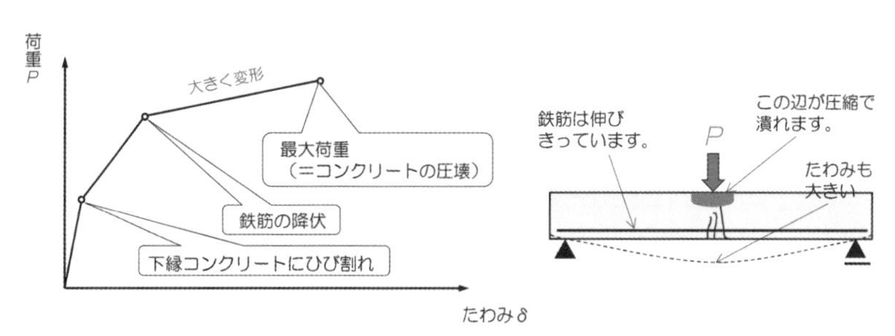

図-4.16　荷重－たわみ曲線(5)

さらに荷重を作用させようとしても，荷重は増加せずに破壊だけが進み，力学的にはあまり意味がない。はりは軸方向鉄筋のはらみ出しと破断が生じるなど，破壊というよりはむしろ崩壊状態となる（**図-4.17**）。以上のような挙動を，「**曲げ引張破壊**」という。

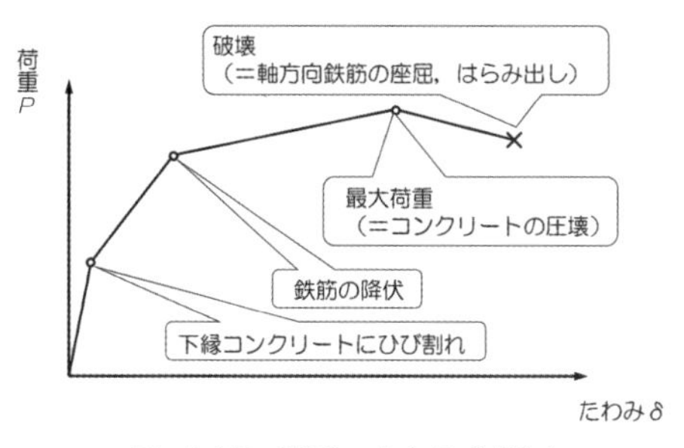

図-4.17　荷重－たわみ曲線(6)

もし鉄筋を多量に配置する場合は，単位面積当たりの負担（＝応力度）が減るので，鉄筋が降伏点に至る前に，上縁のコンクリートが先に圧壊する。このような挙動を「**曲げ圧縮破壊**」という。曲げ圧縮破壊の場合は変形が小さい破壊となり，危険を察知することが難しくなる（**図-4.18**）。いわゆる**脆性破壊**と呼ばれるもので，避けるべき破壊形態である。すなわち，必要以上に鉄筋を配置し過ぎても良くないのである。

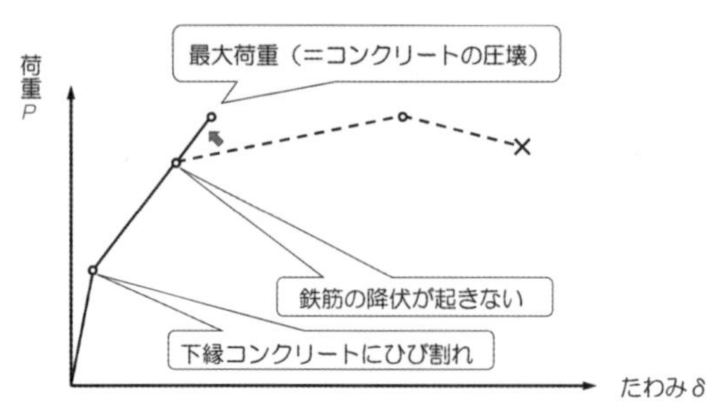

図-4.18　荷重－たわみ曲線(7)　曲げ圧縮破壊

以上のように，曲げ破壊については鉄筋量（鉄筋比）によって２つの挙動にわけられる。両者の相違境界のとき，すなわち，引張鉄筋が降伏すると同時に上縁コンクリートが圧壊する時の断面を「**釣合い断面**」という。

破壊の種類には「曲げモーメント」以外にも「せん断力」による破壊がある。せん断破壊する場合は支点付近から斜めにひび割れが発生し，脆性的に破壊する。はりが曲げ破壊するかせん断破壊するかについては，スパン長 a とはりの有効高さ d の比「a/d（**せん断スパン比**という）」が簡易な指標となる。すなわち，せん断スパン比が大きい場合は曲げ破壊し，小さい場合はせん断破壊する。なお，「せん断力を受ける部材」については６章で述べる。

下縁コンクリートのひび割れの発生を防ぐのは難しく，**許容応力度設計法**では，**図-4.19**に示すような範囲に荷重が収まるように設計していた。つまり下縁のひび割れは想定内ということである。**弾性**というのは荷重を除くと変形が元に戻る性質をいう。荷重が許容荷重を超えてしまうと，荷重を取り除いても変形が残ってしまう。その性質を**塑性**という。なお，鉄筋量の早見表を**表-4.2**に示す。必要に応じて用いる。

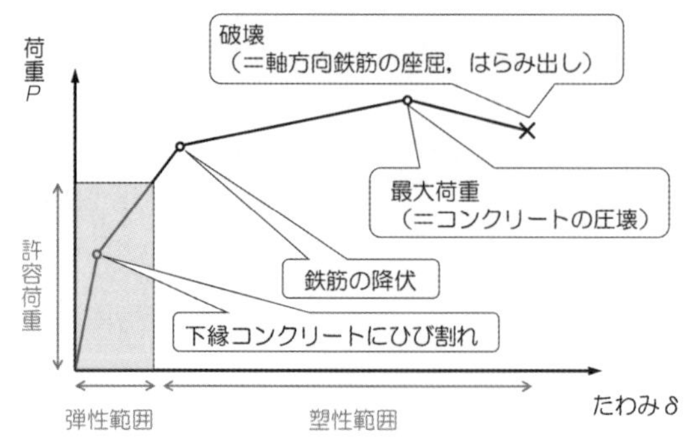

図-4.19　荷重－たわみ曲線と許容荷重の関係

表-4.2　異形棒鋼の断面積（mm^2）

呼び名	公称径 (mm)	本数									
		1	2	3	4	5	6	7	8	9	10
D6	**6.35**	31.67	63.3	95.0	126.7	158.3	190.0	222	253	285	317
D10	**9.53**	71.33	142.7	214	285	357	428	499	571	642	713
D13	**12.7**	126.7	253	380	507	633	760	887	1014	1140	1267
D16	**15.9**	198.6	397	596	794	993	1192	1390	1589	1787	1986
D19	**19.1**	286.5	573	859	1146	1432	1719	2005	2292	2578	2865
D22	**22.2**	387.1	774	1161	1548	1935	2323	2710	3097	3484	3871
D25	**25.4**	506.7	1013	1520	2027	2533	3040	3547	4054	4560	5067
D29	**28.6**	642.4	1285	1927	2570	3212	3854	4497	5139	5782	6424
D32	**31.8**	794.2	1588	2383	3177	3971	4765	5559	6354	7148	7942
D35	**34.9**	956.6	1913	2870	3826	4783	5740	6696	7653	8609	9566
D38	**38.1**	1140	2280	3420	4560	5700	6840	7980	9120	10260	11400
D41	**41.3**	1340	2680	4020	5360	6700	8040	9380	10720	12060	13400
D51	**50.8**	2027	4054	6081	8108	10135	12162	14189	16216	18243	20270

＜補足：断面計算の仮定＞

はりの断面計算においてはいくつかの仮定が必要であり，特に重要なものとして「力の釣合い条件」と「変形の適合条件」がある。「力の釣合い条件」とは，「外力と内力が釣り合っている」というもので，これには２つの条件がある。１つ目は，「荷重により発生する曲げモーメント（外力）と断面に作用する圧縮応力度や引張応力度によるモーメント（内力）が釣り合っている」である。前者は構造力学の曲げモーメント（M図）などにより求まる値であり，後者は曲げ圧縮応力度の合力 C もしくは曲げ引張応力度の合力 T とアーム長 z の積で求まる。２つ目は「軸力（外力）と曲げ応力度の総和（内力）」である。後述するプレストレス力や柱部材などのように，外部から軸力が作用する場合に使用する条件である。本章では軸力が作用するケースを考えないため，１つ目の条件を「力の釣合い条件」としている。なお，２つの条件はいずれも満足されていなくてはならない。

「変形の適合条件」とは，前述した「平面保持の法則」がベースとなっており，「部材軸に直角な平面は，変形後も直角が保たれる」というものである。これは「曲げ応力度によるひずみ（維ひずみという）は，中立軸からの距離に比例する。」と言い換えることもできる。ＲＣ構造においては，破壊に至るまで平面保持の法則が適用できると仮定しているが，そのためには，コンクリートと鉄筋が完全に付着していることを前提としている。このことより，同じ位置（高さ）にあるコンクリートと鉄筋のひずみは全く同じ値を示すことになる。実際は付着が完全ではないため全く同じひずみにはならないが，鉄筋とコンクリートの付着力は極めて高いため，生じるひずみの差はわずかである。

＜補足：２つの計算方法＞

はりの断面計算においては，多くの式が導かれるが，それらは「①断面内の力の釣合いを用いる方法」もしくは「②換算断面を用いる方法」に基づいている。

「①断面内の力の釣合いを用いる方法」とは，上記の「力の釣合い条件」の考え方によるものであり，曲げ圧縮応力度や曲げ引張応力度それぞれの合力と作用位置が必要になる。これらが中立軸まわりのモーメントとして釣り合っているとして式をつくる。さらに，平面保持の法則からひずみの相似則を用いて式を作り，それらを解くことで式が導かれる。荷重の大きさや変形状態によらず使えるオールマイティーな条件といえる。

「②**換算断面**を用いる方法」はヤング係数の異なる材料から構成される複合構造物によく用いられる方法で，ヤング係数比を用いて「もし全てが1つの材料で作られていたら…」と仮定して，断面を修正する方法である。RCの場合は，鉄筋部分をコンクリートに置き換えて，ヤング係数比倍のコンクリート断面に換算するケースが多い。この方法は「①断面内の力の釣合いを用いる方法」と比較して，公式の導入が簡易になる（もちろん同じ公式が導かれる。）一方で，前提条件として「材料が弾性範囲」である必要があるため，材料が塑性状態となっている破壊時の公式導入には適用できない。

4.3　単鉄筋長方形断面はりの中立軸位置

本節からいよいよ計算問題に入っていくが，単鉄筋はりの計算では次の3つを仮定する。

①曲げ圧縮力は，圧縮側のコンクリートが受け持つ

②曲げ引張力は，引張側の鉄筋だけで受け持つ

③ひずみは，中立軸からの距離に比例する（平面保持の法則）

これは，下縁コンクリートにはすでにひび割れが発生し，鉄筋が降伏する前の状態を想定しており，最も一般的な状態である。この仮定に基づくと，**図-4.20**のような基本図ができる。

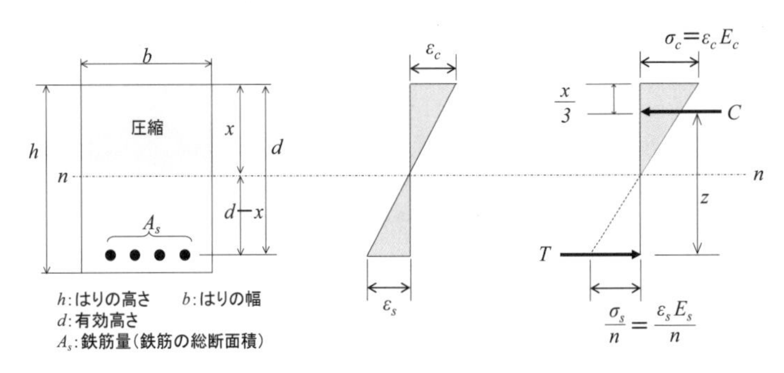

図-4.20　単鉄筋長方形はりの基本図（その1：通常の荷重時）

まず，中立軸深さ（上縁から中立軸までの距離）xを求めてみよう。上縁から鉄筋の図心位置までの距離を**有効高さ**dというが，有効高さのうち中立軸深さが占める割合（**中立軸比**）をkで表すと，

$$x=kd$$

となり，中立軸比kは次の式（4-1）で求まる。

$$k=\sqrt{2np-(np)^2}-np \qquad \text{式（4-1）}$$

ここに，n：ヤング係数比

　　　　p：鉄筋比（$=A_s/bd$）

npをあらかじめ計算しておくと，計算が楽である。実は，現在の**限界状態設計法**の

終局限界状態の検討においては，中立軸位置を求める必要はない。ただ，中立軸がどのへんにあるかを理解しておくことは重要である。順番は前後するが，式（4-1）はどのようにして導かれるのだろうか。「断面内の力の釣合いを用いる方法」によって，以下のように求めることができる。すなわち，**図-4.20**のひずみ分布より，相似則を使って，

$$\varepsilon_c : \varepsilon_s = x : (x-d)$$

となる。上式に，$\varepsilon_c = \dfrac{\sigma_c}{E_c}$，$\varepsilon_s = \dfrac{\sigma_s}{E_s}$，$n = \dfrac{E_c}{E_c}$を代入すると下記のようになり，さらに式(a)まで変形することができる。

$$\frac{\sigma_c}{E_c} : \frac{\sigma_s}{E_s} = x : (x-d)$$

$$\frac{\sigma_s}{E_s} x = \frac{\sigma_c}{E_c}(d-x)$$

$$\frac{\sigma_s}{\sigma_c} = \frac{E_s}{E_c} \cdot \frac{d-x}{x} = n\frac{d-x}{x}$$

$$\frac{\sigma_c}{\sigma_s} = \frac{x}{n(x-d)} \qquad \text{(a)}$$

ここで，コンクリートの全圧縮力Cと鉄筋の全引張力Tは，それぞれ応力度に面積をかけて，

$$\begin{cases} C = \dfrac{1}{2}\sigma_c xb \\ T = \sigma_s A_s \end{cases}$$

と表すことができる。釣合条件から，$C=T$なので，

$$\frac{1}{2}\sigma_c xb = \sigma_s A_s \qquad \text{(b)}$$

と置き換えることができる。ここで，$x=kd$，$p=\dfrac{A_s}{bd}$とおき，式（a）と式（b）に代入する。

式(a)より，式(c)が求まる。

$$\frac{\sigma_c}{\sigma_s} = \frac{kd}{n(d-kd)} = \frac{k}{n(1-k)} \qquad \text{(c)}$$

また式(b)より，式(d)が求まる。

$$\frac{1}{2}\sigma_c kdb = \sigma_s bdp$$

$$\frac{\sigma_c}{\sigma_s} = \frac{2p}{k} \qquad \text{(d)}$$

ここに，式(c)と式(d)は等しいので，

$$\frac{k}{n(1-k)} = \frac{2p}{k}$$

となる。この式を，kについて整理すると

$$k^2 + 2npk - 2np = 0$$

となる。二次方程式の解の公式を用いて，中立軸比 k を求めると，

$$k = \frac{-2np \pm \sqrt{4n^2 - 4(-2np)}}{2}$$

が得られる。k は必ず正の値であることも考慮して整理すると，

$$= \sqrt{2np - (np)^2} - np$$

となり，式（4-1）が求まる。つまり，はりの断面寸法（幅 b，有効高さ d）と，そこに配置された鉄筋量 A_s がわかっていれば，中立軸位置 $x(=kd)$ が求まる。

例題4-1

図のような単鉄筋長方形断面はりがある。以下の値を求めなさい。

(1) 鉄筋比

(2) 中立軸位置

ただし，コンクリートは普通コンクリートで，設計基準強度 f'_{ck} を40N/mm^{2}とする。また，鉄筋量 A_s は2533 mm^{2}とする。

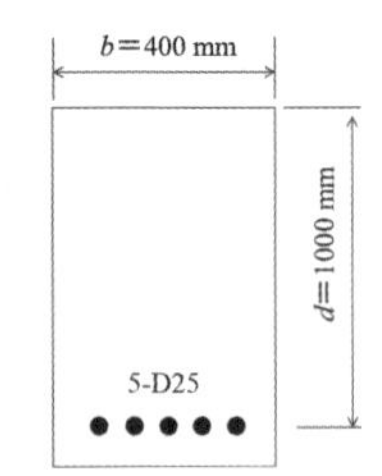

解 答

鉄筋比 p を求める。

$$p = \frac{A_s}{bd} = \frac{2533}{400 \times 1000} = 0.006333$$

表-4.1より，設計基準強度 f'_{ck} が40 N/mm^{2}の時のヤング係数 E_c は，$E_c = 31$ kN/mm^{2}である。また，鉄筋のヤング係数 E_s は，$E_s = 200$ N/mm^{2}と一定とみなしてよいので，ヤング係数比 n は，$n = 200/31 = 6.452$となる。計算を簡便にするために，np を求める。

$$np = 6.452 \times 0.006333 = 0.04086$$

式（4-1）により，中立軸比 k を求める。

$$\begin{aligned} k &= \sqrt{2np + (np)^2} - np \\ &= \sqrt{2 \times 0.04086 + 0.04086^2} - 0.04086 \\ &= 0.2479 \end{aligned}$$

従って，中立軸位置 x は次のように求まる。

$$\begin{aligned} x &= kd \\ &= 0.2479 \times 1000 \\ &= 248 \text{ mm} \end{aligned}$$

4.4　単鉄筋長方形断面はりの曲げ応力度

本節では，単鉄筋長方形断面はりの上縁コンクリートと下縁近くの鉄筋に作用する応力度を計算する。応力状態としては，前節と同様に「下縁コンクリートにはすでにひび割れが発生し，鉄筋が降伏する前の状態」を考える。また，「断面内の力の釣合いを用いる方法」によって求めることとする。

曲げモーメントが作用すると，上縁のコンクリートには圧縮応力度σ_cが，下縁近くの鉄筋には引張応力度σ_sが発生する。ここで全圧縮力Cの作用点は，上縁から$\frac{1}{3}x=\frac{1}{3}kd$の位置すなわち三角形の図心位置になる。また，全引張力Tの作用点は鉄筋の図心位置になる。このCとTとの距離を**アーム長**といい，zで表す。zは，

$$z=d-\frac{1}{3}kd=\left(1-\frac{k}{3}\right)=jd$$

となる。ここに，

$$j=1-\frac{k}{3} \qquad \text{式 (4-2)}$$

とおいている。jには特に工学的な意味はなく，計算を便利にするための記号である。

また，「断面内の力の釣合いを用いる方法」では「外力によって断面に発生する曲げモーメントは，その断面に生じている応力度によるモーメントと等しい」という性質を用いているので，次式が成立する。

$$M=Cz(=Tz)$$

右辺を変形していくと，

$$=Cjd$$

$$=\frac{1}{2}\sigma_c xbjd$$

$$=\frac{1}{2}\sigma_c kdbjd$$

$$=\frac{1}{2}\sigma_c kbjd^2$$

となる。従って，

$$\sigma'_c=\frac{2M}{kjbd^2} \qquad \text{式 (4-3)}$$

となり，式（4-3）が求まる。この式で上縁コンクリートに作用する圧縮応力度が求まる。圧縮応力度であることを厳密に表したい場合は，圧縮を意味する「′（ダッシュ）」をつける。同様に，

$$M=Tz$$

$$=Tjd$$

$$=\sigma_s A_s jd$$

と変形できる。ここに，$p=\frac{A_s}{bd}$より，$A_s=pbd$なので，

$$M=\sigma_s pbdjd$$

と表すことができる。これより，

$$\sigma_s=\frac{M}{A_s jd}=\frac{M}{pbdjd}=\frac{M}{pjbd^2} \qquad \text{式 (4-4)}$$

となり，式（4-4）が求まり，鉄筋に作用する引張応力度が計算できる。

例題4-2

図のような単鉄筋長方形断面はりがある。

(1)　この時の引張鉄筋比 p はいくらか。

(2)　中立軸比 k および j の値を求めよ。

(3)　中立軸位置 x を求めよ。

このはりに $M=210$ kN·m の正の曲げモーメントが作用するとき

(4)　上縁コンクリートに生じる圧縮応力度 σ'_c を求めよ。

(5)　鉄筋に生じる平均の引張応力度 σ_s を求めよ。

ただし，ヤング係数比 $n=8.0$とする。D19の公称断面積を286.5 mm^{2}とする。

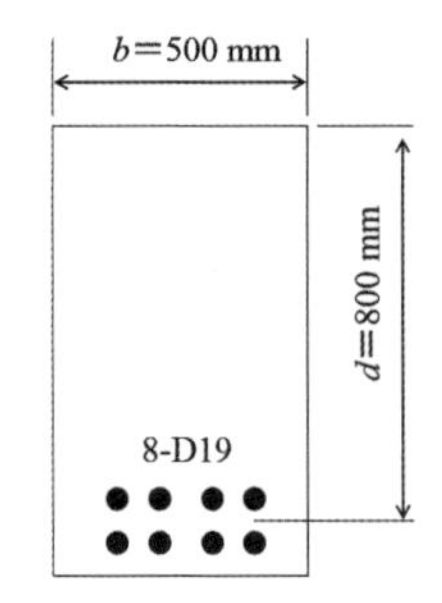

解答

(1)　鉄筋比 p を求める。

$$p=\frac{A_s}{bd}=\frac{8\times 286.5}{500\times 800}=0.00573$$

(2)　式（4-1）により，中立軸比 k を求める。$np=8.0\times 0.00573=0.04584$なので，

$$k=\sqrt{2np+(np)^2}-np$$
$$=\sqrt{2\times 0.04584+0.04584^2}-0.04584=0.2604$$

式（4-2）より，

$$j=1-\frac{k}{3}=1-\frac{0.2604}{3}=0.9132$$

(3)　中立軸位置 x を求める。

$$x=kd=0.2604\times 800=208\ \text{mm}$$

(4)　式（4-3）により，上縁のコンクリートに作用する圧縮応力度 σ'_c を求める。

$$\sigma'_c=\frac{2M}{kjbd^2}=\frac{2\times 210000000}{0.2604\times 0.9132\times 500\times 800^2}=5.52\ \text{N/mm}^2$$

(5)　式（4-4）により，鉄筋に作用する引張応力度 σ_s を求める。

$$\sigma_s=\frac{M}{pjbd^2}=\frac{210000000}{0.00573\times 0.9132\times 500\times 800^2}=125\ \text{N/mm}^2$$

4.5　単鉄筋長方形断面はりの曲げ耐力

前節までに，中立軸位置，曲げ圧縮応力度および曲げ引張応力度の計算方法を学んだ。これは，**図-4.21**でいうと弾性範囲（薄い黒色で囲まれた範囲）での話になる。つまり，許容荷重（=普通に作用する荷重）以下の荷重が作用した場合でしか使えない式を学んだわけである。

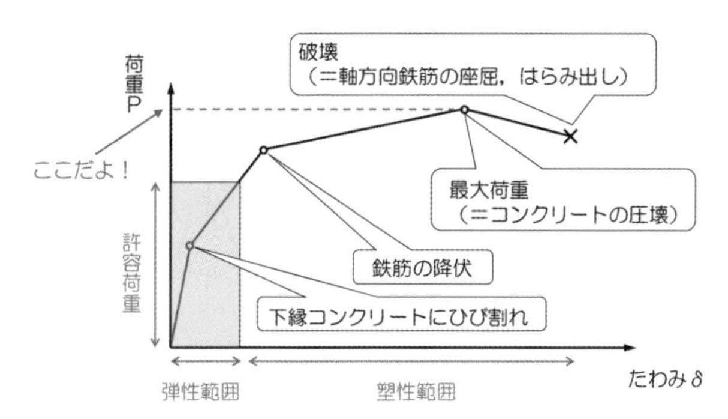

図 -4.21　単鉄筋長方形はりの荷重－たわみ曲線

本節ではそのような小さな荷重ではなく，はりが破壊する時の荷重を「断面内の力の釣合いを用いる方法」によって求めてみる。つまり鉄筋は既に降伏し（ここが重要！），最終的に上縁コンクリートが圧壊する時の荷重である。なお，材料は塑性域に達しているので「換算断面を用いる方法」は使えない。

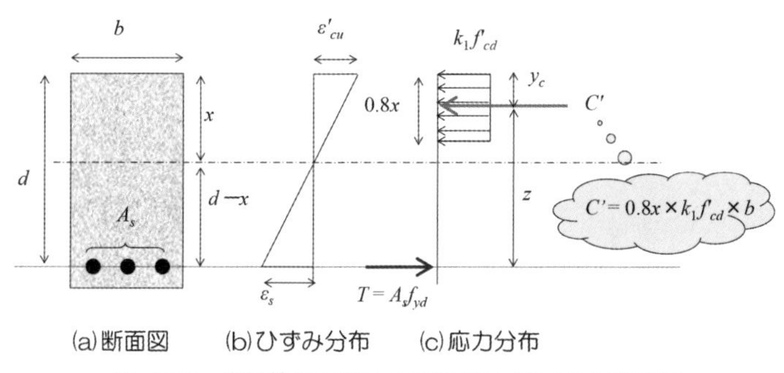

図 -4.22　単鉄筋長方形はりの基本図（その2：終局時）

はりが破壊する時の状態は，**図 -4.22**のようになる。**図 -4.20**との違いに着目すると，(a)断面図と(b)ひずみ分布は同じであり，(c)の応力分布，特に中立軸から上の圧縮部分の形が異なっている。なぜこのような形になるのだろうか。まず，**図 -4.23**を確認する必要があるが，これは左がコンクリート，右が鉄筋の応力－ひずみ曲線である。実際はもっと複雑な挙動を示すが，設計ではこのような形にモデル化される。特にコンクリートのほうに着目すると，次のことが読み取れる。

①コンクリートに0.2%の圧縮ひずみが生じると，応力度は頭打ちになり，最大応力度は設計圧縮強度 f'_{cd} の k_1倍すなわち85%である。

②コンクリートは0.35%ひずむと破壊する。

③設計圧縮強度 f'_{cd} は，設計基準強度 f'_{ck} を材料係数 γ_c で割ったものである。

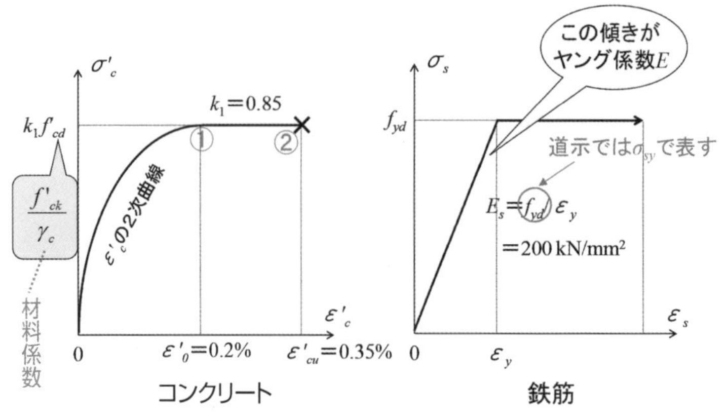

図 -4.23　モデル化された応力－ひずみ曲線（設計用）

モデル化されたコンクリートの応力－ひずみ曲線は，なぜ f'_{cd} が最大値ではなく，これに k_1を乗じなくてはならないのだろうか。k_1は，「主として部材の圧縮強度が円柱供試体の強度よりも小さくなることを考慮するための係数」であり，「**強度低減係数**」という。具体的には，下記の式で求めることができる。

$$k_1 = 1 - 0.003 f'_{cd}$$

（$f'_{cd} \leqq 80$ N/mm^2，$k_1 \leqq 0.85$）

なお，計算を簡便にするため，普通強度のコンクリートの場合は $k_1 = 0.85$，高強度コンクリートの場合は $k_1 = 0.80$という値を使ってよいことになっている。

次に中立軸から上の圧縮領域に着目してみよう（**図 -4.24**）。

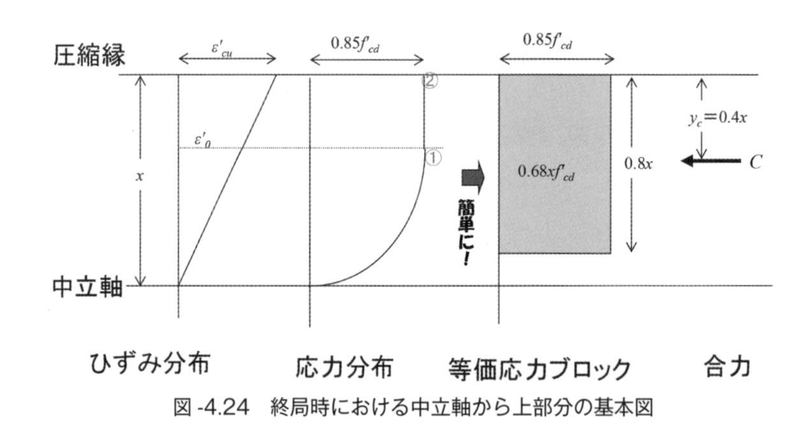

図 -4.24　終局時における中立軸から上部分の基本図

応力度分布が直線ではなく曲線になっているが，これは実は**図 -4.23**と同じ形になっている。すなわち，中立軸位置は応力度がゼロで，上縁ではコンクリートが圧縮破壊しているので，その途中はあたかもコンクリートの圧縮強度試験が再現された状態となっているのである。図における①と②の位置関係を確認してみよう。

さて，全圧縮合力 C を求めるには，応力度分布の面積を求めればよいのだが，曲線部分があるので計算が煩雑となる。楽に計算するために，面積が同じになるような長方形を作ってみた。

それが**等価応力ブロック**と呼ばれるものである。ブロックの横幅を応力度分布と同じ$0.85f'_{cd}$とすると，高さは$0.8x$になる。従って，長方形の面積は$0.68xf'_{cd}$になる。

改めて**図-4.22**をみてみよう。圧縮合力C'は，等価応力ブロックの面積にはりの奥行（ここでは幅b）をかけて求める。なお，k_1については，普通コンクリートは先述したように0.85でよいが，高強度コンクリートの場合は0.8にしなくてはならない。関連して補足すると，コンクリートの設計基準強度f'_{ck}によって，ε'_{cu}とk_1の値は次のように変化する。

$$\begin{cases} f'_{ck} \leqq 50\ \mathrm{N/mm^2}\text{のとき，} \varepsilon'_{cu}=0.35\% \quad k_1=0.85 \\ f'_{ck} \geqq 60\ \mathrm{N/mm^2}\text{のとき，} \varepsilon'_{cu}=0.25\% \quad k_1=0.80 \end{cases}$$

ここに，ε'_{cu}：コンクリートが破壊する時のひずみ

これは，高強度コンクリートの場合は，**図-4.25**に示すように，比較的に小さいひずみで壊れる現象を踏まえて，場合分けされているのである。

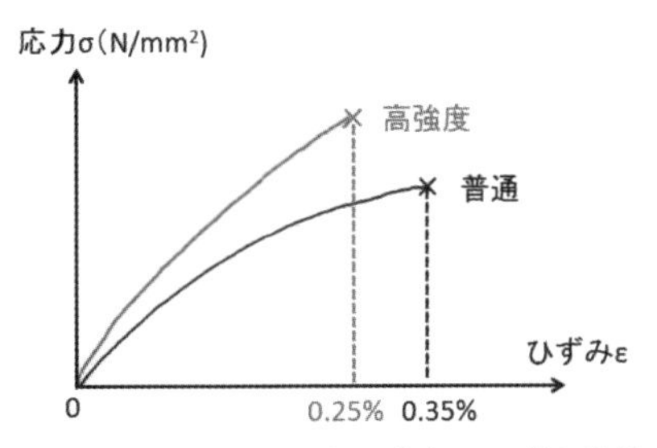

図-4.25　コンクリートの応力－ひずみ曲線

さて，はりの破壊時には引張側の鉄筋はすでに降伏しているので，引張合力は降伏応力度f_{yd}を用いて，

$$T=A_s f_{yd}$$

と表現できる。圧縮合力C'は等価応力ブロックを用いて「縦×横×奥行」というイメージで計算すると，

$$C'=k_1 f'_{cd}\cdot 2y_c\cdot b$$

となる。TとC'は常に釣り合っているので，$T=C'$とおいてy_cを求めると，式（4-5）が導かれる。

$$A_s f_{yd}=k_1 f'_{cd}\cdot 2y_c\cdot b$$

$$y_c=\frac{A_s fyd}{2k_1 f'_{cd}} \quad \therefore \qquad \text{式（4-5）}$$

式（4-5）に，$A_s=pbd$を代入すると，

$$y_c=\frac{pdf_{yd}}{2k_1 f'_{cd}}$$

となり，こちらを用いてもよい。

次に，基本図のひずみ分布から相似則を用いて，引張鉄筋のひずみε_sを求める。

$$\varepsilon_s:\varepsilon'_{cu}=(d-x):x$$

$$\varepsilon_s x=\varepsilon'_{cu}(d-x)$$

$$\varepsilon_s = \frac{d-x}{x}\,\varepsilon'_{cu}$$

ここで，圧縮合力の作用位置 y_c は，**図-4.26**のように等価応力ブロックの図心になるので，y_c の２倍が $0.8x$ になる。すなわち，$2y_c = 0.8x$ であるから，$x = 2.5y_c$ となり，これを代入すると，鉄筋に生じているひずみ ε_s が，式（4-6）により求まる。

$$\varepsilon_s = \frac{d-2.5y_c}{2.5y_c}\,\varepsilon'_{cu} \qquad \text{式（4-6）}$$

次に，引張合力 T と圧縮合力 C' の距離 z は，

$$z = d - y_c$$

となる。z のことを，前述したように，アーム長という。

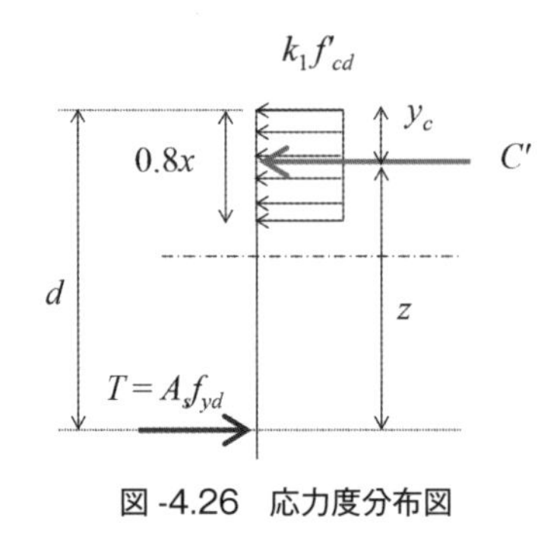

図-4.26　応力度分布図

曲げモーメントは，次の式で求まる。

$$M = C'z = Tz$$

鉄筋は降伏しているので，曲げ耐力 M_u は Tz で求めた方が容易である。なお，破壊時に鉄筋が降伏しているような破壊を前述のように**曲げ引張破壊**という。

$$M_u = Tz = A_s f_{yd}(d-y_c) \qquad \text{式（4-7）}$$

以上の誘導過程より，式（4-7）は鉄筋が降伏していないと使えないことがわかる。また，計算は曲げ耐力で終わってはいけない。安全のための係数で割って，小さくする必要がある。それを**設計曲げ耐力**といい，M_{ud} で表す。設計曲げ耐力 M_{ud} は，式（4-8）により求まる。

$$M_u = \frac{Mu}{\gamma_b} = \frac{A_s f_{yd}(d-y_c)}{\gamma_b} \qquad \text{式（4-8）}$$

<補足：部材係数>

断面耐力を計算する際に種々な仮定をしているが，これらの影響があるかもしれない。また，施工時における部材寸法の誤差があるかもしれない。そのような誤差のせいで実際の耐力よりも大きい値が計算される心配がある。従って，曲げ耐力を1.1～1.3で割ることで，少し小さめに（より安全に）しておく必要がある。この値を「部材係数」といい，γ_b で表す。係数の値は一般に土木学会示方書で与えられたものを使用する。他にも種々な係数があるので，適宜説明していく。

設計曲げ耐力が守備力の最終的な答えとなる。これはモーメントの値であり単位は［kN･m］が一般的である。全体の流れを改めて確認してみよう。

①荷重 P を基に（M 図を描き），最大曲げモーメント M_{max} を求める。構造力学の知識が必要だが，この章では M_{max} を問題で与えることにする。…（攻撃力）
②材料強度，鉄筋量，断面の形状と寸法などを基に，設計曲げ耐力を求める。…（守備力）
③攻撃力よりも守備力の方が大きければ，原則として「安全！」であり，はりは壊れないのである。

<補足：材料係数>

設計基準強度を「材料係数」で割ると，設計強度が求まる。材料係数とは，供試体と実際の構造物の材料強度が異なることや，時間が経過して強度低下することなどの影響を考慮するための係数である。鉄筋の設計基準強度には降伏強度の値を用いる。下記の式は，計算の最初に使うので，そのまま覚えよう。

［コンクリートの場合］

$$f'_{cd}=\frac{f'_{ck}}{\gamma_c}$$

ここに，
- f'_{cd}：設計圧縮強度（N/mm^2）
- f'_{ck}：設計基準強度（N/mm^2）
- γ_c：コンクリートの材料係数

［鉄筋の場合］

$$f_{yd}=\frac{f_{yk}}{\gamma_s}$$

ここに，
- f_{yk}：設計基準強度（N/mm^2）
- f_{yd}：設計引張強度（N/mm^2）
- γ_s：鉄筋の材料係数

次に，はりの安全性を照査しよう。「照査」と聞くと，一見とても難しそうな感じがするがそんなことはなく，これまでに，「断面が持つ耐力（＝守備力）」を学んだが，これが「断面に作用する力（攻撃力）」よりも大きいことを確認するだけである。では，具体的には何を比較すればよいのか，復習してみよう。

・攻撃力（設計曲げモーメント M_d）：荷重 P によって生じる M 図を描き，最も大きくなる M_{max} のこと。本章では M_{max} を問題で与える。
・守備力（設計曲げ耐力 M_{ud}）：式（4-8）で求める。

図-4.27の関係が成立すれば，「安全」ということとなり，照査完了である。言葉と記号が似ているので，注意が必要である。

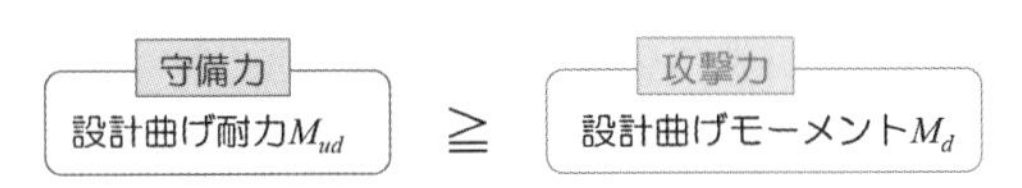

図-4.27　終局限界状態の照査

<補足：構造物係数>

上記のことを式で表すと，次のようになる。

$$\frac{M_{ud}}{M_d} \geqq 1.0$$

ただ，世の中には非常に重要な構造物がある。その場合は安全のために右辺を1.0よりも大きくすることで対処できる。例えば1.1と大きくしたり，より重要な構造物であれば1.2のように大きくする。そこで，右辺を数字ではなく「γ_i」という係数に置き換えて，「構造物係数」と呼ぶ。i は important の略である。式を書き直すと，

$$\frac{M_{ud}}{M_d} \geqq \gamma_i$$

であれば，安全となる。

<補足：曲げ引張破壊と曲げ圧縮破壊>

図-4.28は，鉄筋量を大きくしていった時の破壊モード（破壊形態）の変化を表している。また，**図-4.29**はそれを荷重－たわみ曲線で表したものである。鉄筋量が少ない場合は左側の「曲げ引張破壊」という形態で破壊し，鉄筋量が多い場合は右側の「曲げ圧縮破壊」という形態で破壊する。両者の違いについて改めて考えてみよう。

両者とも，最初は下縁コンクリートにひび割れが発生し，最終的には上縁コンクリートが圧壊する点は同じである。左側は,鉄筋が降伏してはりが大きくたわんでから破壊（靭性破壊という）する流れである。これが「曲げ引張破壊」で，例題4-3はこちらに該当する。一方，右側は鉄筋量が多いために，鉄筋一本当たりが負担する応力度が小さいことから，鉄筋が降伏に至らないまま上縁コンクリートが破壊することで，はり全体が破壊する流れである。はりがあまりたわまずに，いきなり破壊（脆性破壊という）する。こちらを「曲げ圧縮破壊」といい，例題4-4はこちらに該当する。

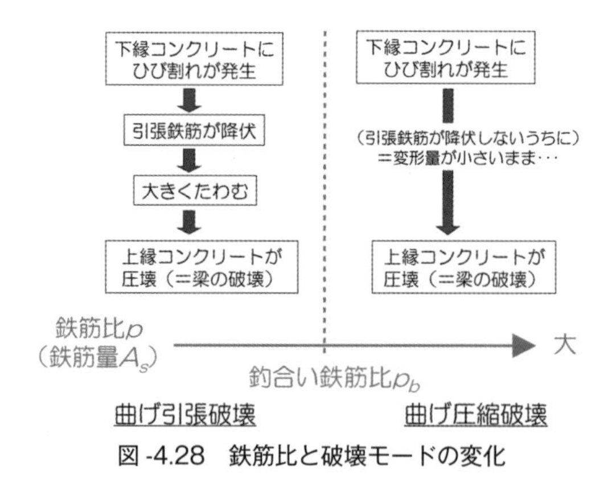

図-4.28　鉄筋比と破壊モードの変化

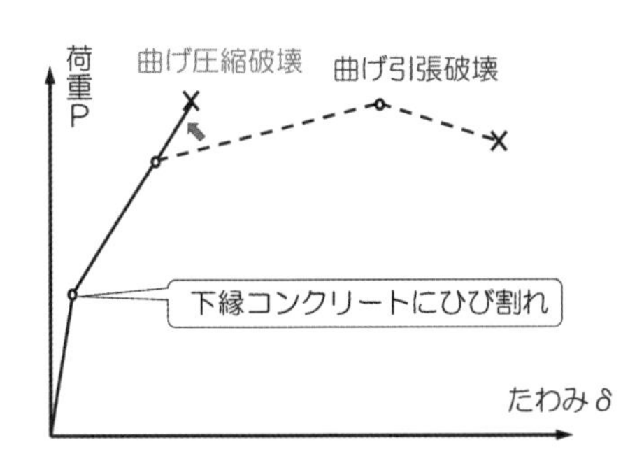

図-4.29　荷重－たわみ曲線における破壊モードの違い

「曲げ引張破壊」が通常の好ましい壊れ方で，靭性破壊である。一方，「曲げ圧縮破壊」は脆性(ぜいせい) 破壊といい，好ましくない壊れ方なのである。

鉄筋比が小さい場合は曲げ引張破壊になり，鉄筋比を大きくすると曲げ圧縮破壊になる。その境界となる鉄筋比を「釣合い鉄筋比」といい，p_b で表す。釣合い鉄筋比 p_b は，次式で求めることができる。

$$p_b = 0.68\,\frac{f'_{ck}}{f_{sy}}\cdot\frac{700}{700+f_{sy}}$$

なお，一般的な鉄筋比は，釣合い鉄筋比の75%以下とするように定められている。しかしながら，鉄筋比を極端に小さくすると，曲げモーメントが小さい段階で鉄筋が降伏し，破壊時には鉄筋が破断してしまう場合もあるので，土木学会示方書では，**最小鉄筋比**を0.2%（T形断面の場合は0.3%）と規定している。

曲げ圧縮破壊する断面の場合，破壊抵抗曲げモーメントの M_u の計算式は，曲げ引張破壊の場合とは全く異なる。実際の構造物ではそのような設計は行わないものの，念のため式を導いてみる。

曲げ引張破壊と同様に，コンクリートの圧縮合力と鉄筋の引張合力については，軸力の釣合い条件から，

$$C'_c = T_s \tag{e}$$

$$\begin{aligned} M_u &= C'_c(x-g_c)+T_s(g_s-x) \\ &= C'_c(g_s-g_c) = C'_c(g_s-0.4x) \\ &= T_s(g_s-g_c) \end{aligned} \tag{f}$$

ここに，
g_c：上縁からコンクリートの圧縮合力までの距離
g_s：上縁から引張鉄筋の図心までの距離

等価応力ブロックより，コンクリートの圧縮合力は，

$$C'_c = 0.68 f'_{cd}bx \tag{g}$$

鉄筋はまだ降伏していないので，その時のひずみを用いて次のように表すことができる。

$$T_s = A_s\sigma_s = A_sE_s\varepsilon_s \tag{h}$$

式(g)と式(h)を，式(e)と式(f)に代入すると，

$$0.68 f'_{cd}bx = A_sE_s\varepsilon_s \tag{i}$$

$$M_u = 0.68 f'_{cd}bx(d-0.4x) = A_sE_s\varepsilon_s(d-0.4x) \qquad 式（4\text{-}9）$$

鉄筋に生じているひずみ ε_s は，平面保持の法則から相似則を用いて式(j)のように表すことができる。これを式(i)に代入すると，式(k)が得られる。

$$\varepsilon_s = 0.68 \frac{d-x}{x} \varepsilon'_{cu} \tag{j}$$

$$0.68 f'_{cd} bx = A_s E_s \frac{d-x}{x} \varepsilon'_{cu} \tag{k}$$

式(k)を x について整理すると，二次方程式として式(l)が得られる。

$$0.68 f'_{cd} bx^2 + \varepsilon'_{cu} A_s E_s x - \varepsilon'_{cu} A_s E_s d = 0 \tag{l}$$

この方程式を解いて x を求め，その値を式（4-9）に代入すれば，曲げ耐力 M_u が求まる。なお，x が求まった時点で，式(j)を用いてこの時の鉄筋のひずみ ε_s を求め，降伏ひずみよりも小さいことを再確認するとよい。

例題4-3

単鉄筋長方形はりに $M_d = 200$ kN･m の設計曲げモーメントが作用しているとき，設計曲げ耐力 M_{ud}（曲げ引張破壊）を求め，安全かどうか検討せよ。ただし，幅 $b = 400$ mm，有効高さ $d = 600$ mm，鉄筋量 $A_s = 1935$ mm^{2}とし，材料の力学的性質および安全係数は以下の通りとする。

コンクリートの設計基準強度：$f'_{ck} = 27$ N/mm^2，コンクリートの圧縮終局ひずみ：$\varepsilon'_{cu} = 0.35\%$（$k_1 = 0.85$），鉄筋の降伏強度（＝特性値）：$f_{yk} = 297$ N/mm^2，コンクリートの材料係数：$\gamma_c = 1.3$，鉄筋の材料係数：$\gamma_s = 1.0$，部材係数：$\gamma_b = 1.15$，構造物係数：$\gamma_i = 1.15$

解 答

設計圧縮強度を求める。

$$f'_{cd} = \frac{f'_{ck}}{\gamma_c} = \frac{27}{1.3} = 20.8 \text{ N/mm}^2$$

設計引張強度を求める。

$$f_{yd} = \frac{f_{yk}}{\gamma_s} = \frac{297}{1.0} = 297 \text{ N/mm}^2$$

式（4-5）により，圧縮合力の作用位置 y_c を求める。

$$y_c = \frac{A_s f_{yd}}{2k_1 f'_{cd} b} = \frac{1935 \times 297}{2 \times 0.85 \times 20.8 \times 400} = 40.6 \text{ mm}$$

式（4-6）により，引張鉄筋に生じているひずみ ε_s を求める。

$$\varepsilon_s = \frac{\varepsilon'_{cu}(d - 2.5y_c)}{2.5y_c} = \frac{0.0035 \times (600 - 2.5 \times 40.6)}{2.5 \times 40.6} = 0.01720$$

鉄筋が降伏する時のひずみ ε_y を求める。

$$\varepsilon_y = \frac{f_{yd}}{E_s} = \frac{297}{200000} = 0.00149$$

鉄筋が降伏しているかを確認する。

$$\varepsilon_s (= 0.01720) > \varepsilon_y (= 0.00149)$$

であるため，鉄筋は降伏している。すなわち，式（4-7）が使えるため，曲げ耐力 M_u が求まる。

$$M_u = Tz = A_s f_{yd}(d - y_c) = 1935 \times 297 \times (600 - 40.6)$$
$$= 321 \times 10^6 \text{ N·mm}$$
$$= 321 \text{kN·m}$$

式（4-8）により，設計曲げ耐力 M_{ud} を求める。

$$M_{ud} = \frac{M_u}{\gamma_b} = \frac{321}{1.15} = 280 \text{ kN·m}$$

最後に，安全性を以下の通り検討する。

$$\frac{M_{ud}}{M_d} = \frac{280}{200} = 1.40 \geqq 1.15 (= \gamma_i)$$

上式が成立するので，安全である。

<参考：有効高さの影響>

上記の例題で，もし有効高さ d が480 mm と小さくなったら結果はどう変わるだろうか。設計曲げ耐力 M_{ud} は222 kN·m となり，結果的に危険と判定される。有効高さ d の影響は大きいことを覚えておこう。

例題4-4

例題4-3において鉄筋量を $A_s = 9120$ mm^2 と極端に大きくした場合の安全性を検証せよ。ただし，鉄筋量以外の諸量は同一とする。

解 答

設計圧縮強度と設計引張強度を求める。

$$f'_{cd} = \frac{f'_{ck}}{\gamma_c} = \frac{27}{1.3} = 20.8 \text{ N/mm}^2$$

$$f_{yd} = \frac{f_{yk}}{\gamma_s} = \frac{297}{1.0} = 297 \text{ N/mm}^2$$

式（4-5）により，圧縮合力の作用位置 y_c を求める。

$$y_c = \frac{A_s f_{yd}}{2k_1 f'_{cd} b} = \frac{9120 \times 297}{2 \times 0.85 \times 20.8 \times 400} = 192 \text{ mm}$$

式（4-6）により，引張鉄筋に生じているひずみ ε_s を求める。

$$\varepsilon_s = \frac{\varepsilon'_{cu}(d - 2.5y_c)}{2.5y_c} = \frac{0.0035 \times (600 - 2.5 \times 192)}{2.5 \times 192} = 0.000875$$

鉄筋が降伏する時のひずみ ε_y を求める。

$$\varepsilon_y = \frac{f_{yd}}{E_s} = \frac{297}{200000} = 0.00149$$

鉄筋が降伏しているかを確認する。

$$\varepsilon_s (= 0.00088) > \varepsilon_y (= 0.00149)$$

であるため，鉄筋は降伏していない。すなわち，式（4-7）が使えないため，式（4-10）から二次方程式を以下のように作成する。

$$0.68f'_{cd}bx^2+\varepsilon'_{cu}A_sE_sx-\varepsilon'_{cu}A_sE_sd=0$$

$$0.68\times20.8\times400x^2+0.0035\times9120\times200000x-0.0035\times9120\times200000\times600=0$$

$$5658x^2+6384000x-3830400000=0$$

これを x について解くと，

$$x=433\ \mathrm{mm}$$

念のため式(j)により，改めて引張鉄筋のひずみ ε_s を求め直し，降伏していないことを確認する。

$$\varepsilon_s=\frac{d-x}{x}\varepsilon'_{cu}=\frac{600-433}{2.5\times40.6}\times0.0035=0.00135<\varepsilon_y(=0.00149)$$

ε_s が式（4-6）で求めた値と少し異なる原因は，式（4-6）が等価応力ブロックを前提に長方形の図心位置を用いた式であるためであり，これは等価応力ブロックを適用する際のいくつかの仮定に由来する誤差と考えられる。

次に式（4-9）により，曲げ耐力 M_u を求める。まずは，コンクリートの応力度状態から，

$$\begin{aligned}M_u&=0.86f'_{cd}bx(d-0.4x)\\&=0.68\times20.8\times400\times433\times(600-0.4\times433)\\&=1045549373\ \mathrm{N\cdot mm}\\&=1045\ \mathrm{kN\cdot m}\end{aligned}$$

あるいは，鉄筋の応力度状態から，

$$\begin{aligned}M_u&=A_sE_s\varepsilon_s(d-0.4x)\\&=9120\times200000\times0.00135\times(600-0.4\times433)\\&=1050952320\ \mathrm{N\cdot mm}\\&=1051\ \mathrm{kN\cdot m}\end{aligned}$$

当然ながら，ほぼ同じ値となる。念のため小さい方の値を採用し，式（4-8）により設計曲げ耐力 M_{ud} を求める。

$$M_{ud}=\frac{M_u}{\gamma_b}=\frac{1045}{1.15}=908\ \mathrm{kN\cdot m}$$

最後に，安全性を検討する。

$$\frac{M_{ud}}{M_d}=\frac{908}{200}=4.54\geqq1.15(=\gamma_i)$$

上式が成立するので安全であるが，鉄筋量を必要以上に大きくしたので過鉄筋の状態である。

4.6　単鉄筋長方形断面はりの曲げひび割れ発生モーメントと曲げ降伏モーメント

図-4.30は前述の単鉄筋長方形はりの「荷重－たわみ曲線」である。状態を大きく分けると，次の３つになる。

状態Ⅰ：曲げひび割れが発生するまで

状態Ⅱ：鉄筋が降伏するまで

状態Ⅲ：鉄筋降伏後

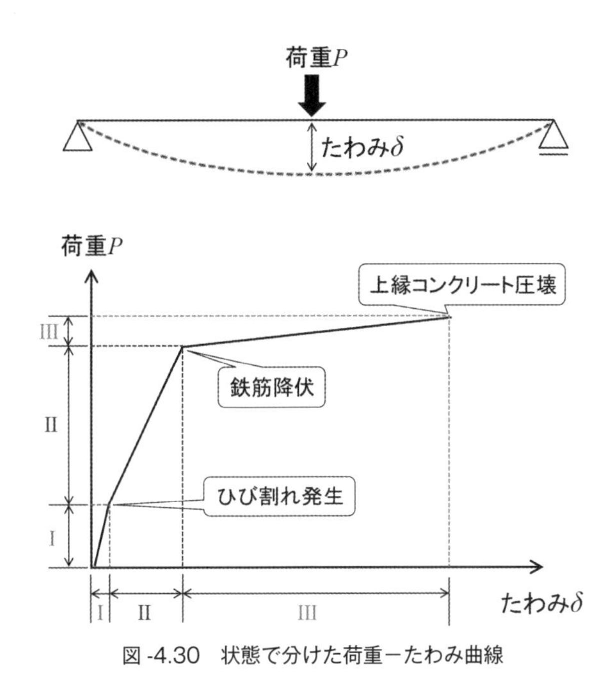

図-4.30　状態で分けた荷重－たわみ曲線

この３つの状態をはりのひび割れのイメージで考えると，図-4.31のようになる。まず，状態Ⅰから状態Ⅱに変わる時，すなわち曲げひび割れが発生する瞬間の曲げモーメントを求めてみる。前に「中立軸位置を求めなさい」および「曲げ応力度を求めなさい」という問題があったが，それはどの時の状態を考えているのだろうか？　答えは「状態Ⅱ」である。これは中立軸から下のコンクリートを無視して式（4-1）が導かれていたことからも理解できる。実は，中立軸位置は状態によって少しずつ変わり，状態がⅠ→Ⅱ→Ⅲと進むにつれて，上方に移動していく。

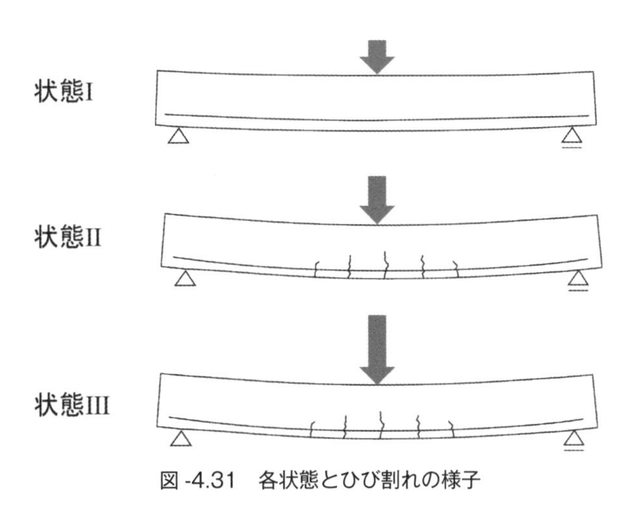

図-4.31　各状態とひび割れの様子

次に「設計曲げ耐力を求めなさい」という問題があったが，これはどの状態を考えているのだろうか？　もちろん「状態Ⅲにおける最後の段階」である。

さて，曲げひび割れが発生して，状態Ⅰから状態Ⅱへ変化する時の曲げモーメントを，まさに

「曲げひび割れ発生モーメント」と呼び，M_{cr}で表す。ひび割れは英語でCrackであり，その頭文字を使っている。算定式は，次のようになる。

$$M_{cr}=f_{bc}\cdot\frac{1}{h-x}\cdot Ig$$

$$=f_{bc}\cdot\frac{1}{h-x}\cdot\left\{\frac{1}{3}bx^3+\frac{1}{3}b(h-x)^3+nA_s(d-x)^2\right\}\qquad\text{式 (4-11)}$$

新しい記号としては，f_{bc}とI_gがある。f_{bc}は「コンクリートの曲げひび割れ強度（N/mm^2）」といい，普通は問題の中で与えられる。I_gは「全断面を有効とした換算断面二次モーメント（mm^4）」といい，詳しくは後述するが，2行目の式を使えば，特に問題なく計算はできる。

さて，式（4-11）の中には「中立軸位置x」が含まれている。これまでは，式（4-1）で中立軸比kを求め，さらに$x=kd$でxを求めていたが，先ほど説明したように，これは「状態Ⅱ」での話である。曲げひび割れが発生する瞬間までは，状態Ⅰとして中立軸位置xを求めなくてはならない。状態Ⅰにおける中立軸位置を求める式（4-12）は，次のように導かれる。

はりにはまだひび割れが生じていないので，中立軸から下のコンクリートもまだ引張力を負担している。コンクリートの圧縮合力をC'_c，コンクリートの引張合力をT_c，鉄筋の引張合力をT_sとすると，軸力の釣合いの関係より，

$$C'_c=T_c+T_s\qquad\text{(m)}$$

が得られる。また，外力による曲げモーメントMと，C'_c，T_c，T_sによる内力モーメントが釣り合っているので，

$$M=C'_c(x-g_c)+T_c(g_c-x)+T_s(g_s-x)\qquad\text{(n)}$$

ここに，
g_c：上縁からコンクリートの圧縮合力までの距離
g_t：上縁からコンクリートの引張合力までの距離
g_s：上縁から引張鉄筋の図心までの距離

なお，基本図から各合力までの距離は，次のように表記できる。

$$g_c=\frac{1}{3}x,\quad g_t=x+\frac{2}{3}(h-x)=\frac{2h+x}{3},\quad g_s=d$$

次に，応力度が三角形状に分布していることなどから，式(o)～式(q)が得られる。

$$C'_c=\frac{1}{2}b\sigma'_cx=\frac{1}{2}bE_c\varepsilon'_cx\qquad\text{(o)}$$

$$T_c=\frac{1}{2}(h-x)\sigma_tb=\frac{1}{2}(h-x)E_c\varepsilon_tb\qquad\text{(p)}$$

$$T_s=A_s\sigma_s=A_sE_s\varepsilon_s\qquad\text{(q)}$$

式(o)～式(q)を式(m)と式(n)に代入して整理すると，

$$\frac{1}{2}bE_c\varepsilon'_cx=\frac{1}{2}bE_c\varepsilon_t(h-x)+A_sE_s\varepsilon_s\qquad\text{(r)}$$

$$M=\frac{1}{3}bE_c\varepsilon'_cx^2+\frac{1}{3}bE_c\varepsilon_t(h-x)^2+A_sE_s\varepsilon_s(d-x)\qquad\text{(s)}$$

平面保持の法則から相似則を用いて，

$$\varepsilon'_c : x = \varepsilon_t : (h-x)$$

$$\therefore \quad \varepsilon_t = \frac{h-x}{x}\,\varepsilon'_c \tag{t}$$

$$\varepsilon'_c : x = \varepsilon_t : (d-x)$$

$$\therefore \quad \varepsilon_s = \frac{d-x}{x}\,\varepsilon'_c \tag{u}$$

式(t)と式(u)を式(r)に代入して整理すると，

$$\frac{1}{2}\,bE_c\varepsilon'_c x = \frac{1}{2}\,bE_c = \frac{(h-x)^3}{x} + \varepsilon'_c + A_sE_s\frac{d-x}{x} + \varepsilon'_c \tag{v}$$

$$\frac{1}{2}\,x^2 b = \frac{1}{2}(h-x)^2 b + A_s\frac{E_s}{E_c}(d-x) \tag{w}$$

$n=E_s/E_c$ を代入して，

$$\frac{bh^2}{2} + bhx - nA_sd - nA_sx = 0 \tag{x}$$

これを x について解くと，

$$x = \frac{\dfrac{bh^2}{2} + nA_sd}{bh+nA_s} \qquad \text{式（4-12）}$$

余裕があれば，適当な断面を自分で想定して，式（4-12）で求めた中立軸位置 x と，式（4-1）および「$x=kd$」で求めた中立軸位置 x を比較してみよう。前者の方が大きくなるはずである。このことより，ひび割れが発生することで中立軸位置が上方に移動することが確認できる。

式（4-12）で求めた中立軸位置 x を用いて，状態Ⅰにおける圧縮縁コンクリートの応力度 σ'_c と鉄筋の引張応力度 σ_s を求めてみよう。

式(t)と式(u)を式(s)に代入すると，

$$M = \frac{1}{3}\,bE_c\varepsilon'_c x^2 + \frac{1}{3}\,bE_c\varepsilon'_c\frac{(h-x)^3}{x} + A_sE_s\varepsilon'_c\frac{(d-x)^2}{x} \tag{y}$$

$$M = E_c\varepsilon'_c\frac{1}{x}\left\{\frac{1}{3}\,bx^3 + \frac{1}{3}\,b(h-x)^3 + nA_s(d-x)^2\right\}$$

$$\therefore \quad \varepsilon'_c = \frac{1}{E_c}\cdot\frac{Mx}{\frac{1}{3}bx^3+\frac{1}{3}b(h-x)^3+nA_s(d-x)^2}$$

$$\therefore \quad \sigma'_c = E_c\varepsilon'_c$$

$$= \frac{Mx}{\frac{1}{3}bx^3+\frac{1}{3}b(h-x)^3+nA_s(d-x)^2}$$

$$= \frac{Mx}{bx^3+b(h-x)^3+3nA_s(d-x)^2} \qquad \text{式（4-13）}$$

となり，鉄筋の引張応力度は，次のように導かれる。

$$\sigma_s = E_s\varepsilon_s$$

$$= E_s \frac{d-x}{x} \varepsilon'_c$$

$$= n \cdot \frac{3M(d-x)}{bx^3 + b(h-x)^3 + 3nA_s(d-x)^2} \qquad \text{式 (4-14)}$$

これらの式は荷重が小さい時のものであり，4.4節とは状態が異なるので，混同しないように使い分ける必要がある。

次に，状態Ⅱから状態Ⅲに移行する時の曲げモーメントを「**曲げ降伏モーメント**」といい，式（4-15）で求めることができる。これは引張鉄筋が降伏する時のモーメントであり，これ以降は，荷重はそれほど増加せず，たわみだけが大きく増加していく。式中のxは，状態Ⅱにおける式すなわち，式（4-1）と「$x=kd$」で求めたxを使う。

$$M_y = A_s \cdot f_y \cdot \left(d - \frac{x}{3}\right) = A_s \cdot f_y \cdot j \cdot d \qquad \text{式 (4-15)}$$

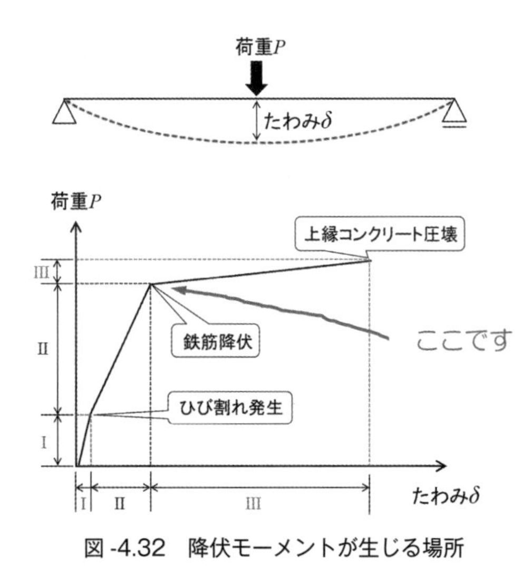

図-4.32　降伏モーメントが生じる場所

ちなみに，式(4-15)は単鉄筋長方形断面の場合の式である。複鉄筋長方形断面の場合は式(4-16)を使うことになる。この式は，圧縮鉄筋が降伏していないことを前提に導かれている。

$$M_y = A'_s \cdot E_s \cdot \varepsilon'_s \left(d' - \frac{x}{3}\right) + A_s \cdot f_y \left(d' - \frac{x}{3}\right) \qquad \text{式 (4-16)}$$

さらに，単鉄筋T形断面の場合は，式（4-17）を使えばよい。

$$M_y = E_c \cdot \varepsilon'_{c1} \left\{ \frac{1}{2} bx \left(d - \frac{x}{3}\right) - \frac{1}{2}(b - b_w) \cdot \frac{(x-t)^2}{x} \cdot \left(d - \frac{x+2t}{3}\right) \right\} \qquad \text{式 (4-17)}$$

例題4-5

図に示すような単鉄筋矩形断面を有するRCはりについて，以下の条件に従って曲げひび割れ発生モーメントを求めなさい。ただし，コンクリートの曲げひび割れ強度f_{bc}を3.8N/mm^{2}とし，コンクリートのヤング係数E_cを25kN/mm^2，鉄筋のヤング係数E_sを200kN/mm^{2}とする。

⑴　鉄筋を考慮した場合の，曲げひび割れ発生モーメントを求めなさい。

⑵　鉄筋を無視した場合の，曲げひび割れ発生モーメントを求めなさい。

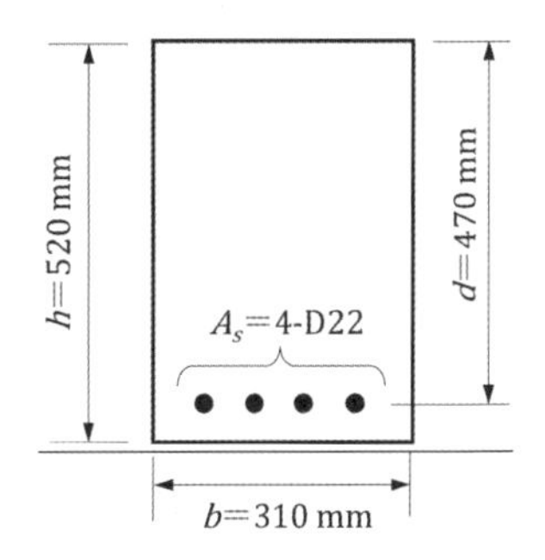

解答

⑴　鉄筋を考慮した場合

鉄筋量 A_s を**表-4.2**から求める。

$$A_s = 1548\ \mathrm{mm}^2$$

ヤング係数比 n を求める。

$$n = \frac{E_s}{E_c} = \frac{200}{25} = 8.0$$

式（4-12）により，状態Ⅰとしての中立軸位置 x を求める。

$$x = \frac{\dfrac{bh^2}{2} + nA_s d}{bh + nA_s} = \frac{\dfrac{310 \times 520^2}{2} + 8 \times 1548 \times 470}{310 \times 520 + 8 \times 1548} = 275\ \mathrm{mm}$$

式（4-11）により，曲げひび割れ発生モーメントを求める。

$$M_{cr} = f_{bc} \cdot \frac{1}{h-x} \cdot \left\{ \frac{1}{3} bx^3 + \frac{1}{3} b(h-x)^3 + nA_s(d-x)^2 \right\}$$

$$= 3.8 \times \frac{1}{520-275} \times \left\{ \frac{1}{3} \times 310 \times 275^3 + \frac{1}{3} \times 310(520-275)^3 + 8 \times 1548(470-275)^2 \right\}$$

$$= 64205187\ \mathrm{N \cdot mm}$$

$$= 64.2\ \mathrm{kN \cdot m}$$

⑵　鉄筋を無視した場合

コンクリートの断面のみを考えればよいことになる。すなわち，鉄筋量 A_s，有効高さ d，ヤング係数比 n などは不要となる。不要というか使うことができない。断面二次モーメントとしては，I_g ではなく，均質な材料としての断面二次モーメントを使う。

$$I = \frac{bh^2}{2} = \frac{310 \times 520^3}{12} = 3.632 \times 10^9\ \mathrm{mm}^4$$

中立軸位置 x を求める。均質な材料かつ上下対称なので，中立軸位置は高さ方向の中央になる。

$$x = \frac{h}{2} = \frac{520}{2} = 260\ \mathrm{mm}$$

最後に曲げひび割れ発生モーメント M_{cr} を求める。

$$\sigma = \frac{M}{I} = y$$

より，次式が得られる。なお後述するように，σ は f_{bc} に置き換えることができる。

$$M_{cr} = \frac{\sigma \cdot I}{y} = \frac{f_{bc} \cdot I}{y} = \frac{3.8 \times 3.632 \times 10^9}{260} = 53083077\ \mathrm{N \cdot mm} = 53.1\ \mathrm{kN \cdot m}$$

(1)と(2)を比較すると大きな差がないことがわかる。このように，一般的な配筋のRCはりでは，曲げひび割れ発生モーメントに及ぼす鉄筋の影響は比較的小さい。すなわち，鉄筋を配置してもひび割れ発生モーメント自体はあまり改善されないのである。やはり鉄筋は，ひび割れが発生してからが本領を発揮するのである。実務では安全側の評価となるように，計算上はその影響を無視することが多い。

<補足：任意の場所の曲げ応力度>

曲げモーメント M によって生じる圧縮応力度 σ_c と引張応力度 σ_t は，図のように分布する。任意の場所(中立軸からの距離 y)における応力度 σ は，次の式で求まる。例題では,「下縁に生じる引張応力度が f_{bc} に達した時に，ひび割れが発生する」という考えで，$\sigma=f_{bc}=3.8$ N/mm^2，$y=h/2=260$ mmとおいたのである。中立軸位置が上縁から260 mmなので，中立軸から下縁までも260 mmとなる。

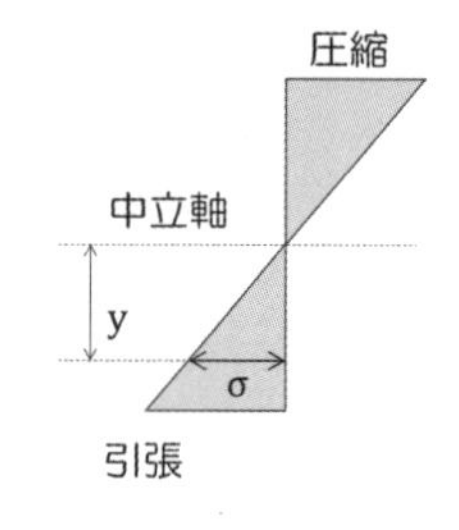

$$\sigma=\frac{M}{I}\times y$$

例題4-6

図に示すような単鉄筋矩形断面を有するRCはりについて，曲げ降伏モーメントを求めなさい。ただし，コンクリートのヤング係数 E_c を25 kN/mm^2，鉄筋のヤング係数 E_s を200 kN/mm^2，鉄筋の降伏強度 f_y を300 N/mm^{2}とする。

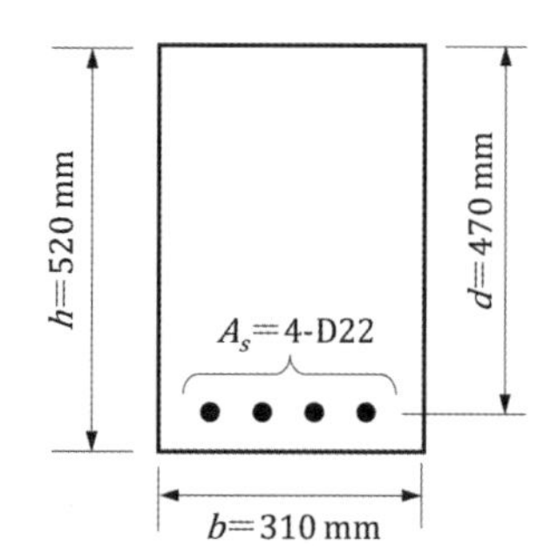

解答

鉄筋量 A_s を**表-4.2**から求め，鉄筋比 p を計算する。

$$A_s=1548\ \text{mm}^2$$

$$p=\frac{A_s}{bd}=\frac{1548}{310\times 470}=0.0106$$

ヤング係数比 n を求める。

$$n=\frac{E_s}{E_c}=\frac{200}{25}=8.0$$

$$np=8.0\times 0.0106=0.0848$$

式（4-1）などを用いて，状態Ⅱとしての中立軸位置 x を求める。

$$k=\sqrt{2np+(np)^2}-np$$
$$=\sqrt{2\times 0.0848+(0.0848)^2}-0.0848=0.336$$
$$=0.336$$

$$x=kd=0.336\times 470=158\ \text{mm}$$

最後に式（4-15）を用いて，曲げ降伏モーメントを求める。

$$M_y = A_s \cdot f_y \cdot \left(d - \frac{x}{3}\right)$$

$$= 1548 \times 300 \times \left(470 - \frac{158}{3}\right)$$

$$= 193809600 \text{ N·mm}$$

$$= 194 \text{ kN·m}$$

4.7　単鉄筋T形断面はりの曲げ応力度

本節では，断面の形状がT形の場合の計算方法を述べる。長方形断面では，中立軸から下の引張側のコンクリートは計算上無視されていた。「どうせ不要なのであれば，削ってしまおう」というのが，T形断面なのである。ただし，鉄筋の数を減らすわけにはいかないので，中央に集中させて配置するイメージとなる。T形断面にすることの主なメリットは，次の通りである。

①コンクリートの材料費が削減できる

②はりが軽くなるので，下部構造（橋脚など）への負担が軽減される

③プレキャスト部材として工場で作製し，現場へ運ぶ時の輸送コストも削減できる

T形断面にすることのデメリットは特にない。型枠が長方形よりも少し複雑になる程度である。

<補足：プレキャスト部材>

英語では「Pre-Cast」である。「Pre」は「前もって」という意味である。「Cast」はコンクリートを打ち込むという意味で使われる。つまり，工場で事前に作って，養生後に現場に運んで設置する方法である。工場製品なので，品質管理が現場打込みよりも容易となる。ただし，運ぶことを考えるとあまり大型にはできない。

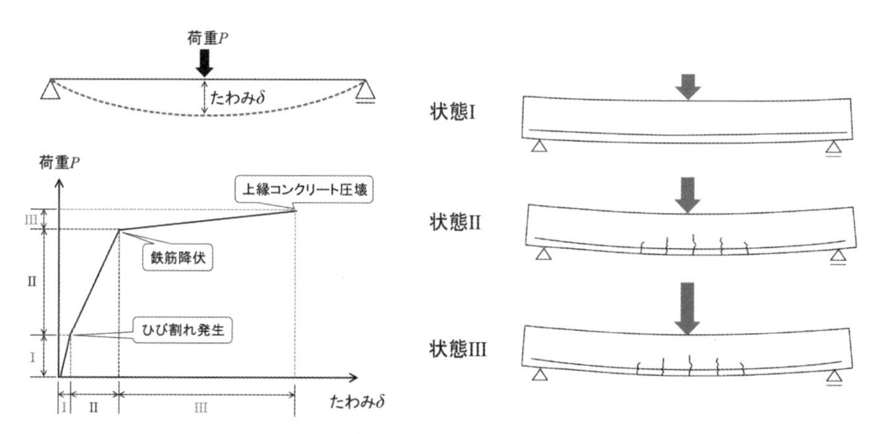

図-4.33　荷重ーたわみ曲線とはりの状態

それでは図-4.33の「状態Ⅱ」における曲げ応力度を，「換算断面を用いる方法」により求めていく。全体の流れとして，まず中立軸位置を求める。図-4.34の(a)のように，中立軸がフランジ内にある場合は，フランジの幅 b_e をはりの幅とする長方形断面はりとして計算する。(b)のよ

うに中立軸がウェブ内にある場合は，次に進む。

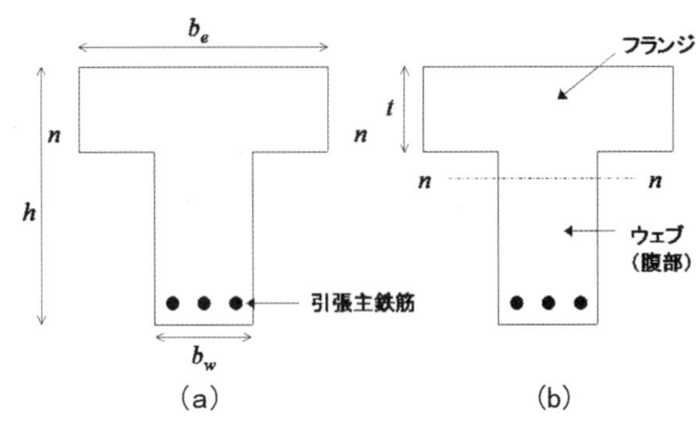

図-4.34　T形断面における中立軸位置のパターン

(1)　中立軸位置の計算

応力度分布は，**図-4.35**のように長方形断面と比較するとやや複雑になる。

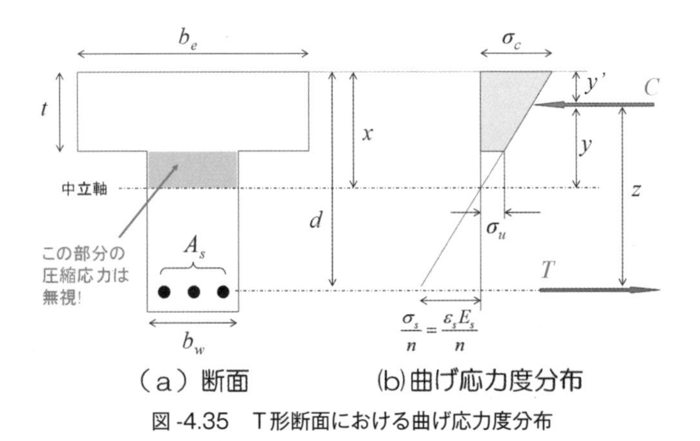

図-4.35　T形断面における曲げ応力度分布

図-4.35より，相似則を用いて次式が得られる。

$$\begin{cases} \sigma_u = \sigma_c \dfrac{x-t}{x} \\ \sigma_s = n\sigma_c \dfrac{d-x}{x} \end{cases} \tag{z}$$

圧縮合力は，台形の面積として次式のように計算される。

$$C = \frac{b_e t}{2}(\sigma_c + \sigma_u) = \frac{b_e t}{2}\left(\sigma_c + \sigma_c \frac{x-t}{x}\right) = \frac{\sigma_c b_e t}{2}\left(1 + \frac{x-t}{x}\right)$$

引張合力は，鉄筋の応力度と断面積の積として次式で計算される。

$$T = \sigma_s A_s$$

ここで，$T=C$ より，

$$\sigma_s A_s = \frac{\sigma_c b_e t}{2}\left(1 + \frac{x-t}{x}\right)$$

この式に，式(z)を代入して整理していく。

$$n\sigma_c \frac{d-x}{x} A_s = \frac{\sigma_c b_e t}{2}\left(1+\frac{x-t}{x}\right)$$

$$2n(d-x)A_s = b_e t\{x+(x-t)\}$$

$$2ndA_s - 2ndA_s x = b_e t(2x-t)$$

$$= 2b_e tx - b_e t^2$$

$$2(b_e t + nA_s)x = 2ndA_s + b_e t^2$$

$$x = \frac{b_e t^2 + 2nA_s d}{2b_e t + 2nA_s}$$

$$x = \frac{\dfrac{b_e t^2}{2} + nA_s d}{b_e t + nA_s} \qquad \text{式（4-18）}$$

以上のように，応力状態の釣合いから式（4-18）が導かれる。これで中立軸位置 x を算出し，求めた x がフランジの厚さ t よりも小さければ，長方形断面はりとして計算する。

$$\begin{cases} x \leqq t \ \rightarrow \ \text{長方形はりとして計算} \\ x > t \ \rightarrow \ \text{T形はりとして計算} \end{cases}$$

<補足：設計基準強度とヤング係数比 n >

設計基準強度によりヤング係数比 n を求める場合は，**表-4.3**を使うと便利である。この表にない設計基準強度 f'_{ck} の場合は，前後の値から比例配分で求めるとよい。

表-4.3　設計基準強度とヤング係数比

f'_{ck} [N/mm^2]	18	24	30	40	50	60	70	80
n	9.09	8.00	7.14	6.45	6.06	5.71	5.41	5.26

(2)　応力度の計算

T形断面はりとして計算することが確認できたら，次の式を使って，中立軸に関する換算断面二次モーメント I_i を求める。

$$I_i = \frac{b_e}{3}\cdot\{x^3-(x-t)^3\} + nA_s(d-x)^2 \qquad \text{式（4-19）}$$

上縁コンクリートに作用する圧縮応力度 σ'_c は，

$$\sigma'_c = \frac{M}{I_i}x \qquad \text{式（4-20）}$$

鉄筋に作用する引張応力度 σ_s は，

$$\sigma_s = n\frac{M}{I_i}(d-x) \qquad \text{式（4-21）}$$

により，それぞれ求まる。ちなみに，ウェブの圧縮コンクリートを無視しない時の厳密式は，以下の通りである。

$$x=\frac{1}{b_w}\left[-\{(b_e-b_w)t+nA_s\}+\sqrt{\{(b_e-b_w)t+nA_s\}^2+b_w\{(b_e-b_w)t^2+2nA_sd\}}\right]$$

$$I_i=\frac{1}{3}\cdot\{bx^3(b_e-b_w)(x-t)^3\}+nA_s(d-x)^2$$

この厳密式を使うのは電卓を使ってもかなりの労力を要する。しかも苦労の割には簡易式との誤差は小さいのである。本章では，そのことを理解した上で，簡易式を用いることとする。

<補足：箱形断面>

図-4.36の左側のような断面を，箱形断面という。箱形断面の場合は，ウェブの幅 $b_w=b_1+b_2$ の T 形断面に置き換えることができる。

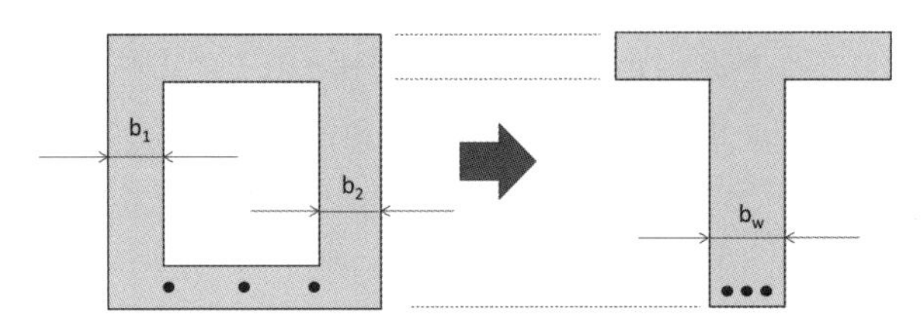

図-4.36　箱形断面のT形断面への変換

例題4-7

図のような単鉄筋 T 形断面はりに $M=700$ kN･m が作用している。$f'_{ck}=24$ N/mm^{2}のとき，上縁コンクリートに作用する圧縮応力度 σ'_c および鉄筋に作用する引張応力度 σ_s を求めなさい。

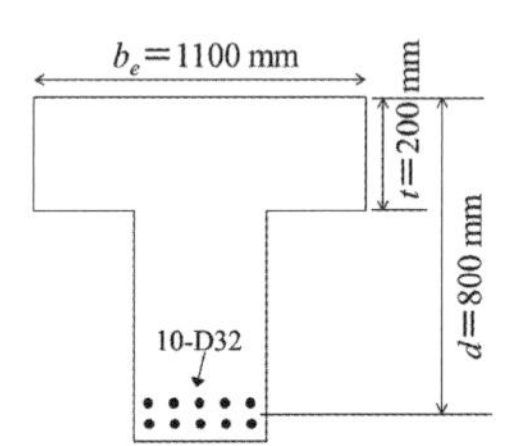

解 答

表-4.2より，鉄筋量 $A_s=7942$ mm^2

表-4.3より，ヤング係数比 $n=8.00$

式（4-18）より，中立軸位置 x を求める。

$$x=\frac{\dfrac{b_et^2}{2}+nA_sd}{b_et+nA_s}=\frac{\dfrac{1100\times200^2}{2}+8\times7942\times800}{1100\times200+8\times7942}=257\ \mathrm{mm}>t(=200\ \mathrm{mm})$$

中立軸はウェブ内にあるので，T 形はりとして計算する。なお，上式にウェブの幅 b_w が含まれていないことから，ウェブの幅 b_w は中立軸位置 x に無関係であることがわかる。これは，簡易式がウェブを無視して作ったものなので当然である。次に，式（4-19）より，中立軸に関する換算断面二次モーメント I_i を求める。

$$I_i=\frac{b_e}{3}\cdot\{x^3(x-t)^3\}+nA_s(d-x)^2$$

$$=\frac{1100}{3}\cdot\{257^3-(257-200)^3\}+8\times7942(800-275)^2=2.489\times10^{10}\ \mathrm{mm}^4$$

式（4-20）により，上縁コンクリートに作用する圧縮応力度 σ'_c を求める。

$$\sigma'_c = \frac{M}{I_i}\,x = \frac{700000000}{2.489 \times 10^{10}} \times 257 = 7.22\ \mathrm{N/mm^2}$$

式（4-21）により，鉄筋に作用する引張応力度 σ_s を求める。

$$\sigma_s = n\,\frac{M}{I_i}\,(d-x) = 8 \times \frac{700000000}{2.489 \times 10^{10}} \times (800-275) = 122\ \mathrm{N/mm^2}$$

4.8　単鉄筋T形断面はりの曲げ耐力

本節では，断面がT形の場合の最終的な曲げ耐力（＝守備力）を求める。状態としては，**図-4.37**の「状態Ⅲの最後」のところになる。終局状態ということは「換算断面を用いる方法」が使えないので，「断面内の力の釣合いを用いる方法」で考えていく。

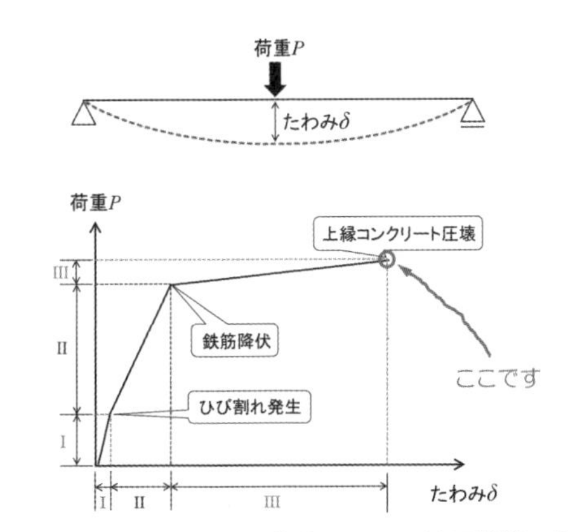

図-4.37　荷重－たわみ曲線における終局状態の位置

まず中立軸位置を求める。その結果，**図-4.38**に示すようにフランジ内に中立軸位置がある場合は，中立軸から下のコンクリートを無視することを考えると，幅が等しい長方形断面と同じことになる。従って，その場合は前節の方法に戻ることになる。中立軸位置がウェブ内にある場合は，本節に従う。

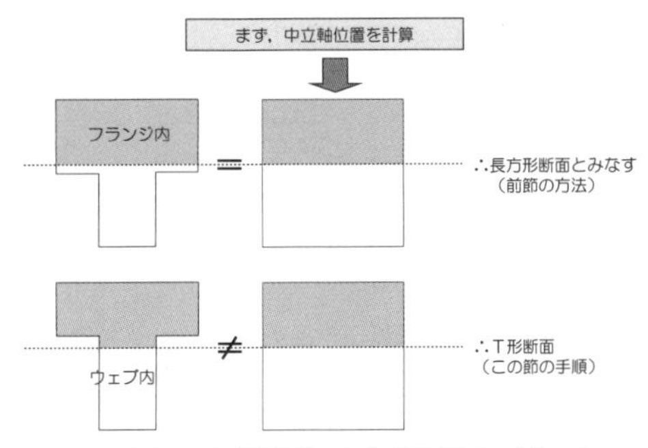

図-4.38　T形断面と中立軸位置のパターン

基本図は**図-4.39**のようになる。応力度分布の形が**図-4.35**とは異っていることに注意が必要である。T形断面の場合も破壊するとき（終局時）は，このように等価応力ブロックを使う。等価応力ブロックの高さは長方形断面のときは0.8xであったが，この場合はaとおく。

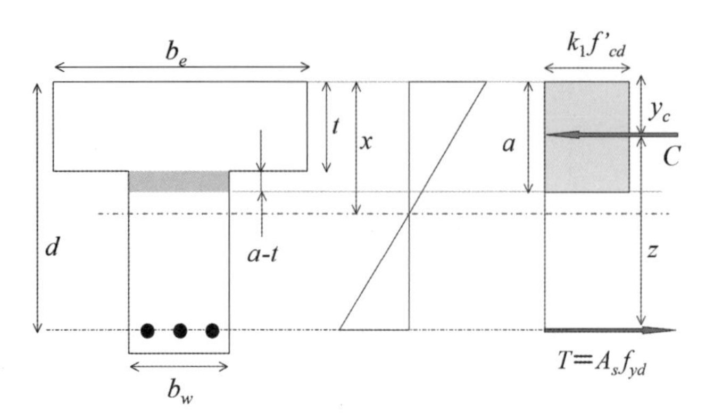

図-4.39　T形断面における終局状態の基本図

設計曲げ耐力M_{ud}は，次の手順で求まる。

①設計圧縮強度f'_{cd}と設計引張強度f_{cd}を求める。

②式（4-22）により等価応力ブロックの高さaを求め，フランジ厚さtと比較する。

$$a=\frac{A_s f_{yd}}{0.85 f'_{cd} b_e} \qquad \text{式（4-22）}$$

$$\begin{cases} a \leqq t \cdots \text{フランジ幅の長方形断面として計算する} \\ a > t \cdots \text{次へ進む} \end{cases}$$

なお，aではなく，中立軸位置xをtと比較して判定しても構わない。教科書によって異なるが，aとtを比較する方法を採用しているケースが多い。

T形断面として計算する場合は，**図-4.40**に示すように，フランジ突出部と長方形断面部に分割して考えることになる。

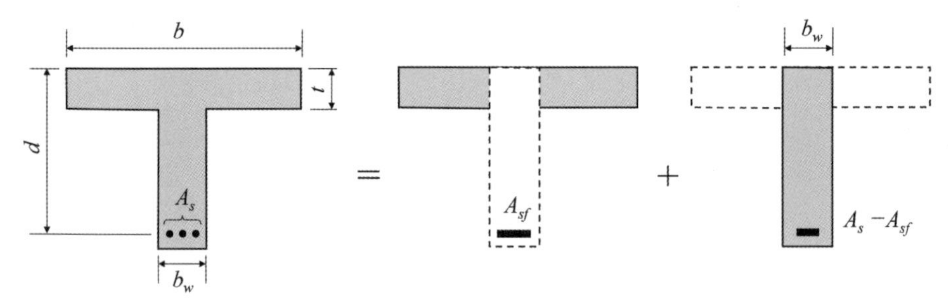

図-4.40　T形断面の分割

中央の図におけるA_{sf}とは，「フランジ突出部分のコンクリートが受け持つ圧縮合力」と釣り合うだけの鉄筋量である。引張鉄筋量A_sをフランジ突出部と長方形断面部に分けて考えるため，A_{sf}はA_sの一部となり，右図の長方形断面部の鉄筋量は「$A_s - A_{sf}$」と表される。分割したそれぞれの応力度分布は**図-4.41**のようになる。

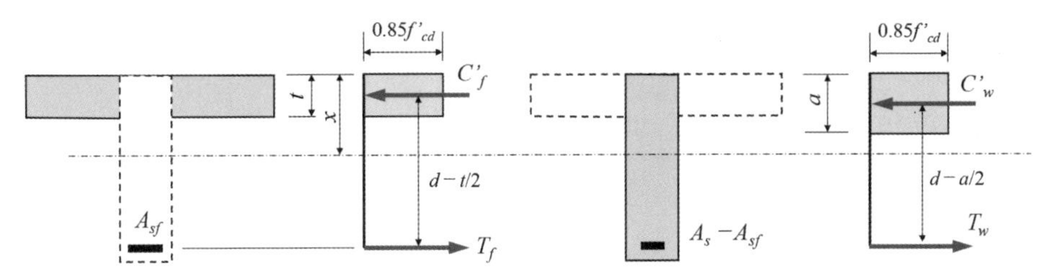

図-4.41　分割した断面における応力度分布

次に，式（4-23）により A_{sf} を求める。

$$A_{sf}=\frac{0.85f'_{cd}t(b_e-b_w)}{f_{yd}} \qquad \text{式（4-23）}$$

次に，式（4-24）により長方形断面部の鉄筋比 p_1 を求める。

$$p_1=\frac{A_s-A_{sf}}{b_w d} \qquad \text{式（4-24）}$$

次に，式（4-25）により釣合鉄筋比 p_b を求める。

$$p_b=0.68\cdot\frac{f'_{cd}}{f_{yd}}\cdot\frac{700}{700+f_{yd}} \qquad \text{式（4-25）}$$

鉄筋比 p_1 と釣合鉄筋比 p_b の大小関係から，鉄筋が降伏しているかを確認する。つまり，$p_1 < p_b$ であれば，「鉄筋は降伏している。」，すなわち，曲げ引張破壊と判定される。なお，鉄筋比が小さすぎる場合は危険なため，土木学会示方書では，最小値が0.003と規定されている。また，次式の規定を満足していることも確認する必要がある。

$$0.003 \leqq p_1 \leqq 0.75p_b$$

以上により鉄筋比の照査が終わったら，式（4-26）により，長方形断面部の等価応力ブロックの高さ a を求め直す。これ以降の a には，ここで求めた値を使うので注意が必要である。

$$a=\frac{(A_s-A_{sf})f_{yd}}{0.85f'_{cd}b_w} \qquad \text{式（4-26）}$$

式（4-27）により，曲げ耐力 M_u を求める。

$$M_u=(A_s-A_{sf})f_{yd}\left(d-\frac{a}{2}\right)+A_{sf}f_{yd}\left(d-\frac{t}{2}\right) \qquad \text{式（4-27）}$$

設計曲げ耐力 M_{ud} は，M_u を部材係数 γ_b で割ることで求まる。

$$M_{ud}=\frac{M_u}{\gamma_b}=\frac{A_s f_{yd}(d-y_c)}{\gamma_b} \qquad \text{式（4-28）}$$

最後に，安全性を検討する。すなわち，次式が成り立てば安全である。

$$\frac{M_{ud}}{M_d} \geqq \gamma_i$$

例題4-8

基本図のような単鉄筋T形断面はりに $M_d=200\text{kN}\cdot\text{m}$ の設計曲げモーメントが作用していると

き，設計曲げ耐力 M_{ud}（曲げ引張破壊）を求め，安全性を検討せよ。ただし，$b_e=400$ mm，$b_w=200$ mm，$t=150$ mm，$d=600$ mm，$A_s=1936$ mm^{2}とし，材料の力学的性質および安全係数は以下の通りとする。

コンクリートの設計基準強度：$f'_{ck}=27$ N/mm^2

〃　　　圧縮終局ひずみ：$\varepsilon'_{cu}=0.35\%$（$k_1=0.85$）

鉄筋の降伏強度：$f_{yk}=300$ N/mm^2

材料係数：$\gamma_c=1.3$，$\gamma_s=1.0$，部材係数：$\gamma_b=1.15$，構造物係数：$\gamma_i=1.15$

解答

設計圧縮強度を求める。

$$f'_{cd}=\frac{f'_{ck}}{\gamma_c}=\frac{27}{1.3}=20.8\ \text{N/mm}^2$$

設計引張強度を求める。

$$f_{yd}=\frac{f_{yk}}{\gamma_s}=\frac{300}{1.0}=300\ \text{N/mm}^2$$

式（4-22）より，

$$a=\frac{A_s f_{yd}}{0.85 f_{cd} b_e}=\frac{3871\times 300}{0.85\times 20.8\times 400}=164\ \text{mm}$$

a がフランジ幅 t よりも小さいので，長方形断面として計算する。

式（4-5）により，圧縮合力の作用位置 y_c を求める。

$$y_c=\frac{A_s f_{yd}}{2k_1 f'_{cd} b}=\frac{1936\times 300}{2\times 0.85\times 20.8\times 400}=41.1\ \text{mm}$$

式（4-6）により，引張鉄筋に生じているひずみ ε_s を求める。

$$\varepsilon_s=\frac{\varepsilon'_{cu}(d-2.5y_c)}{2.5y_c}=\frac{0.0035(600-2.5\times 41.1)}{2.5\times 41.1}=0.0169$$

引張鉄筋の降伏ひずみ ε_y を求める。

$$\varepsilon_y=\frac{f_{yd}}{E_s}=\frac{300}{200000}=0.0015$$

$\varepsilon_s>\varepsilon_y$ であるため，鉄筋が降伏していることが確認できた（曲げ引張破壊）。

式（4-7）により，曲げ耐力 M_u を求める。

$$M_u=A_s f_{yd}(d-y_c)=1936\times 300\times(600-41.1)$$
$$=325\times 10^{10}\ \text{N}\cdot\text{mm}$$
$$=325\ \text{kN}\cdot\text{m}$$

式（4-8）により，設計曲げ耐力 M_{ud} を求める。

$$M_{ud}=\frac{M_u}{\gamma_b}=\frac{325}{1.15}=325\ \text{kN}\cdot\text{m}$$

次式のように，安全性を検討する。

$$\frac{M_{ud}}{M_d}=\frac{282}{200}=1.41\geqq1.10(=\gamma_i)$$

となり，安全である。

例題4-9

基本図のような単鉄筋T形断面はりに $M_d=200$ kN·m の設計曲げモーメントが作用しているとき，設計曲げ耐力 M_{ud}（曲げ引張破壊）を求め，安全性を検討せよ。ただし，$b_e=400$ mm，$b_w=200$ mm，$t=150$ mm，$d=600$ mm，$A_s=3871$ mm^{2}とし，材料の力学的性質および安全係数は「例題4-1」と同様とする。

解 答

設計圧縮強度を求める。

$$f'_{cd}=\frac{f'_{ck}}{\gamma_c}=\frac{27}{1.3}=20.8\ \text{N/mm}^2$$

設計引張強度を求める。

$$f_{yd}=\frac{f_{yk}}{\gamma_s}=\frac{300}{1.0}=300\ \text{N/mm}^2$$

式（4-22）により，

$$a=\frac{A_sf_{yd}}{0.85f_{cd}b_e}=\frac{3871\times300}{0.85\times20.8\times400}=164\ \text{mm}$$

aがフランジ幅tよりも大きいので，T形断面として計算する。

式（4-23）により，

$$A_{sf}=\frac{0.85f'_{cd}t(b_e-b_w)}{f_{yd}}=\frac{0.85\times20.8\times150(400-200)}{300}=1768\ \text{mm}^4$$

式（4-24）により，長方形断面部の鉄筋比p_1を求める。

$$p_1=\frac{A_s-A_{sf}}{b_wd}=\frac{3871-1768}{200\times600}=0.01753$$

式（4-25）により，釣合い鉄筋比p_bを求める。

$$p_b=0.68\cdot\frac{f'_{cd}}{f_{yd}}\cdot\frac{700}{700+f_{yd}}=0.68\cdot\frac{20.8}{300}\cdot\frac{700}{700+300}=0.033$$

$p_1<p_b$なので，鉄筋が降伏していることが確認できる（曲げ引張破壊）。

式（4-26）により，長方形断面部の等価応力ブロックの高さaを求める。

$$a=\frac{(A_s-A_{sf})f_{yd}}{0.85f'_{cd}b_w}=\frac{(3871-1768)\times300}{0.85\times20.8\times200}=178\ \text{mm}$$

式（4-27）により，曲げ耐力M_uを求める。

$$M_u=(A_s-A_{sf})f_{yd}\left(d-\frac{a}{2}\right)+A_{sf}f_{yd}\left(d-\frac{t}{2}\right)$$

$$=(3871-1768)\times 300\times\left(600-\frac{178}{2}\right)+1768\times 300\times\left(600-\frac{150}{2}\right)$$

$$=600716797\ \mathrm{N\cdot mm}$$

$$=601\ \mathrm{kN\cdot m}$$

式（4-28）により，設計曲げ耐力 M_{ud} を求める。

$$M_{ud}=\frac{M_u}{\gamma_b}=\frac{601}{1.15}=523\ \mathrm{kN\cdot m}$$

次式のように，安全性を検討する。

$$\frac{M_{ud}}{M_d}=\frac{523}{200}=2.62\geqq 1.10\,(=\gamma_i)$$

となり，かなり安全側であることがわかる。

<補足：計算の方法による誤差>

例題4-9において，誤ってフランジ幅の長方形断面として計算してみると，結果はどうなるであろうか。この場合，設計曲げ耐力は $M_{ud}=523\ \mathrm{kN\cdot m}$ となる。このように，長方形断面として計算しても誤差が極めて小さいことが知られており，この問題のように誤差がほぼゼロの場合もある。実務では，鉄筋量をよほど大きくしない限り，中立軸がウェブ内にあってもフランジ幅の長方形断面として計算しても差し支えない。

4.9　複鉄筋長方形断面はりの曲げ応力度

本節では，断面の形が矩形（長方形）で，圧縮側にも鉄筋が配置されている断面（複鉄筋断面という）の曲げ応力度を計算する。

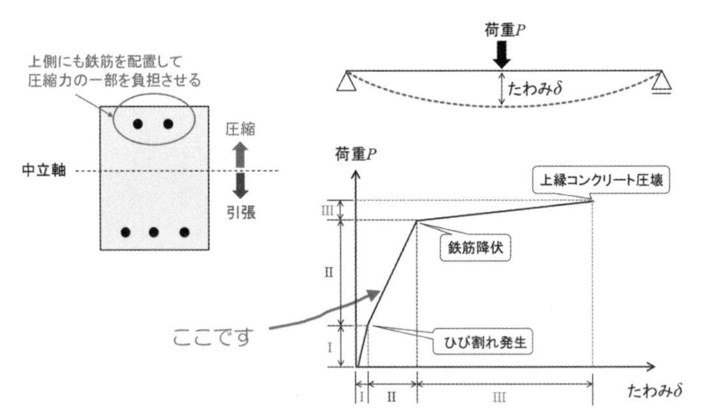

図-4.42　複鉄筋断面と想定する荷重の状態

荷重の状態としては，「通常の範囲（状態Ⅱ）」のところになる。

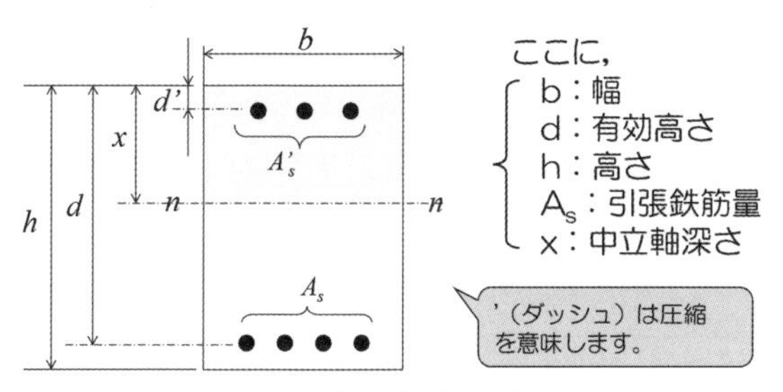

図 -4.43　複鉄筋断面の断面図

図 -4.43が断面図である。新しい記号としては，次の2つがある。

A'_s：圧縮鉄筋の全断面積（1本分×本数）
d'：上縁から圧縮鉄筋の図心までの距離

＜補足：2つの鉄筋比＞

引張鉄筋および圧縮鉄筋それぞれの鉄筋比は次のようになる。特に圧縮鉄筋比の分母で有効高さを d' としないように，注意が必要である。なお，鉄筋比の値については，本節の計算で使うことはない。

(1)　引張鉄筋比　$p = \dfrac{A_s}{bd}$

(2)　圧縮鉄筋比　$p' = \dfrac{A'_s}{bd}$

基本図は，**図 -4.44**のようになる。

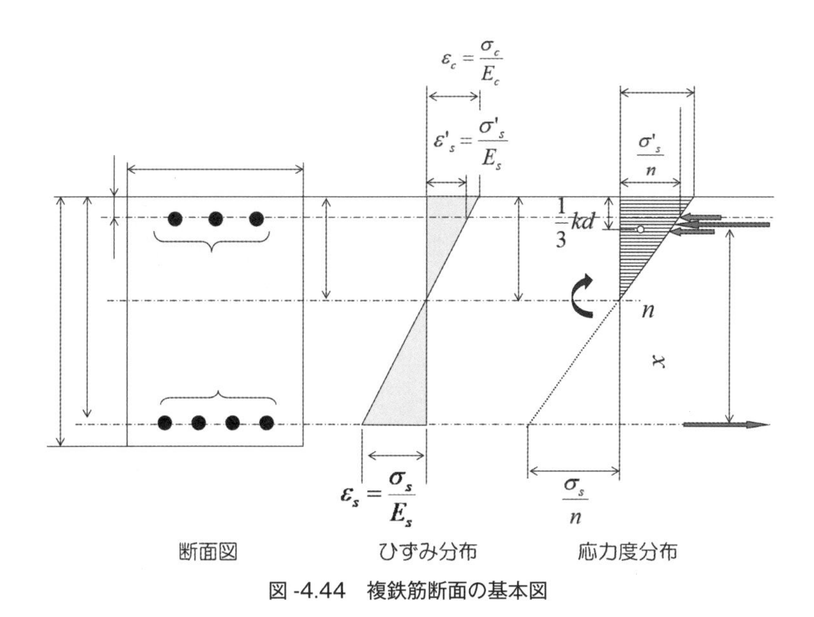

図 -4.44　複鉄筋断面の基本図

計算方法は，「断面内の力の釣合いを考える方法」と，「換算断面を用いる方法」の２通りがある。教科書によって採用している方法は異なるが，当然ながら結果は同じになる。ここではシンプルな後者による方法を紹介する。換算断面を用いる方法は，ヤング係数比を用いて「均一の材料だったら」と置き換える。例えば，鉄筋の断面積をヤング係数比倍することによってコンクリートの断面に置き換えるのである。これは，鉄筋とコンクリートがいずれも弾性範囲内にあることが前提となる。

まず，式（4-29）を用いて，中立軸位置 x を求める。

$$x=-\frac{n(A_s+A'_s)}{b}+\sqrt{\left\{\frac{n(A_s+A'_s)}{b}\right\}^2+\frac{2n}{b}(A_sd+A'_sd')} \qquad \text{式（4-29）}$$

次に，式（4-30）を用いて，中立軸に関する断面二次モーメント I_i を求める。

$$I_i=\frac{bx^3}{3}+n\cdot\{A'_s(x-d')^2+A_s(d-x)^2\} \qquad \text{式（4-30）}$$

さらに，式（4-31）～式（4-33）を用いて，各応力度を求める。

上縁のコンクリートに作用する圧縮応力度 σ'_c は，

$$\sigma'_c=\frac{M}{I_i}x \qquad \text{式（4-31）}$$

上側の鉄筋（圧縮鉄筋）に作用する圧縮応力度 σ'_s は，

$$\sigma'_s=n\frac{M}{I_i}(x-d') \qquad \text{式（4-32）}$$

下側の鉄筋（引張鉄筋）に作用する圧縮応力度 σ_s は，

$$\sigma_s=n\frac{M}{I_i}(d-x) \qquad \text{式（4-33）}$$

計算方法は以上であり，図が複雑な割には簡単である。

例題4-10

幅 $b=300$ mm，有効高さ $d=500$ mm，$d'=50$ mm，$A_s=2027$ mm^2（4-D25），$A'_s=860$ mm^2（3-D19）の複鉄筋長方形断面はりがある。$M=100$ kN·m の設計曲げモーメントが作用するとき，

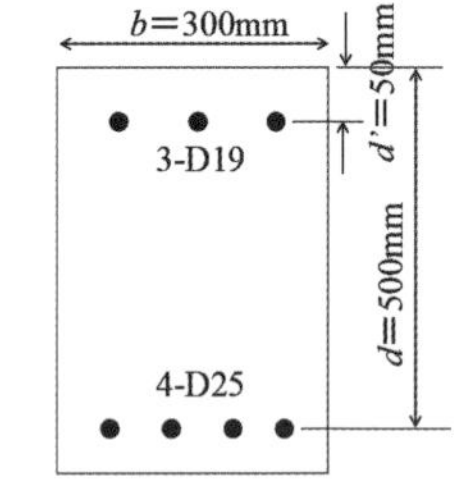

(1)　上縁コンクリートに作用する応力度 σ'_c

(2)　引張鉄筋に作用する応力度 σ_s

(3)　圧縮鉄筋に作用する応力度 σ'_s

を求めよ。ただし，コンクリートの設計基準強度を $f'_{ck}=18$ N/mm^{2}とする。

解答

表-4.3より，ヤング係数比 n は，$n=9.09$

式（4-29）により，中立軸位置 x を求める。

$$x=-\frac{n(A_s+A'_s)}{b}+\sqrt{\left\{\frac{n(A_s+A'_s)}{b}\right\}^2+\frac{2n}{b}(A_sd+A'_sd')}$$

$$=-\frac{9.09(2027+860)}{300}+\sqrt{\left\{\frac{9.09(2027+860)}{300}\right\}^2+\frac{2\times9.09}{300}(2027\times500+860\times50)}$$

$=180\ \mathrm{mm}$

次に，式（4-30）を用いて，中立軸に関する断面二次モーメント I_i を求める。

$$I_i=\frac{bx^3}{3}+n\cdot\{A'_s(x-d')^2+A_s(d-x)^2\}$$

$$=\frac{300\times180^3}{3}+9.09\{860(180-50)^2+2027(500-180)^2\}$$

$$=2.602\times10^9\ \mathrm{mm}^4$$

式（4-31）を用いて，上縁のコンクリートに作用する圧縮応力度 σ'_c を求める。

$$\sigma'_c=\frac{M}{I_i}x=\frac{100000000}{2.602\times10^9}\times180=6.93\ \mathrm{N/mm^2}$$

式（4-32）を用いて，上側の鉄筋（圧縮鉄筋）に作用する圧縮応力度 σ'_s を求める。

$$\sigma'_s=n\frac{M}{I_i}(x-d')=9.09\times\frac{100000000}{2.602\times10^9}\times(180-50)=45.5\ \mathrm{N/mm^2}$$

式（4-33）を用いて，下側の鉄筋（引張鉄筋）に作用する引張応力度 σ_s を求める。

$$\sigma_s=n\frac{M}{I_i}(d-x)=9.09\times\frac{100000000}{2.602\times10^9}\times(500-180)=112\ \mathrm{N/mm^2}$$

4.10　複鉄筋長方形断面はりの曲げ耐力

本節では複鉄筋長方形断面の曲げ耐力を「断面内の力の釣合いを用いる方法」により求める。荷重の状態としては，「状態Ⅲの最後」のところになる。この状態においては，圧縮鉄筋が降伏しているか否かで計算方法が変わる。そこが今回のポイントとなる。

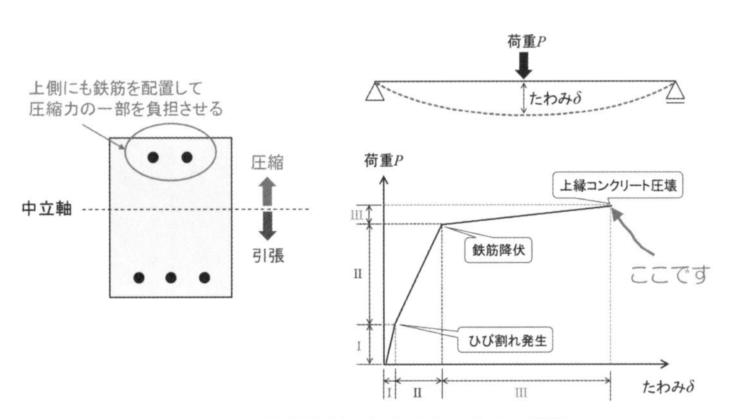

図-4.45　複鉄筋断面と想定する荷重の状態

はりの破壊時にはコンクリートも鉄筋も弾性範囲から外れているので，換算断面を用いる方法は使えない。従って，断面内の力の釣合いを考える方法で解いていく。

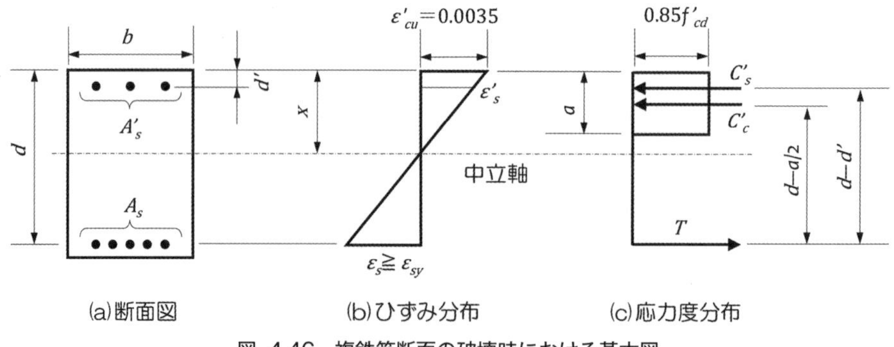

図-4.46　複鉄筋断面の破壊時における基本図

図-4.46に，複鉄筋断面の破壊時における基本図を示す。破壊時なので，応力度分布は等価応力ブロックになる。またひずみ分布の圧縮縁をみると，$\varepsilon'_{cu}=0.0035$となっている。これは，普通強度のコンクリートは0.35％ひずんだときに圧縮破壊することを意味している。また，引張鉄筋のひずみに着目すると，$\varepsilon_s \geqq \varepsilon_{sy}$ となっている。これは，引張鉄筋は必ず降伏していなければいけないことを意味している。計算方法は次の手順に従って進める。

手順①：準備段階として以下の式を参照に，コンクリートの設計圧縮強度 f'_{cd}，鉄筋の設計降伏強度 f_{yd} および f'_{yd}，引張鉄筋比 p および圧縮鉄筋比 p' を求める。一般に，鉄筋の圧縮降伏強度 f'_{yd} と引張降伏強度 f_{yd} は同じ値とみなして構わない。

$$f'_{cd}=\frac{f'_{yd}}{\gamma_c}$$

$$f_{yd}=f'_{yd}=\frac{f_{yk}}{\gamma_s}=\frac{f'_{yk}}{\gamma_s}$$

$$p=\frac{A_s}{bd}$$

$$p'=\frac{A'_s}{bd}$$

手順②：次に，圧縮鉄筋が降伏しているかどうかを確認する。式（4-34）が成り立つと圧縮鉄筋が降伏していることになる。

$$p-p'\frac{f'_{yd}}{f_{yd}}\geqq 0.68\,\frac{f'_{cd}}{f_{yd}}\cdot\frac{700}{2.602-f'_{yd}}\cdot\frac{d'}{d} \qquad \text{式（4-34）}$$

式（4-34）が成り立つ場合は，手順③→④→⑤と進んで設計曲げ耐力が求まる。成り立たない場合は，手順⑥に飛び，⑦から⑤と進んで終了となる。

手順③：等価応力ブロックの高さ a を，式（4-35）によって求める。

$$a=\frac{f_{yd}\cdot p-f'_{yd}\cdot p'}{0.85f'_{cd}}\cdot d \qquad \text{式（4-35）}$$

手順④：曲げ耐力 M_u を，式（4-36）によって求める。この式は，圧縮鉄筋が降伏していることを前提に導かれた式である。

$$M_u = (A_s f_{yd} - A'_s f'_{yd})\left(d - \frac{a}{2}\right) + A'_s f'_{yd}(d - d') \qquad \text{式 (4-36)}$$

手順⑤：設計曲げ耐力 M_{ud} を，次式によって求める。実際は圧縮鉄筋を配置しても，設計曲げ耐力はあまり増加しない。

$$M_{ud} = \frac{M_u}{\gamma_b}$$

手順⑥：圧縮鉄筋が降伏していない場合は，等価応力ブロックの高さ a を，式（4-37）によって求める。

$$a = \frac{f_{yd}}{1.7 f'_{cd}} \left\{ p - p'\frac{700}{f_{yd}} + \sqrt{\left(p - p'\frac{700}{f_{yd}}\right)^2 + 1904p'\frac{f'_{cd}}{(f_{yd})^2}\cdot\frac{d'}{d}} \right\} \cdot d \qquad \text{式 (4-37)}$$

手順⑦：圧縮鉄筋が降伏していないので，式（4-36）の f'_{yd} を σ'_s に置き換えた式（4-39）により，曲げ耐力 M_u が求まる。σ'_s とは，実際に圧縮鉄筋に作用している応力度であり，式（4-38）で求まる。

$$\sigma'_s = 700\left(1 - \frac{0.8d'}{a}\right) \qquad \text{式 (4-38)}$$

$$M_u = (A_s f_{yd} - A'_s \sigma'_s)\left(d - \frac{a}{2}\right) + A'_s \sigma'_s (d - d') \qquad \text{式 (4-39)}$$

計算は以上になるが，稀な例として，引張鉄筋と圧縮鉄筋が同一の場合（$A_s = A'_s$ かつ $f_{yd} = f'_{yd}$）は，次式により曲げ耐力 M_u が求まる。

$$M_u = A_s f_{yd}(d - d') \qquad \text{式 (4-40)}$$

例題4-11

図に示す複鉄筋長方形断面に，設計曲げモーメント $M_d = 500$ kN·m が作用している。安全性を照査しなさい。ただし，$A_s = 2533$ mm^2（5-D25, SD295），$A'_s = 397$ mm^2（2-D16, SD295），$f_{yk} = f'_{yk} = 295$ N/mm^2，$f'_{ck} = 30$ N/mm^2，$\gamma_c = 1.3$，$\gamma_s = 1.0$，$\gamma_b = 1.1$，$\gamma_i = 1.2$ とする。

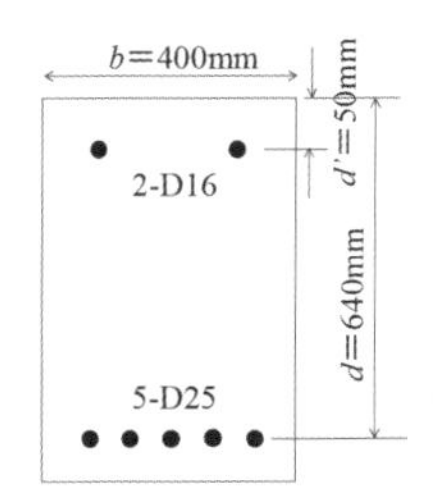

解 答

手順①より，

$$f'_{cd} = \frac{f'_{ck}}{\gamma_c} = \frac{30}{1.3} = 23.1 \text{ N/mm}^2$$

$$f_{yd} = f'_{yd} = \frac{f_{yk}}{\gamma_s} = \frac{f'_{yk}}{\gamma_s} = \frac{295}{1.0} = 295 \text{ N/mm}^2$$

$$p = \frac{A_s}{bd} = \frac{2533}{400 \times 640} = 0.00989$$

$$p' = \frac{A'_s}{bd} = \frac{397}{400 \times 640} = 0.00155$$

手順②より，式（4-34）の左辺の値を求める。

$$p-p'\frac{f'_{yd}}{f_{yd}}=0.00989-0.00155\times\frac{295}{295}=0.00834$$

式（4-34）の右辺の値を求める。

$$0.68\frac{f'_{cd}}{f_{yd}}\cdot\frac{700}{700-f'_{yd}}\cdot\frac{d'}{d}=0.68\times\frac{23.1}{295}\times\frac{700}{700-295}\times\frac{5}{64}=0.00719$$

左辺が大きいので圧縮鉄筋は降伏している。従って，手順③により，式（4-35）で等価応力ブロックの高さ a を求める。

$$a=\frac{f_{yd}\cdot p-f'_{yd}\cdot p'}{0.85f'_{cd}}\cdot d=\frac{295\times0.00989-295\times0.00155}{0.85\times23.1}\times0.68=80.2\ \mathrm{mm}$$

手順④より，式（4-39）で曲げ耐力 M_u を求める。

$$M_u=(A_sf_{yd}-A'_sf'_{yd})\left(d-\frac{a}{2}\right)+A'_sf'_{yd}(d-d')$$

$$=(2533\times295-397\times295)\times\left(600-\frac{80.2}{2}\right)+397\times295\times(60-50)$$

$$=447\times10^6\ \mathrm{N\cdot mm}$$

$$=447\ \mathrm{kN\cdot m}$$

手順⑤により，設計曲げ耐力 M_{ud} を求める。

$$M_{ud}=\frac{M_u}{\gamma_b}=\frac{447}{1.1}=406\ \mathrm{kN\cdot m}$$

安全性の照査は，次のようになる。

$$\frac{M_{ud}}{M_d}=\frac{406}{500}=0.81<1.2(=\gamma_i)$$

となり，危険である。

例題4-12

図に示す複鉄筋長方形断面に，設計曲げモーメント $M_d=500$ kN·m が作用している。安全性を照査しなさい。ただし，$A_s=2533$ mm^2（5-D25, SD295），$A'_s=794$ mm^2（4-D16，SD295），$f_{yk}=f'_{yk}=295$ N/mm^2，$f'_{ck}=30$ N/mm^2，$\gamma_c=1.3$，$\gamma_s=1.0$，$\gamma_b=1.1$，$\gamma_i=1.2$とする。

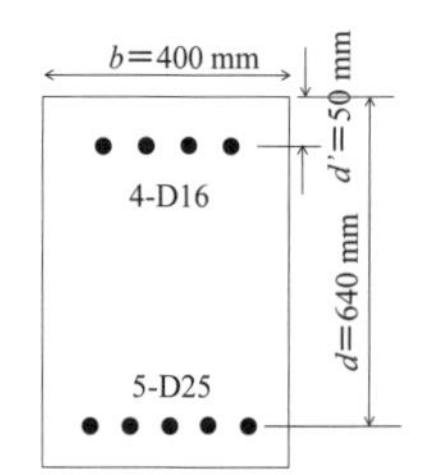

解答

手順①より，

$$f'_{cd}=\frac{f'_{ck}}{\gamma_c}=\frac{30}{1.3}=23.1\ \mathrm{N/mm^2}$$

$$f_{yd}=f'_{yd}=\frac{f_{yk}}{\gamma_s}=\frac{f'_{yk}}{\gamma_s}=\frac{295}{1.0}=295\ \mathrm{N/mm^2}$$

$$p=\frac{A_s}{bd}=\frac{2533}{400\times640}=0.00989$$

$$p' = \frac{A'_s}{bd} = \frac{397}{400 \times 640} = 0.00310$$

手順②より，式（4-34）の左辺の値を求める。

$$p - p'\frac{f'_{yd}}{f_{yd}} = 0.00989 - 0.00310 \times \frac{295}{295} = 0.00679$$

式（4-34）の右辺の値を求める。

$$0.68\frac{f'_{cd}}{f_{yd}} \cdot \frac{700}{700 - f'_{yd}} \cdot \frac{d'}{d} = 0.68 \times \frac{23.1}{295} \times \frac{700}{700 - 295} \times \frac{5}{64} = 0.00719$$

右辺が大きいので圧縮鉄筋は降伏していない。従って，手順⑥により，式（4-37）で等価応力ブロックの高さ a を求める。

$$a = \frac{f_{yd}}{1.7f'_{cd}}\left\{p - p'\frac{700}{f_{yd}} + \sqrt{\left(p - p'\frac{700}{f_{yd}}\right)^2 + 1904p'\frac{f'_{cd}}{(f_{yd})^2} \cdot \frac{d'}{d}}\right\} \cdot d$$

$$= \frac{295}{1.7 \times 23.1}\left\{0.00989 - 0.0031 \times \frac{700}{295} + \sqrt{\left(0.00989 - 0.0031 \times \frac{700}{295}\right)^2 + 1904 \times 0.0031 \times \frac{23.1}{295^2} \times \frac{50}{640}}\right\} \times 64$$

$= 66.8\text{mm}$

手順⑦により，圧縮鉄筋に作用している応力度 σ'_s を，式（4-38）で求める。

$$\sigma'_s = 700\left(1 - \frac{0.8d'}{a}\right) = 700\left(1 - \frac{0.8 \times 50}{66.8}\right) = 281\ \text{N/mm}^2$$

さらに，式（4-39）により，曲げ耐力 M_u を求める。

$$M_u = (A_s f_{yd} - A'_s \sigma'_s)\left(d - \frac{a}{2}\right) + A'_s \sigma'_s (d - d')$$

$$= (2533 \times 295 - 794 \times 281) \times \left(640 - \frac{66.8}{2}\right) + 794 \times 281 \times (640 - 50)$$

$$= 450 \times 10^6\ \text{N} \cdot \text{mm}$$

$$= 450\ \text{kN} \cdot \text{m}$$

手順⑤に戻って，設計曲げ耐力 M_{ud} を求める。

$$M_{ud} = \frac{M_u}{\gamma_b} = \frac{450}{1.1} = 409\ \text{kN} \cdot \text{m}$$

例題4-6の結果と比較しても，ほとんど曲げ耐力が増加していないことが確認できる。

安全性の照査は，次のようになる。

$$\frac{M_{ud}}{M_d} = \frac{409}{500} = 0.818 < 1.2\,(= \gamma_i)$$

となり，危険である。

4.11　はりのたわみ

使用限界状態の1つに，変位・変形量の検討がある。これは，構造物全体，または部材の変位・変形が構造物の機能・使用性・耐久性・美観を損なわないことを検討するものである。ここでは，代表事例として，コンクリート部材の**たわみ**（変形）を検討する。

変形には「**短期変形**」と「**長期変形**」がある。短期変形は荷重の作用時に生じるたわみで，弾性計算によって求める。長期変形は「永久荷重によって生じる短期変形」と「コンクリートの乾燥収縮，クリープが原因で生じる変形」との和と定義される。長期変形に影響を及ぼす主な要因としては，載荷材齢，荷重の大きさ，環境条件，コンクリートの品質，鉄筋比，圧縮鉄筋の有無などがあり，それが相互に影響し合うなど複雑多岐にわたる。特に圧縮鉄筋の配置がクリープ変形に対しては有効であるが，これは長期たわみが圧縮を受けるコンクリートのクリープひずみを主要因とするためである。

本節では短期変形について述べるが，短期たわみにクリープ係数を乗じることで，簡易的に長期たわみを推定する方法もある。たわみを求める場合に基本となるのは，構造力学で学習したたわみの計算式であり，コンクリート構造の場合は複合材料であるために，計算式中の断面二次モーメントが複雑になる。構造力学で学ぶ最も基本的なたわみの計算式を，**図 -4.47**および**図 -4.48**に示す。

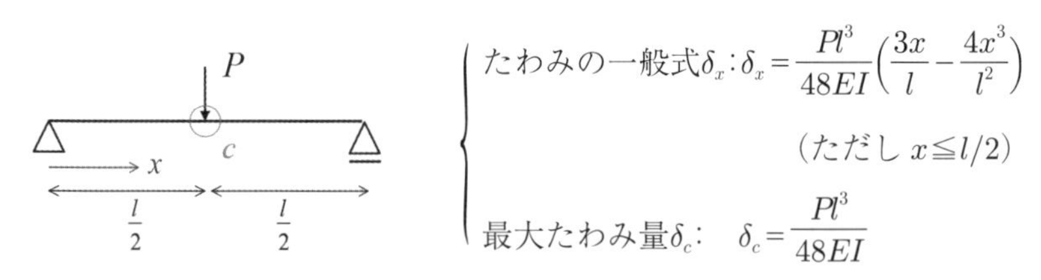

図 -4.47　単純はりに集中荷重が作用した時のたわみ

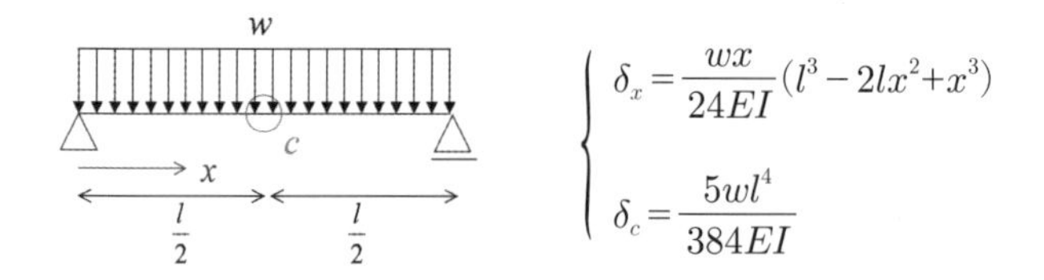

図 -4.48　単純はりに等分布荷重が作用した時のたわみ

上記からもわかるように，たわみ量は EI（曲げ剛性という）の大きさに支配される。コンクリートはりの場合は，これを E_cl_e と書き，E_c はコンクリートのヤング係数，I_e を換算断面二次モーメントと呼ぶ。短期変形の計算では，コンクリート部材にひび割れが発生するか否かで，I_e のとり方が以下のように変わってくる。

(i)　ひび割れを生じない場合

全断面有効とした換算断面二次モーメント I_g を用いる。すなわち，$I_e=I_g$

(ii)　ひび割れを生じる場合

後述の式（4-48）により，I_e を求める。

たわみを求める具体的な手順を，以下に示す。

まず，計算に必要な値として，断面の寸法効果を考慮したコンクリートの設計引張強度 f_{tde} を，式（4-41）により求める。

$$f_{tbe} = \frac{k_1 f_{tk}}{\gamma_c}$$ 式（4-41）

ここで，

$$\begin{cases} k_1 = \dfrac{0.6}{h^{\frac{1}{3}}} \\ f_{tk} = 0.23 f'_{ck}{}^{\frac{2}{3}} \end{cases}$$ 式（4-42）

なお，式（4-42）において，h にはメートル単位で代入するので，注意が必要である。

次に，全断面有効とした時の中立軸位置 x_1 を，式（4-43）により求める。

$$x_1 = \frac{\dfrac{bh^2}{2} + nA_s d}{bh + nA_s}$$ 式（4-43）

次に，全断面有効とした時の断面二次モーメント I_g を，式（4-44）により求める。

$$I_g = \frac{bx_1{}^3}{3} + \frac{b(h - x_1)^3}{3} + nA_s(d - x_1)^2$$ 式（4-44）

引張側コンクリートを無視した時の中立軸位置 x_2 を，式（4-45）により求める。

$$x_2 = \sqrt{\frac{2nA_s d}{b} + \left(\frac{nA_s}{b}\right)^2} - \frac{nA_s}{b}$$ 式（4-45）

引張側コンクリートを無視した時の断面二次モーメント I_{cr} を，式（4-46）により求める。

$$I_{cr} = \frac{bx_2{}^3}{3} + nA_s(d - x_2)^2$$ 式（4-46）

コンクリートの曲げ応力度が設計引張強度 f_{tde} となる曲げモーメント M_{crd} を，式（4-47）により求める。

$$M_{crd} = \frac{f_{tde} \cdot I_g}{h - x_2}$$ 式（4-47）

構造力学の計算式により，設計モーメントの最大値を求める（図-4.47および図-4.48図参照）。

(1)　集中荷重（中央に載荷）の場合

$$M_{d \cdot max} = \frac{Pl}{4}$$

(2)　等分布荷重の場合

$$M_{d \cdot max} = \frac{wl^2}{8}$$

変形量の計算に用いる換算断面二次モーメント I_e を，式（4-48）により求める。I_e の求め方についてはいくつかの提案式があり，式（4-48）は有効断面二次モーメントが部材軸方向において一定であるとの前提で，簡易的に提案されたものである。

$$I_e = \left(\frac{M_{crd}}{M_{d \cdot max}}\right)^3 \cdot I_g + \left\{1 - \left(\frac{M_{crd}}{M_{d \cdot max}}\right)^3\right\} \cdot I_{cr}$$ 式（4-48）

この換算断面二次モーメントを用いて，最大たわみ量 δ_c が求まる。

(1)　集中荷重（中央に載荷）の場合

$$\delta_c = \frac{Pl^3}{48EI_e}$$

(2)　等分布荷重の場合

$$\delta_c = \frac{5wl^4}{384EI_e}$$

例題4-13

図に示す単鉄筋長方形断面はりに，設計荷重（自重を含む）として，$w = 60$ kN/m の等分布荷重が作用したとき，最大たわみ（支間中央）を求めよ。ただし，コンクリートの設計基準強度 $f'_{ck} = 21$ N/mm^2，コンクリートのヤング係数 $E_c = 2.35 \times 10^4$ N/mm^2，コンクリートの材料係数 $\gamma_c = 1.30$，鉄筋量 $A_s = 1433$ mm^2，$f'_{ck} = 21$ N/mm^{2}の時のヤング係数比 $n = 8.55$とする。

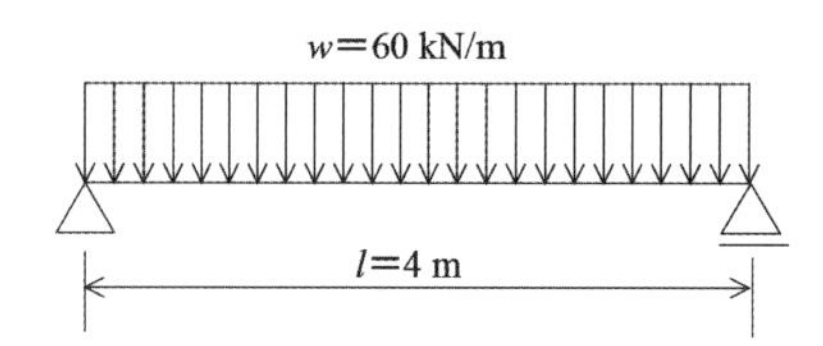

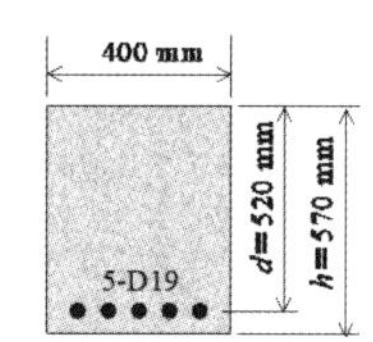

解 答

$$k_1 = \frac{0.6}{h^{\frac{1}{3}}} = \frac{0.6}{0.57^{\frac{1}{3}}} = 0.724$$

$$f_{tk} = 0.23 f'^{\frac{2}{3}}_{ck} = 0.23 \times 21^{\frac{2}{3}} = 1.75 \text{ N/mm}^2$$

これらを式（4-41）に代入して，

$$f_{tbe} = \frac{k_1 f_{tk}}{\gamma_c} = \frac{0.724 \times 1.75}{1.3} = 0.975 \text{ N/mm}^2$$

式（4-43）より，

$$x_1 = \frac{\dfrac{bh^2}{2} + nA_s d}{bh + nA_s} = \frac{\dfrac{400 \times 570^2}{2} + 8.55 \times 1433 \times 520}{400 \times 570 + 8.55 \times 1433} = 297 \text{ mm}$$

式（4-44）より，

$$I_g = \frac{b{x_1}^3}{3} + \frac{b(h - x_1)^3}{3} + nA_s(d - x_1)^2 = \frac{400 \times 297^3}{3} + \frac{400(570 - 297)^3}{3} + 8.55 \times 1433(520 - 297)^2$$

$$= 6.82 \times 10^9 \text{ mm}^4$$

式（4-45）より，

$$x_2 = \sqrt{\frac{2nA_s d}{b} + \left(\frac{nA_s}{b}\right)^2} - \frac{nA_s}{b} = \sqrt{\frac{2nA_s d}{b} + \left(\frac{nA_s}{b}\right)^2} - \frac{nA_s}{b}$$

$$= 150 \text{ mm}$$

式（4-46）より，

$$I_{cr} = \frac{b{x_2}^3}{3} + nA_s(d - x_2)^2 = \frac{400 \times 150^3}{3} + 8.55 \times 1433(520 - 150)^2 = 2.13 \times 10^9 \text{ mm}^4$$

式（4-47）より，

$$M_{crd}=\frac{f_{tde}\cdot I_g}{h-x_2}=\frac{0.975\times 6.82\times 10^9}{570-150}=1.58\times 10^7\ \mathrm{N\cdot mm}$$

構造力学の計算式より，

$$M_{d\cdot max}=\frac{wl^2}{8}=\frac{60\times 4^2}{8}=120\mathrm{kN\cdot m}=1.2\times 10^8\ \mathrm{N\cdot mm}$$

式（4-48）より，

$$I_e=\left(\frac{M_{crd}}{M_{d\cdot max}}\right)^3\cdot I_g+\left\{1-\left(\frac{M_{crd}}{M_{d\cdot max}}\right)^3\right\}\cdot I_{cr}$$

$$=\left(\frac{1.58\times 10^7}{1.2\times 10^8}\right)^3\times 6.82\times 10^9+\left\{1-\left(\frac{1.58\times 10^7}{1.2\times 10^8}\right)^3\right\}\times 2.13\times 10^9=2.14\times 10^9\ \mathrm{mm}^4$$

最大たわみ量 δ_c は，

$$\delta_c=\frac{5wl^4}{384EI_e}=\frac{5\times 60\times 4000^4}{384\times 2.35\times 10^4\times 2.14\times 10^9}=4.0\ \mathrm{mm}$$

4.12　付着と曲げひび割れ幅

前節までは鉄筋とコンクリートは完全に付着しており，両者は一体化して動くと仮定していた。付着の性質は重要であり，「鉄筋表面における摩擦力」，「節（ふし）などによる機械的抵抗力」，「化学的粘着力」などによって，付着力が生じる。一方，鉄筋の両端を曲げ加工して得られる「定着力」も構造的に重要であるが，ここで考える付着とは一線を画しておきたい。土木学会示方書では，異形鉄筋とコンクリートの**設計付着強度** f_{bod} を，コンクリートの設計基準強度 f'_{ck} から，次のように与えている。

$$f_{bod}=\frac{f_{bod}}{\gamma_c}=\frac{0.28{f'_{ck}}^{2/3}}{\gamma_c}$$

ここに，
- f_{bod}：異形鉄筋に対する設計付着強度（$\mathrm{N/mm^2}$）
- f_{bok}：コンクリートの付着強度の特性値（$\mathrm{N/mm^2}$）（≦4.2 $\mathrm{N/mm^2}$）
- γ_c：コンクリートの材料係数で一般に1.3とする。ただし，高強度コンクリートの場合は1.5とする。使用限界状態では1.0とする。

現在ほとんど使用されていない丸鋼の場合は異形鉄筋の40%とし，さらに端部に半円形のフックを設けることになっている。また，軽量コンクリートに対しては上記の値の70%とする。

図-4.49に鉄筋コンクリートの隣り合う曲げひび割れ間の応力状態を示す。ひび割れ位置では鉄筋のみが引張応力を負担するので，σ_s が最大となる。σ_s はひび割れ位置から離れるほど，すなわちひび割れ間の中間点において最小となる。逆にコンクリートの引張応力度 σ_c は，ひび割れ位置では0となり，中間点にて最大となる。このように負担する応力度が異なることで軸方向にずれる力が生じ，それに付着力が抵抗している。付着強度を超えた時点で，滑りが生じることになる。

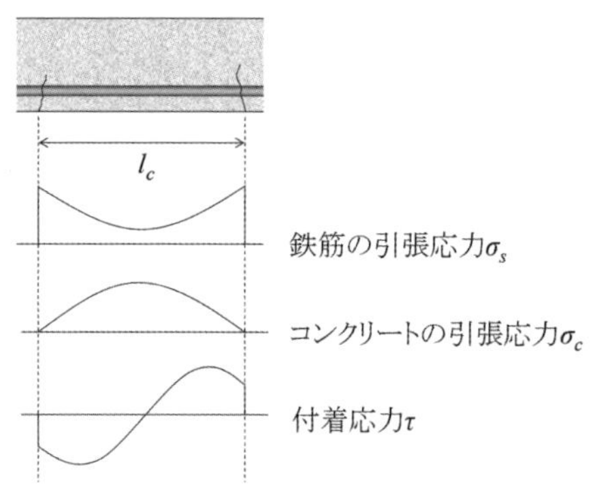

図-4.49　ひび割れ間の各応力状態

図-4.50は，コンクリート中の鉄筋に作用する引張応力度が一様でない場合の模式図である。微小区間 Δx の両端に作用する引張応力度を，「σ_x」と「$\sigma_x+\Delta\sigma_x$」とすると，コンクリートと相対的にずれようとする力は「鉄筋の断面積×応力度」で求まり，付着力は「鉄筋の表面積×付着応力度」で求まる。これらが x 軸方向で釣り合っていないといけないので，次式が示される。

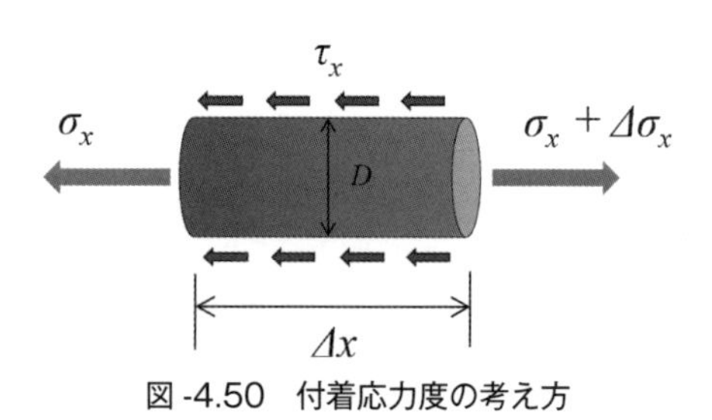

図-4.50　付着応力度の考え方

$$A_s\sigma_x+\tau_x\pi D\cdot\Delta x=A_s(\sigma_x+\Delta\sigma_x)$$

$$\tau_x\pi D\cdot\Delta x=A_s\cdot\Delta\sigma_x$$

$$\tau_x=\frac{A_s}{\pi D}\cdot\frac{\Delta\sigma_x}{\Delta x}=\frac{\frac{\pi D^2}{4}}{\pi D}\cdot\frac{\Delta\sigma_x}{\Delta x}=\frac{D}{4}\cdot\frac{\Delta\sigma_x}{\Delta x}$$

ここで，$(\Delta\sigma_x/\Delta x)$ は鉄筋の引張応力度の勾配を意味するので，付着力は鉄筋の応力度の勾配と鉄筋径に比例することがわかる。鉄筋径が大きいほど周長も大きくなるためであり，その観点からは，同一鉄筋量の場合は，太径の鉄筋を少数使用するよりも細径の鉄筋を多数使用した方が，付着力を増加させることができる。結果的に，ひび割れの分散効果も高まることになる。

次に，曲げ応力度によって下縁に発生する**ひび割れ幅**の求め方と合否判定の考え方について述べる。ひび割れ幅も使用限界状態で検討する項目の１つである。ひび割れ幅は美観だけではなく，塩化物イオンの侵入など耐久性にも関連する。

過去の土木学会示方書では，異形鉄筋を用いた場合の最大ひび割れ間隔 l_c を式（4-49）で規定していた。

$$l_c=4c+0.7(c_s-\phi) \tag{4-49}$$

ここに，
- l_c：ひび割れ幅（mm）
- c：かぶり（mm）
- c_s：鉄筋の中心間隔（mm）
- ϕ：鉄筋の径（mm）

なお，丸鋼の場合はl_cを1.5倍することになっていた。さらに，このl_cを含んだ形で曲げひび割れ幅を求める計算式は，式（4-50）のように，現在の土木学会示方書でも規定されている。

$$w = 1.1k_1k_2k_3\{4c+0.7(c_s-\phi)\}\left(\frac{\sigma_{se}}{E_s}+\varepsilon'_{csd}\right) \qquad \text{式（4-50）}$$

ここに，
- k_1：鋼材の表面形状がひび割れ幅に及ぼす影響を表す係数。
  一般に，異形鉄筋の場合は1.0，丸鋼やPC鋼材の場合は1.3としてよい。
- k_2：コンクリートの品質がひび割れ幅に及ぼす影響を表す係数で，式（4-51）で求まる。

$$k_2 = \frac{15}{f'_c+20}+0.7 \qquad \text{式（4-51）}$$

- f'_c：コンクリートの圧縮強度（N/mm^2）で，一般に設計圧縮強度f'_{cd}を用いてよい。
- k_3：引張鉄筋の段数（$=n$）の影響を表す係数で，式（4-52）で求まる。

$$k_3 = \frac{5(n+2)}{7n+8} \qquad \text{式（4-52）}$$

- σ_{se}：ひび割れが発生することによって増加する鉄筋の応力度（N/mm^2）で，鉄筋の応力度と考えても差し支えない。
- E_s：鉄筋のヤング係数（N/mm^2）
- ε'_{csd}：コンクリートの乾燥収縮およびクリープ等によるひび割れ幅の増加を考慮するための数値で，一般的には150×10^{-6}，高強度コンクリートの場合は100×10^{-6}としてよい。

一方，土木学会示方書では，許容ひび割れ幅w_aを決める場合，鉄筋の腐食に対する環境条件を**表-4.4**のように3つに分類し，それぞれの環境に応じて**表-4.5**のように規定している。

表-4.4　環境条件の区分

一般の環境	通常の屋外，土中
腐食性環境	1. 乾湿の繰返しが多い場合また特に有害な物質を含む地下水位以下の土中 2. 海洋コンクリート構造物で海水中や特に厳しくない環境
特に厳しい腐食性環境	1. 鋼材の腐食に著しく影響がある場合 2. 海洋コンクリート構造物で干満帯や飛沫帯にある場合，また激しい潮風を受ける場合

表-4.5　許容ひび割れ幅w_a

鋼材の種類	鋼材の腐食に関する環境条件		
	一般の環境	腐食性環境	特に厳しい腐食径環境
異形鉄筋・丸鋼	0.005c	0.004c	0.0035c
PC鋼材	0.004c	—	—

図-4.51には，海洋環境の分類を示す。塩害の被害が最も大きくなるのは飛沫帯であり，海の波飛沫から水や塩化物イオンが供給されるだけではなく，空気中から酸素も供給されるため，干満帯や海中よりも塩化物イオンの侵入が大きい。

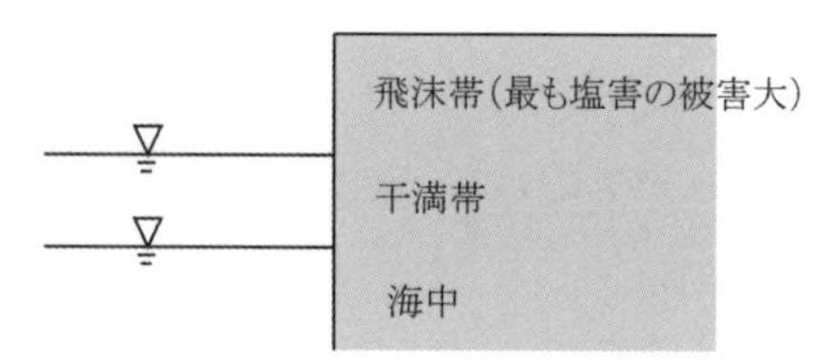

図-4.51　飛沫帯と干満帯

例題4-14

図において，鉄筋の応力度として$\sigma_s = 130\ \mathrm{N/mm^2}$が得られているとき，ひび割れ幅$w$を求め，ひび割れに対する使用限界状態の検討をせよ。ただし，$\varepsilon'_{csd} = 150 \times 10^{-6}$，設計圧縮強度$f'_{cd} = 24\ \mathrm{N/mm^2}$とする。

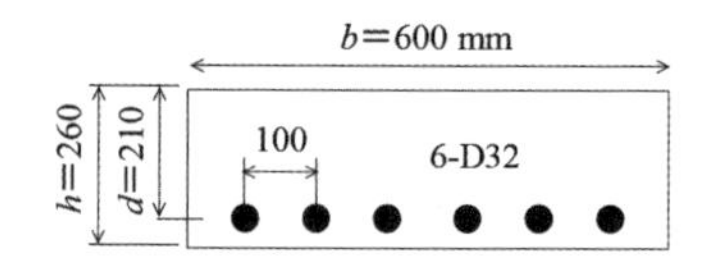

解 答

かぶりを求める。

$$c = h - d - \frac{d}{2} = 260 - 210 - \frac{32}{2} = 34\ \mathrm{mm}$$

D32は異形鉄筋なので，$k_1 = 1.0$

式（4-51）により，強度の影響を表す係数k_2を求める。

$$k_2 = \frac{15}{f'_c + 20} + 0.7 = \frac{15}{24+20} + 0.7 = 1.04$$

式（4-52）により，段組みの影響を表す係数k_3を求める。

$$k_3 = \frac{5(n+2)}{7n+8} = \frac{5(1+2)}{7 \times 1 + 8} = 1.0$$

式（4-50）により，ひび割れ幅wを求める。

$$w = 1.1 k_1 k_2 k_3 \{4c + 0.7(c_s - \phi)\} \left(\frac{\sigma_{se}}{E_s} + \varepsilon'_{csd}\right)$$

$$= 1.1 \times 1.0 \times 1.04 \times 1.0 \{4 \times 34 + 0.7(100 - 32)\} \left(\frac{130}{200000000} + 150 \times 10^{-6}\right)$$

$$= 0.168\mathrm{mm}$$

許容ひび割れ幅w_aとの比較を行うと，

・一般の環境：$w_a = 0.005c = 0.005 \times 34 = 0.170\ \mathrm{mm} > w$ …OK

・腐食性環境：$w_a = 0.004c = 0.004 \times 34 = 0.136\ \mathrm{mm} < w$ …NG

・特に厳しい腐食性環境：$w_a = 0.0035c = 0.0035 \times 34 = 0.119\ \mathrm{mm} < w$ …NG

よって，「一般の環境」では適格であるが，「腐食性環境」と「特に厳しい腐食性環境」では不適格である。

第 5 章 曲げモーメントと軸方向力を受ける部材

5.1 一般

軸方向力を受け持つ部材として橋脚に代表される柱部材があるが，軸方向力のみを受け持つ部材は実構造物においてはほとんど存在せず，一部の橋脚に両端をヒンジとした柱部材が存在する程度である。例えば，柱部材の断面の図心から離れた位置に軸方向力が作用すると，その断面には軸方向力に加えて曲げモーメントが作用する。また，柱部材に地震の影響などにより水平力が作用した場合，上部構造の自重による軸方向力に加えて大きな曲げモーメントが作用することになる。従って，柱部材は，一般に軸方向力と曲げモーメントを同時に受け持つ部材として取り扱わなければならない。

5.2 鉄筋コンクリート柱の種類

5.2.1 横補強鉄筋の種類による分類

図 -5.1に示すように，鉄筋コンクリート柱には，軸方向鉄筋とこれを取り囲むように横補強鉄筋が配筋される。この横補強鉄筋の種類により，次の２つの形態に分類されている。

帯 鉄 筋 柱：軸方向鉄筋を取り囲むように，鉄筋を１本ずつ矩形に折り曲げた帯鉄筋を配置した鉄筋コンクリート柱であり，一般に正方形または長方形断面の柱に使用される。

らせん鉄筋柱：軸方向鉄筋を取り囲むように，１本の鉄筋を連続的に円形のらせん状に加工したらせん鉄筋を配置した鉄筋コンクリート柱であり，一般に円形または正八角形断面の柱に使用される。

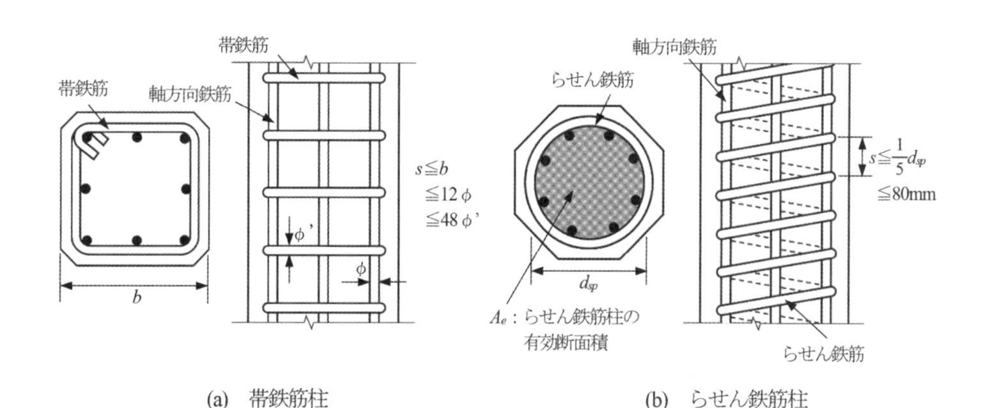

(a) 帯鉄筋柱　　(b) らせん鉄筋柱

図 -5.1 鉄筋コンクリート柱の種類

5.2.2　構造的分類

圧縮力を受ける部材は，耐力の点から見ると，断面寸法に対して部材の長さが短い「短柱」と，断面寸法に対して相対的に長さが長く細長い「長柱」に分類することができる。長柱では，横方向の変位が大きくなるため，「座屈」によって耐力が低下する。座屈のしやすさを知る目安となるのが柱の有効長さ（h）と断面の回転半径（i）との比で定義される**細長比（λ）**であり，**土木学会示方書**では，次のように区分して柱の設計を行うように規定している。

短柱：細長比が35以下の柱をいい，横方向の変位を無視してよい

長柱：細長比が35を超える柱をいい，横方向の変位を考慮して設計しなければならない

細長比（λ）は，柱の有効長さ（h）を断面の回転半径（i）で除して求める。

$$\text{細長比}(\lambda)=\frac{\text{有効の長さ}}{\text{断面の回転半径}}=\frac{h}{i}$$

$$\text{断面の回転半径}(i)=\sqrt{\frac{I}{A}}$$

ここに，I：柱断面の図心軸に関する断面２次モーメント（mm^4），A：柱の断面積（mm^2）である。また，柱の有効長さ（h）とは，**図-5.2**に示すように，座屈のとき両端がヒンジの柱の変形に相似な変形部分の長さをいう。**土木学会示方書**では，実用上の便宜および安全度を考慮して，柱の端部が横方向に支持されている場合には，柱の有効長さとして構造物の軸線の高さをとり，柱の一端が固定されており他端が自由に変形できる柱の有効高さは構造物の軸線の２倍の長さをとると規定している。従って，短柱は横方向へ変形しにくい構造となるため，横方向変位の影響を無視して設計してよいが，長柱の場合は横方向変位によって生じる**二次モーメント**の影響を考慮して設計しなければならない。

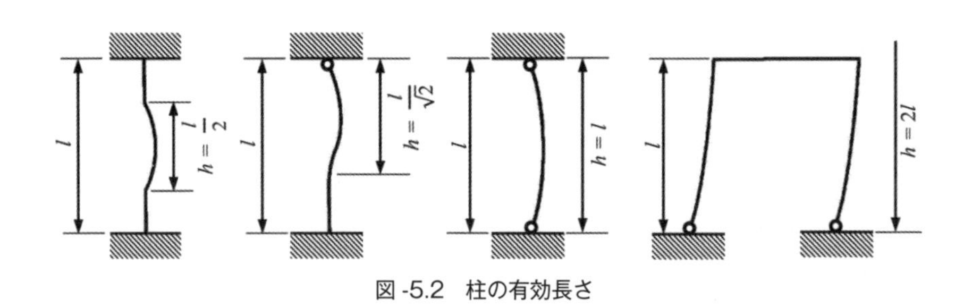

図-5.2　柱の有効長さ

5.3　軸方向力のみを受ける部材

5.3.1　荷重と変位の関係

柱部材が軸方向力のみを受ける場合，柱部材の断面図心に軸方向力（圧縮力）が作用し，断面内に一様な軸方向ひずみが生じる。この状態を一般に**中心軸圧縮**と呼ぶ。柱部材が軸方向力の作用で問題となることはほとんどないが，鉄筋コンクリートの基本的な挙動を理解する上で重要である。

図-5.3は，断面寸法，軸方向鉄筋量および材料の品質などの諸元を概ね等しくした帯鉄筋柱とらせん鉄筋柱が中心軸圧縮を受ける場合の変形挙動を概念的に示したものである。柱の中心軸

圧縮荷重が徐々に増加して柱の降伏点と呼ばれる点までは，横補強鉄筋の影響は小さく，帯鉄筋柱もらせん鉄筋柱も軸方向鉄筋とコンクリートの全断面積で荷重に抵抗し，ほとんど同一の挙動を示す。

帯鉄筋柱では，降伏点を過ぎると，帯鉄筋の間隔が大きいほど急激に耐力が低下する。これは，かぶりコンクリートがひび割れて剥落を生じ，軸方向鉄筋も座屈することが主な理由である。

一方，らせん鉄筋柱では，降伏点に達すると，らせん鉄筋外側のかぶりコンクリートがひび割れて剥落を生じ，若干の耐力低下が生じる。しかし，さらに変形を増大させると，らせん鉄筋によって連続的に取り囲まれた内部のコンクリートが，らせん鉄筋により横方向変形を拘束されるため，内部に拘束応力が発生する。これによってコンクリートが三軸圧縮応力下の状態に近い強度を付加的に発生し，優れたねばりを示す。また，らせん鉄筋柱の大きな変形領域での挙動は，**図-5.3**に示すように，らせん鉄筋量によって異なり，らせん鉄筋が密に配置されている場合には再び荷重が増加する現象が現れる。

このように，横補強鉄筋の配筋方法とその量によって柱の荷重-変位曲線の形状は大きく異なり，横補強鉄筋は柱の靭性に大きく寄与している。

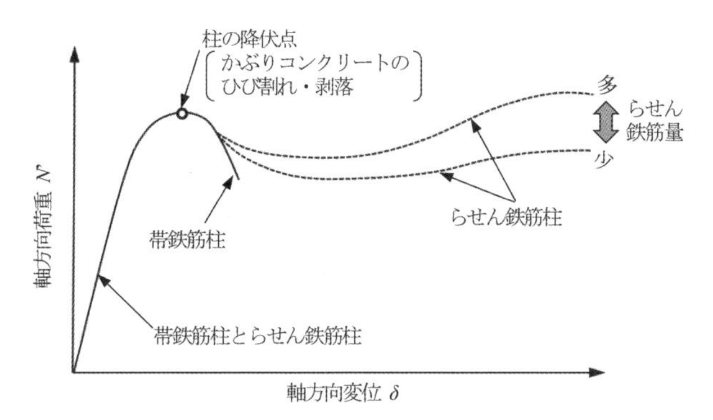

図-5.3　中心軸圧縮を受ける鉄筋コンクリート柱の荷重-変位曲線

5.3.2　耐力の算定方法

中心軸圧縮を受ける帯鉄筋柱の耐力は，柱の降伏点であり，コンクリートと軸方向鉄筋の負担できる荷重の和として算定すればよい。コンクリートの圧縮破壊は，圧縮ひずみが終局ひずみ（普通強度のコンクリートの場合には設計上0.35%）に達したときに生じる。中心軸圧縮を受ける断面においても平面保持の仮定が成立し，通常使用する鉄筋，例えばSD345の降伏ひずみは約0.17%であることから，コンクリートが圧縮破壊する前に軸方向鉄筋はすでに降伏していることになる。従って，土木学会示方書では，帯鉄筋柱の設計軸方向圧縮耐力を式（5-1）で与えている。

らせん鉄筋柱においても柱の降伏点の耐力は，式（5-1）で与えている。一方で降伏点以降は，らせん鉄筋による拘束効果が発揮される段階であり，らせん鉄筋で拘束されていないかぶりコンクリートはすでに剥落していることから，らせん鉄筋で囲まれたコンクリートの断面積（有効断面積）を用いた一軸強度と，らせん鉄筋による拘束効果による増加分を考慮する形として，式（5-2）を与えている。らせん鉄筋柱では，式（5-1）と式（5-2）のいずれか大きい方の値を，耐力として扱う。

$$N'_{oud}=\frac{k_1 f'_{cd} A_c + f'_{yd} A_{st}}{\gamma_b}$$ 式（5-1）

$$N'_{oud}=\frac{k_1 f'_{cd} A_e + f'_{yd} A_{st} + 2.5 f_{pyd} A_{spe}}{\gamma_b}$$ 式（5-2）

ここに，N'_{oud}：柱部材の設計軸方向圧縮耐力

A_c：コンクリートの断面積

A_e：らせん鉄筋で囲まれたコンクリートの断面積

A_{st}：軸方向鉄筋の全断面積

A_{spe}：らせん鉄筋の換算断面積$(=\pi d_{sp} A_{sp}/s)$

d_{sp}：らせん鉄筋で囲まれた断面の直径（らせん鉄筋の中心線が描く円の直径）

A_{sp}：らせん鉄筋の断面積

s：らせん鉄筋のピッチ

f'_{cd}：コンクリートの設計圧縮強度

f'_{yd}：軸方向鉄筋の設計圧縮降伏強度

f_{pyd}：らせん鉄筋の設計引張降伏強度

γ_b：部材係数（一般に1.3としてよい）

コンクリートの強度（f'_{cd}）に乗じる係数k_1は，実際の柱のコンクリート強度と円柱供試体から得られる強度の差異を考慮する係数である。実際の柱では供試体ほど締固めと養生の程度が十分でなく，縦横の寸法比の違いから強度が低下することなどの定性的な考察と多数の実験結果に基づいて，土木学会示方書では，その係数を$k_1=1-0.003f'_{ck} \leqq 0.85$として与えている。普通コンクリート（$f'_{ck} \leqq 50$ N/mm^2）の場合，$k_1=0.85$となる。

部材の安全性については，次式を満足すればよい。

$$\gamma_i \frac{N'_d}{N'_{oud}} \leqq 1.0$$ 式（5-3）

ここに，N'_d：設計軸方向圧縮力

γ_i：構造物係数

例題5-1

図に示す円形断面のらせん鉄筋柱の設計軸方向圧縮耐力N'_{oud}を求めよ。軸方向鉄筋の全断面積はA_{st}=2292 mm^2（8-D19，SD345），らせん鉄筋はD13（SD345）を70 mmピッチで配置している。ただし，コンクリートの設計基準強度f'_{ck}=30 N/mm^2，軸方向鉄筋の圧縮降伏強度の特性値f'_{yk}=345 N/mm^2，らせん鉄筋の引張降伏強度の特性値f'_{pyk}=345 N/mm^{2}とする。また，コンクリートおよび鉄筋の材料係数はそれぞれγ_c=1.3，γ_s=1.0とし，部材係数はγ_b=1.3とする。

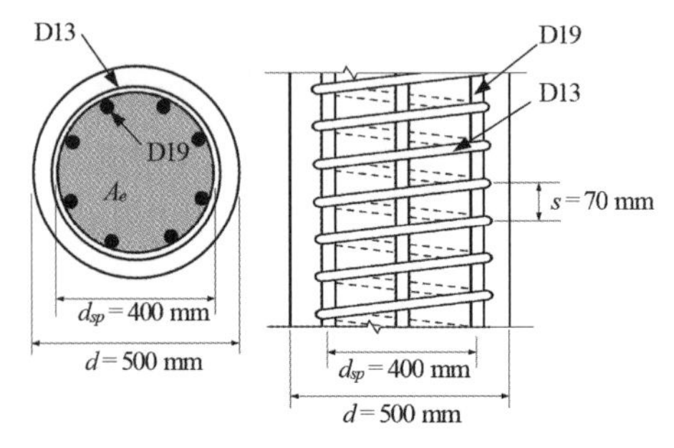

らせん鉄筋柱

解答

　コンクリートの圧縮強度の設計値 $f'_{cd}=f'_{ck}/\gamma_c=30/1.3=23.08$ N/mm^2
軸方向鉄筋およびらせん鉄筋の降伏強度の設計値 $f'_{yd}=f_{pyd}=f'_{yk}/\gamma_s=f_{pyk}/\gamma_s=345/1.0=345$ N/mm^2
らせん鉄筋の断面積 $A_{sp}=126.7$ mm^2
コンクリートの断面積 $A_c=3.14\times500^2/4=196300$ mm^2（付録表1参照）
　らせん鉄筋で囲まれたコンクリートの断面積 A_e は，次式により求まる。

$$A_e=\frac{\pi d_{sp}^2}{4}=\frac{3.14\times400^2}{4}=125600\ \text{mm}^2$$

　らせん鉄筋の換算断面積 A_{spe} は，次式により求められる。

$$A_{spe}=\frac{\pi d_{sp}^2 A_{sp}}{s}=\frac{3.14\times400\times126.7}{70}=2273\ \text{mm}^2$$

　らせん鉄筋の設計軸方向圧縮耐力は，式（5-1）と式（5-2）のいずれか大きい値を，耐力として扱う。

$$N'_{oud}=\frac{k_1 f'_{cd}A_c+f'_{yd}A_{st}}{\gamma_b}=\frac{0.85\times23.08\times196300+345\times2292}{1.3}$$

$$=3.569\times10^6\ \text{N}$$

$$=3570\ \text{kN}$$

$$N'_{oud}=\frac{k_1 f'_{cd}A_e+f'_{yd}A_{st}+2.5f_{pyd}A_{spe}}{\gamma_b}$$

$$=\frac{0.85\times23.08\times125600+345\times2292+2.5\times345\times2273}{1.3}$$

$$=4.012\times10^6\ \text{N}$$

$$=4010\ \text{kN}$$

　従って，らせん鉄筋柱の設計軸方向圧縮耐力は，$N'_{oud}=4010$ kN となる。

5.4　柱の構造細目

5.4.1　帯鉄筋柱

①帯鉄筋の最小横寸法は，200 mm 以上でなければならない。

②軸方向鉄筋の直径は13 mm 以上，その数は4本以上，その断面積は計算上必要なコンクリート断面積の0.8% 以上，かつ6% 以下でなければならない。

③帯鉄筋の直径は6 mm 以上，その間隔は，柱の最小横寸法以下，軸方向鉄筋の直径の12倍以下，かつ帯鉄筋の直径の48倍以下でなければならない。また，はりとその他の部材との接合部分には，特に十分な帯鉄筋を用いなければならない。

5.4.2　らせん鉄筋柱

①らせん鉄筋に用いるコンクリートの設計基準強度は，20 N/mm^2 以上としなければならない。

②らせん鉄筋柱の有効断面の直径は，200 mm 以上でなければならない。有効断面の直径とは，らせん鉄筋の中心線が描く円の直径をいう。

③軸方向鉄筋の直径は13 mm 以上，その数は6本以上，その断面積は柱の有効断面積の1% 以上で6% 以下，かつ，らせん鉄筋の換算断面積の1/3以上でなければならない。

④らせん鉄筋の直径は6 mm 以上，そのピッチは柱の有効断面の直径の1/5以下，かつ80 mm 以下でなければならない。らせん鉄筋の換算断面積は，柱の有効断面積の３% 以下とする。はりとその他の部材との接合部分には，特に十分ならせん鉄筋を用いなければならない。

5.4.3　柱の鉄筋の継手

①軸方向鉄筋は，原則としてガス圧接継手，機械式継手または溶接継手とする。重ね継手を用いる場合には，同一断面での継手の数を軸方向鉄筋の数の1/2以下としなければならない。

②らせん鉄筋に重ね継手を設ける場合には，重合わせ長さを1巻半以上としなければならない。

5.5　曲げモーメントと軸方向力を受ける部材の挙動

5.5.1　偏心軸圧縮

図 -5.4に示すように，柱部材の図心に軸方向力が作用する場合，柱には軸方向力のみが作用し，断面内に一様な軸方向ひずみが生じる。しかし，柱部材断面の図心から e だけ偏心した位置に軸方向力（N'）が作用すると，この断面には軸方向力とともに，曲げモーメント（$N=N'\cdot e$）を受けることになる。従って，図心からの偏心距離は $e=M/N'$ で表すことができる。また，通常の柱部材では，地震力のような水平荷重が作用すると，軸方向力と曲げモーメント，さらにせん断力を受けることになる。ここでは，このような曲げモーメントと軸方向力を受ける部材の挙動と設計断面耐力について述べる。

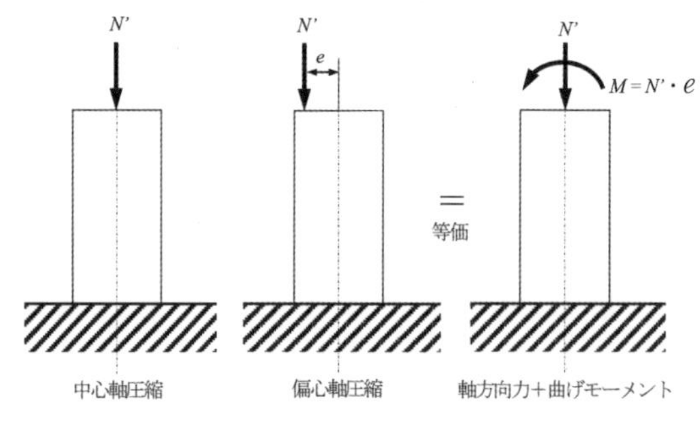

図 -5.4　偏心軸圧縮を受ける鉄筋コンクリート柱

5.5.2　相互作用図

柱部材断面の図心以外に軸方向力が作用する場合，その断面は曲げモーメントと軸方向力を同時に受ける。この時の軸方向耐力と曲げ耐力との関係を**図 -5.5**に示す。これは，**相互作用図**と呼ばれ，曲げモーメントと軸方向力が同時に作用した場合に部材が破壊するか否かを照査するための指標となっている。すなわち，部材に作用する曲げモーメントと軸方向力の大きさが相互作用図の内側にあれば部材は破壊せず，外側であれば破壊することになる。

相互作用図が縦軸と交わる点Ａは，偏心距離 $e=0$，すなわち柱部材の図心に軸方向力が作用した場合の中心軸圧縮耐力であり，5.3節の式（5-1）または式（5-2）により求められる。また横軸と交わる点Cは，曲げモーメントのみを受ける場合の純曲げ耐力であり，4章で述べた方法で求められる。

相互作用図には，一般に以下のような性質がある。

①偏心距離 e を増加させると，軸方向耐力 N'_u は次第に低下していく。

②引張鉄筋のひずみは，偏心距離 e が小さいときは圧縮を示すが，e が大きくなると次第に引張を示すようになる。

③破壊時（コンクリートの圧縮縁ひずみが終局ひずみ ε'_{cu} に達するとき）に，引張鉄筋がちょうど降伏点に達する場合を**釣合破壊**という（点B）。

④点Bの釣合破壊点に対応する偏心距離よりも e が小さいときは，引張鉄筋が降伏することなくコンクリートが圧壊する，圧壊先行型の破壊モードの**曲げ圧縮破壊**となる。これに対して，釣合破壊点に対応する偏心距離よりも e が大きいときには，引張鉄筋が降伏してから最終的にコンクリートが圧壊する，降伏先行型の破壊モードの**曲げ引張破壊**となる。

⑤釣合破壊点を超えて偏心距離 e が増加すると，曲げ破壊モーメント（曲げ耐力）は単調に低下していく。

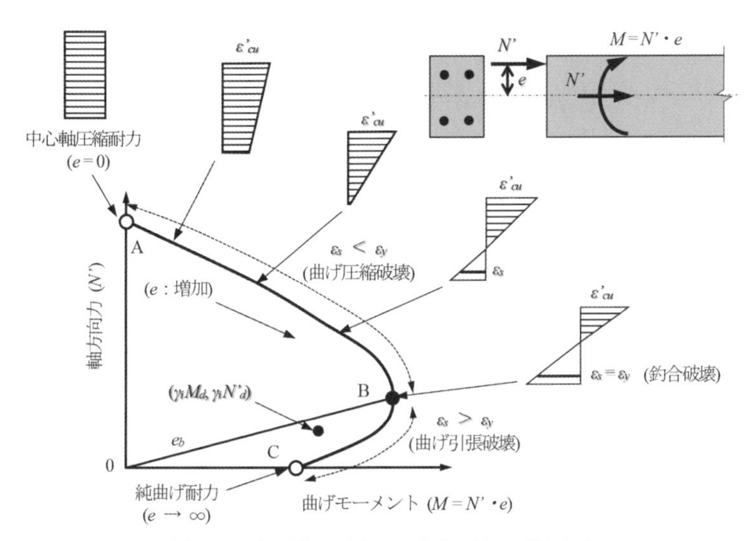

図-5.5　相互作用図と柱部材断面のひずみ分布

部材の安全性については，設計軸方向圧縮力 N'_d および設計曲げモーメント M_d にそれぞれ構造物係数 γ_i を乗じた値である $\gamma_i N'_d$ および $\gamma_i M_d$ が相互作用図の内側にあることを確認すればよい。

5.5.3　曲げモーメントと軸方向力を受ける部材の断面耐力

曲げモーメントと軸方向力を受ける部材の断面耐力の算定上の仮定は，4章で示した曲げモーメントのみが作用する場合と基本的に同じである。以下に，**図-5.6**に示す複鉄筋長方形断面に曲げモーメントと軸方向力が作用する場合の耐力算定方法を示す。

(1)　釣合破壊状態の場合

図-5.6に示すように，部材断面の図心から A'_s 側に e_b だけ偏心した位置に軸方向耐力 N'_b が作用した場合を考える。釣合破壊状態とは，**図-5.5**に示す相互作用図上の点Ｂにあたり，圧縮縁側のコンクリートひずみが終局ひずみ ε'_{cu} に達すると同時に，引張鉄筋が降伏ひずみ ε_{sy} に達しており，この時の偏心距離 e_b を以下に示すように算定する。

まず，平面保持の仮定から断面内のひずみ分布の相似関係より，次の関係が成り立つ。

$$\frac{x_b}{d-x_b}=\frac{\varepsilon'_{cu}}{\varepsilon_{sy}} \qquad \text{式（5-4）}$$

すなわち，中立軸位置 x_b は，以下の式で与えられる。

$$x_b=\frac{\varepsilon'_{cu}}{\varepsilon'_{cu}+\varepsilon_{sy}}d=\frac{\varepsilon'_{cu}}{\varepsilon'_{cu}+f_{yd}/E_s}d \qquad \text{式（5-5）}$$

ここで，コンクリートの圧縮応力分布に等価応力ブロックを適用すれば，コンクリートの圧縮合力 C'_c は，次式で与えられる。

$$C'_c=0.68f'_{cd}bx_b \qquad \text{式（5-6）}$$

また，鉄筋は圧縮鉄筋および引張鉄筋ともに降伏していると仮定すると，圧縮鉄筋の合力 C'_s と引張鉄筋の合力 T_s は次式で与えられる。

$$C'_s=A'_sf'_{yd} \qquad \text{式（5-7）}$$

$$T_s=A_sf_{yd} \qquad \text{式（5-8）}$$

ここで，軸方向力の釣合いより，釣合破壊時の軸方向耐力 N'_b は，次式で与えられる。

$$N'_b=C'_c+C'_s-T_s=0.68f'_{cd}bx_b+A'_sf'_{yd}-A_sf_{yd} \qquad \text{式（5-9）}$$

また，図心軸に関するモーメントの釣合いより，釣合破壊時の曲げ耐力 M_b は，次式となる。

$$\begin{aligned}M_b&=C'_c(y_0-0.4x_b)+C'_s(y_0-d')+T_s(d-y_0)\\&=0.68f'_{cd}bx_b(y_0-0.4x_b)+A'_sf'_{yd}(y_0-d')+A_sf_{yd}(d-y_0)\end{aligned} \qquad \text{式（5-10）}$$

ここで，上式の y_0は，圧縮縁から断面図心までの距離であり，次式で与えられる。

$$y_0=\frac{bh^2/2+n(A_sd+A'_sd')}{bh+n(A_s+A'_s)} \qquad \text{式（5-11）}$$

従って，釣合破壊時の軸方向耐力 N'_b の作用点から断面図心までの偏心距離 e_b は，次式となる。

$$e_b=\frac{M_b}{N'_b} \qquad \text{式（5-12）}$$

なお，ここでは圧縮鉄筋が降伏することを仮定していることから，中立軸位置などの結果を用いて，仮定が正しいことを確認する必要がある。

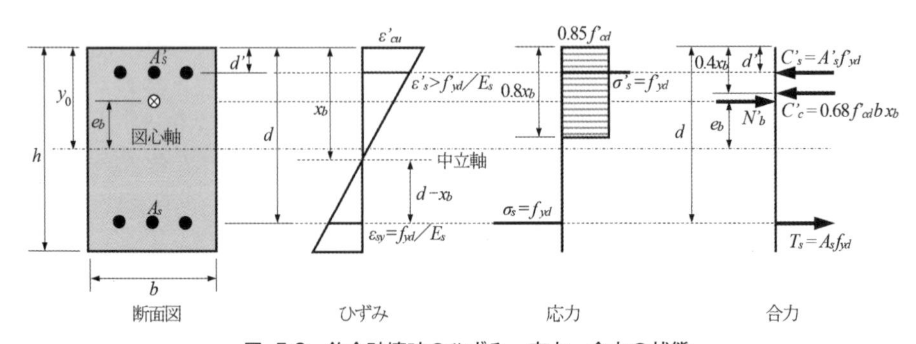

図-5.6　釣合破壊時のひずみ，応力，合力の状態

例題5-2

図に示す複鉄筋長方形断面の柱に偏心軸圧縮力が作用して，釣合破壊が生じる時の偏心距離 e_b を求めよ。ただし，コンクリートは f'_{ck}=30 N/mm^2，鉄筋は f_{yk}=f'_{yk}=295 N/mm^{2}であり，材料係数はそれぞれ γ_c=1.3，γ_s=1.0とする。

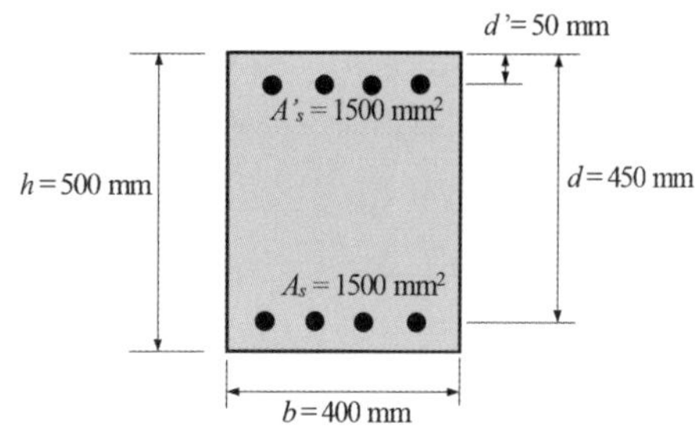

複鉄筋長方形断面

解 答

コンクリートの圧縮強度の設計値 $f'_{cd}=f'_{ck}/\gamma_c=30/1.3=23.08$ N/mm^2

鉄筋の引張降伏強度の設計値 $f'_{yd}=f_{yd}=f'_{yk}/\gamma_s=f_{yk}/\gamma_s=295/1.0=295$ N/mm^2

断面の図心位置は，対称断面であることから，y_0=250 mm

鉄筋の降伏ひずみは，$\varepsilon_{sy}=f_{yd}/E_s=295/200000=0.001475$であるため，式（5-5）より，釣合破壊時の中立軸位置 x_b は，次式となる。

$$x_b=\frac{\varepsilon'_{cu}}{\varepsilon'_{cu}+\varepsilon_{sy}}d=\frac{0.0035}{0.0035+0.001475}\times 450=316.6\text{ mm}$$

このとき，圧縮鉄筋のひずみは，次の式より求められる。

$$\varepsilon'_s=\varepsilon'_{cu}\frac{x_b-d'}{x_b}=0.0035\times\frac{316.6-50}{316.6}=0.002947>0.001475$$

従って，圧縮鉄筋は降伏している。

ここで，中立軸位置 x_b を式（5-9）および式（5-10）に代入することで，釣合破壊時の軸方向耐力 N'_b および曲げ耐力 M_u がそれぞれ求められる。

$$N'_b=0.68f'_{cd}bx_b+A'_sf'_{yd}-A_sf_{yd}$$
$$=0.68\times 23.08\times 400\times 316.6=1.988\times 10^6\text{ N}$$
$$=1990\text{ kN}$$

$$M_b=0.68f'_{cd}bx_b(y_0-0.4x_b)+A'_sf'_{yd}(y_0-d')+A_sf_{yd}(d-y_0)$$
$$=0.68\times 23.08\times 400\times 316.6\times(250-0.4\times 316.6)+1500\times 295\times(250-50)$$
$$+1500\times 295\times(450-250)$$
$$=422.2\times 10^6\text{ N}\cdot\text{mm}$$
$$=422\text{ kN}\cdot\text{m}$$

従って，偏心距離 e_b は以下のように求められる。

$e_b=M_b/N'_b=422.2/1.988=212$ mm

(2)　曲げ引張破壊の場合（$e>e_b$）

この場合は，図-5.5に示す相互作用図の点B～Cの領域に相当し，圧縮縁側のコンクリートひずみが終局ひずみ ε'_{cu} に達してコンクリートが圧壊するより先に引張鉄筋が降伏する，いわゆる曲げ引張破壊領域にある。終局時に圧縮側の鉄筋も降伏していると仮定すると，図-5.7に示すような力の釣合い条件から，以下の式が得られる。

まず軸方向力の釣合いより，軸方向耐力 N'_u は，次式で与えられる。

$$N'_u = C'_c + C'_s - T_s = 0.68 f'_{cd} x + A'_s f'_{yd} - A_s f_{yd} \qquad \text{式 (5-13)}$$

また，曲げモーメントの釣合いより，曲げ耐力 M_u は，次のようになる。

$$M_u = N'_u e = C'_c (y_0 - 0.4x) + C'_s (y_0 - d') + T_s (d - y_0)$$
$$= 0.68 f'_{cd} bx (y_0 - 0.4x) + A'_s f'_{yd} (y_0 - d') + A_s f_{yd} (d - y_0) \qquad \text{式 (5-14)}$$

ここで，y_0はひび割れが発生していない全断面有効時の図心位置であり，式（5-11）により求められる。

式（5-13）を式（5-14）に代入すると，中立軸位置 x に関する二次方程式が得られる。

$$0.68 \cdot 0.4 f'_{cd} bx^2 + 0.68 f'_{cd} b (e - y_0) x + A'_s f'_{yd} (e - y_0 + d') - A_s f_{yd} (e + d - y_0) = 0 \qquad \text{式 (5-15)}$$

この方程式を解くことにより，中立軸位置 x が求められる。また，x を式（5-13）と式（5-14）に代入すれば，軸方向耐力 N'_u と曲げ耐力 M_u がそれぞれ求められる。

以上は，圧縮側の鉄筋が降伏していると仮定した場合の計算式であるが，式（5-15）から求まった中立軸位置 x の値を用いて次のようにして，この仮定の正否を確かめる必要がある。

$$\varepsilon'_s = \varepsilon'_{cu} \frac{x - d'}{x} \geqq \varepsilon'_{sy} = \frac{f'_{yd}}{E_s} \qquad \text{式 (5-16)}$$

もし圧縮鉄筋が降伏していない場合（$\varepsilon'_s < \varepsilon'_{sy}$）には，式（5-13）と式（5-14）中の f'_{yd} を次式の σ'_s に置き換えて，再度同様な計算を行い，中立軸位置 x の値を求めればよい。

$$\sigma'_s = E_s \varepsilon'_s = E_s \varepsilon'_{cu} \frac{x - d'}{x} \qquad \text{式 (5-17)}$$

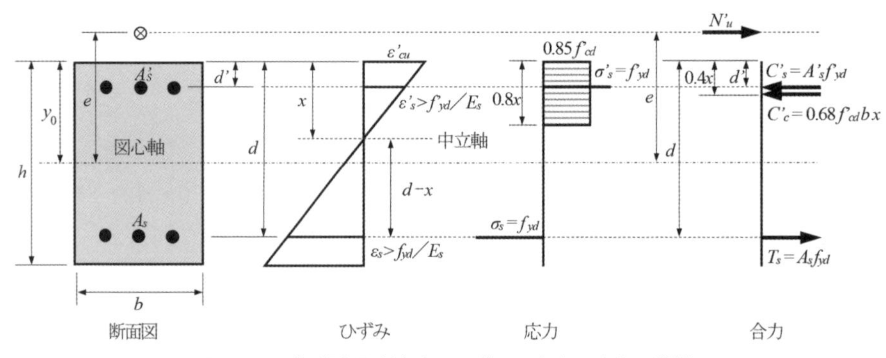

図-5.7　曲げ引張破壊時のひずみ，応力，合力の状態

例題5-3

例題5-2で対象とした断面を有する柱において，図心から e=300 mm の位置に偏心軸圧縮力が作用している時の設計軸方向耐力 N'_{ud} および設計曲げ耐力 M_{ud} を求めよ。

解 答

偏心距離 e が釣合破壊時の偏心距離 e_b より大きいことから，曲げ引張破壊領域にある。圧縮鉄筋も降伏していると仮定して，式（5-15）を用いて中立軸位置 x を求める。

$0.68 \cdot 0.4 f'_{cd} b x^2 + 0.68 f'_{cd} b (e - y_0) x + A'_s f'_{yd} (e - y_0 + d') - A_s f_{yd} (e + d - y_0) = 0$

$0.68 \times 0.4 \times 23.08 \times 400 \times x^2 + 0.68 \times 23.08 \times 400 \times (300 - 250) \times x$

$+1500 \times 295 \times (300 - 250 + 50) - 1500 \times 295 \times (300 + 450 - 250) = 0$

$2511 x^2 + 3.139 \times 10^5 x - 1.770 \times 10^8 = 0$

$x = 210.3\ \mathrm{mm}$

このとき圧縮鉄筋のひずみは，式（5-16）より求められる。

$$\varepsilon'_s = \varepsilon'_{cu} \frac{x - d'}{x} = 0.0035 \times \frac{210.3 - 50}{210.3} = 0.002668 > 0.001475$$

従って，仮定通り圧縮鉄筋は降伏している。

よって，中立軸位置 x を式（5-13）および式（5-14）に代入することで，軸方向耐力 N'_u および曲げ耐力 M_u がそれぞれ求められる。

$N'_u = 0.68 f'_{cd} b x + A'_s f'_{yd} - A_s f_{yd}$

$= 0.68 \times 23.08 \times 400 \times 210.3 = 1.320 \times 10^6\ \mathrm{N}$

$= 1320\ \mathrm{kN}$

$M_u = 0.68 f'_{cd} b x (y_0 - 0.4x) + A'_s f'_{yd} (y_0 - d') + A_s f_{yd} (d - y_0)$

$= 0.68 \times 23.08 \times 400 \times 210.3 \times (250 - 0.4 \times 210.3) + 1500 \times 295 \times (250 - 50)$

$+1500 \times 295 \times (450 - 250)$

$= 396.0 \times 10^6\ \mathrm{N \cdot mm}$

$= 396.0\ \mathrm{kN \cdot m}$

これらの値を部材係数 γ_b で除することで，設計値が求まる。

$N'_{ud} = N_u / \gamma_b = 1320/1.1 = 1200\ \mathrm{kN}$

$M_{ud} = M_u / \gamma_b = 396.0/1.1 = 360\ \mathrm{kN \cdot m}$

(3)　曲げ圧縮破壊の場合（$e < e_b$）

この場合は，**図-5.5**に示す相互作用図の点A～Bの領域に相当し，引張鉄筋が降伏点に達する前に圧縮縁側のコンクリートが圧壊する，いわゆる曲げ圧縮破壊領域にある。なお，通常は圧縮側の鉄筋は降伏している。従って，**図-5.8**に示すような力の釣合い条件から，以下の式が得られる。

まず軸方向力の釣合いより，軸方向耐力 N'_u は，次式で与えられる。

$$N'_u = C'_c + C'_s - T_s = 0.68 f'_{cd} b x + A'_s f'_{yd} - A_s E_s \varepsilon_s \qquad \text{式（5-18）}$$

また，曲げモーメントの釣合いより，曲げ耐力 M_u は，次のようになる。

$$M_u = N'_u e = C'_c (y_0 - 0.4x) + C'_s (y_0 - d') + T_s (d - y_0)$$

$$= 0.68 f'_{cd} b x (y_0 - 0.4x) + A'_s f'_{yd} (y_0 - d') + A_s E_s \varepsilon_s (d - y_0) \qquad \text{式（5-19）}$$

ここで，y_0はひび割れが発生していない全断面有効時の図心位置であり，式（5-11）により求められる。また，平面保持の仮定より，引張鉄筋のひずみ ε_s はコンクリートの終局ひずみ ε'_{cu} を用いて，次のように与えられる。

$$\varepsilon_s = \varepsilon'_{cu} \frac{d - x}{x} \qquad \text{式（5-20）}$$

式（5-20）を式（5-18）と式（5-19）に代入して整理すると，中立軸位置 x に関する三次方程式が得られる。

$$0.68\cdot 0.4f'_{cd}bx^3+0.68f'_{cd}b(e-y_0)x^2$$
$$+\{A'_sf'_{yd}(e-y_0+d')+A_sE_s\varepsilon'_{cu}(e+d-y_0)\}x-A_sE_s\varepsilon'_{cu}d(e+d-y_0)=0 \qquad \text{式（5-21）}$$

この方程式を解くことにより，中立軸位置 x が求められる。また，x を式（5-18）と式（5-19）に代入すれば，軸方向耐力 N'_u と曲げ耐力 M_u がそれぞれ求められる。

なお，設計軸方向耐力 N'_{ud} および設計曲げ耐力 M_{ud} は，それぞれ次式より求める。部材係数 γ_b=1.1としてよい。

$$N'_{ud}=\frac{N'_u}{\gamma_b},\quad M_{ud}=\frac{M_u}{\gamma_b} \qquad \text{式（5-22）}$$

部材の安全性は，次式により照査する。

$$\gamma_i\frac{N'_d}{N'_{ud}}\leqq 1.0,\quad \gamma_i\frac{M_d}{M_{ud}}\leqq 1.0 \qquad \text{式（5-23）}$$

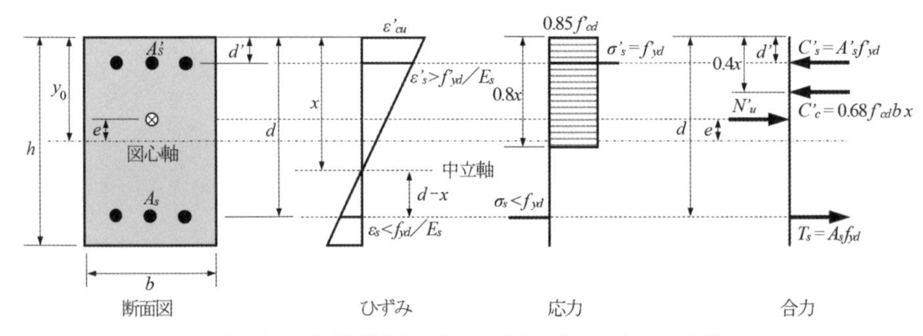

図-5.8　曲げ圧縮破壊時のひずみ，応力，合力の状態

例題5-4

例題5-2で対象とした断面を有する柱において，図心から e=150 mm の位置に偏心軸圧縮力が作用している時の設計軸方向耐力 N'_{ud} および設計曲げ耐力 M_{ud} を求めよ。

解 答

偏心距離 e が釣合破壊時の偏心距離 e_b より小さいことから，曲げ圧縮破壊領域にある。そこで，式（5-21）を用いて中立軸位置 x を求める。

$$0.68\cdot 0.4f'_{cd}bx^3+0.68f'_{cd}b(e-y_0)x^2$$
$$+\{A'_sf'_{yd}(e-y_0+d')+A_sE_s\varepsilon'_{cu}(e+d-y_0)\}x-A_sE_s\varepsilon'_{cu}d(e+d-y_0)=0$$

$$0.68\times 0.4\times 23.08\times 400\times x^3+0.68\times 23.08\times 400\times(150-250)\times x^2$$
$$+\{1500\times 295\times(150-250+50)+1500\times 200000\times 0.0035\times(150+450-250)\}x$$
$$-1500\times 200000\times 0.0035\times 450\times(150+450-250)=0$$

$$2511x^3-6.278\times 10^5x^2+3.454\times 10^8x-1.654\times 10^{11}=0$$

$$x=366.0\ \text{mm}$$

このとき圧縮鉄筋のひずみは，式（5-16）より求められる。

$$\varepsilon'_s=\varepsilon'_{cu}\frac{x-d'}{x}=0.0035\times\frac{366.0-50}{366.0}=0.003022>0.001475$$

従って，仮定通り圧縮鉄筋は降伏している。

また，引張鉄筋のひずみ ε_s は，コンクリートの終局ひずみ ε'_{cu} を用いて，次のように求まる。

$$\varepsilon_s=\varepsilon'_{cu}\frac{d-x}{x}=0.0035\times\frac{450-366.0}{366.0}=0.0008033$$

よって，中立軸位置 x および引張鉄筋のひずみ ε_s を式（5-18）および式（5-19）に代入することで，軸方向耐力 N'_u および曲げ耐力 M_u がそれぞれ求められる。

$$N'_u=0.68f'_{cd}bx+A'_sf'_{yd}-A_sE_s\varepsilon_s$$
$$=0.68\times23.08\times400\times366.0+1500\times295-1500\times200000\times0.0008033$$
$$=2.499\times10^6\ \mathrm{N}$$
$$=2499\ \mathrm{kN}$$

$$M_u=0.68f'_{cd}bx(y_0-0.4x)+A'_sf'_{yd}(y_0-d')+A_sE_s\varepsilon_s(d-y_0)$$
$$=0.68\times23.08\times400\times366.0\times(250-0.4\times366.0)+1500\times295\times(250-50)$$
$$+1500\times200000\times0.0008033\times(450-250)$$
$$=374.7\times10^6\ \mathrm{N\cdot mm}$$
$$=374.7\ \mathrm{kN\cdot m}$$

これらの値を部材係数 γ_b で除することで，設計値が求まる。

$$N'_{ud}=N'_u/\gamma_b=2499/1.1=2270\ \mathrm{kN}$$
$$M_{ud}=M_u/\gamma_b=374.7/1.1=341\ \mathrm{kN\cdot m}$$

例題5-5

図に示す複鉄筋長方形断面の柱に，設計軸方向力 N'_d=300 kN および設計曲げモーメント M_d=120 kN・m が作用した場合の安全性を検討せよ。ただし，コンクリートは f'_{ck}=24 N/mm^2，鉄筋は $f_{yk}=f'_{yk}$=345 N/mm^{2}である。また，材料係数は γ_c=1.3，γ_s=1.0，部材係数は γ_b=1.1，構造物係数は γ_i=1.1とする。

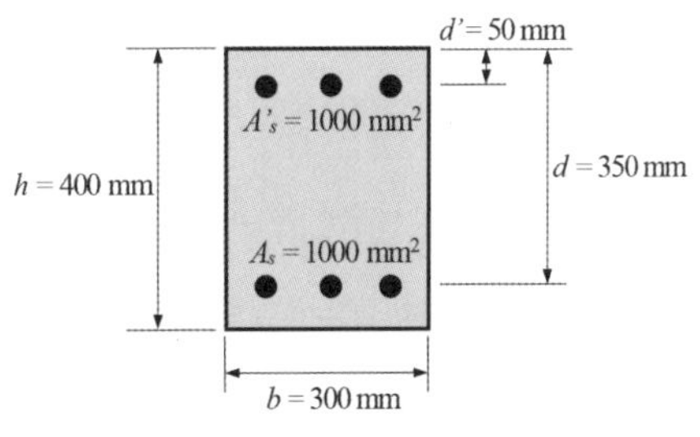

複鉄筋長方形断面

解答

コンクリートの圧縮強度の設計値 $f'_{cd}=f'_{ck}/\gamma_c$=24/1.3=18.46 N/mm^2

鉄筋の降伏強度の設計値 $f'_{yd}=f_{yd}=f'_{yk}/\gamma_s=f_{yk}/\gamma_s$=345/1.0=345 N/mm^2

断面の図心位置は，対称断面であることから y_0=200 mm

鉄筋の降伏ひずみは，$\varepsilon_{sy}=f_{yd}/E_s$=345/200000=0.001725であるため，式（5-5）より釣合破壊時の中立軸位置 x_b は，次式となる。

$$x_b=\frac{\varepsilon'_{cu}}{\varepsilon'_{cu}+\varepsilon_{sy}}d=\frac{0.0035}{0.0035+0.001725}\times350=234.4\ \mathrm{mm}$$

このとき，圧縮鉄筋のひずみは，次の式より求められる。

$$\varepsilon'_s=\varepsilon'_{cu}\frac{x_b-d'}{x_b}=0.0035\times\frac{234.4-50}{234.4}=0.002753>0.001725$$

従って，圧縮鉄筋は降伏している。

ここで，中立軸位置 x_b を式（5-9）および式（5-10）に代入することで，釣合破壊時の軸方向耐力 N'_b および曲げ耐力 M_u がそれぞれ求められる。

$$N'_b=0.68f'_{cd}bx_b+A'_sf'_{yd}-A_sf_{yd}$$
$$=0.68\times18.46\times300\times234.4=0.8827\times10^6\ \mathrm{N}$$
$$=883\ \mathrm{kN}$$

$$M_b=0.68f'_{cd}bx_b(y_0-0.4x_b)+A'_sf'_{yd}(y_0-d')+A_sf_{yd}(d-y_0)$$
$$=0.68\times18.46\times300\times234.4\times(200-0.4\times234.4)+1000\times345\times(200-50)$$
$$+1000\times345\times(350-200)$$
$$=197.3\times10^6\ \mathrm{N\cdot mm}$$
$$=197\ \mathrm{kN\cdot m}$$

従って，偏心距離 e_b は以下のように求められる。

$$e_b=M_b/N'_b=197.3/0.8827=224\ \mathrm{mm}$$

一方，設計軸方向力の偏心距離 e は，$e=M_d/N'_d=120/300=400$ mm であり，$e>e_b$ であることから曲げ引張破壊領域にある。

圧縮鉄筋も降伏していると仮定して，式（5-15）を用いて，中立軸位置 x を求める。

$$0.68\times0.4f'_{cd}bx^2+0.68f'_{cd}b(e-y_0)x+A_s'f'_{yd}(e-y_0+d')-A_sf_{yd}(e+d-y_0)=0$$
$$0.68\times0.4\times18.46\times300\times x^2+0.68\times18.46\times300\times(400-200)\times x$$
$$+1000\times345\times(400-200+50)-1000\times345\times(400+350-200)=0$$
$$1506x^2+7.532\times10^5x-1.035\times10^8=0$$
$$x=112.2\ \mathrm{mm}$$

このとき圧縮鉄筋のひずみは，式（5-16）より求められる。

$$\varepsilon'_s=\varepsilon'_{cu}\frac{x-d'}{x}=0.0035\times\frac{112.2-50}{112.2}=0.001940>0.001725$$

従って，仮定通り圧縮鉄筋は降伏している。

よって，中立軸位置 x を式（5-13）および式（5-14）に代入することで，軸方向耐力 N'_u および曲げ耐力 M_u がそれぞれ求められる。

$$N'_u=0.68f'_{cd}bx+A'_sf'_{yd}-A_sf_{yd}$$
$$=0.68\times18.46\times300\times112.2=4.225\times10^5\ \mathrm{N}$$
$$=422.5\ \mathrm{kN}$$

$$M_u=0.68f'_{cd}bx(y_0-0.4x)+A'_sf'_{yd}(y_0-d')+A_sf_{yd}(d-y_0)$$
$$=0.68\times18.46\times300\times112.2\times(200-0.4\times112.2)+1000\times345\times(200-50)$$
$$+1000\times345\times(350-200)$$
$$=169.0\times10^6\ \mathrm{N\cdot mm}$$
$$=169.0\ \mathrm{kN\cdot m}$$

これらの値を部材係数 γ_b で除することで，設計軸方向耐力 N'_{ud} および設計曲げ耐力 M_{ud} がそれぞれ求まる。

$N'_{ud}=N'_u/\gamma_b=422.5/1.1=384$ kN

$M_{ud}=M_u/\gamma_b=169.0/1.1=154$ kN·m

部材の安全性は，式（5-23）を用いて照査する。

$$\gamma_i\frac{N'_d}{N'_{ud}}=1.1\times\frac{300}{384}=0.86<1.0$$

$$\gamma_i\frac{M_d}{M_{ud}}=1.1\times\frac{120}{154}=0.86<1.0$$

従って，安全である。

演習問題1

問1　図に示す一辺が300 mmの正方形断面を有する帯鉄筋柱について，次の問に答えよ。ただし，コンクリートは $f'_{ck}=24$ N/mm^2，軸方向鉄筋の全断面積は $A_{st}=2292$ mm^2（8－D19），$f'_{yk}=345$ N/mm^{2}とする。また，コンクリートおよび鉄筋の材料係数はそれぞれ $\gamma_c=1.3$，$\gamma_s=1.0$とし，部材係数は $\gamma_b=1.3$，構造物係数は $\gamma_i=1.1$とする。

(1)　設計軸方向圧縮耐力 N'_{oud} を求めよ。

(2)　この断面に設計軸方向圧縮力 $N'_d=1200$ kN が作用したときの，破壊に対する安全性を照査せよ。

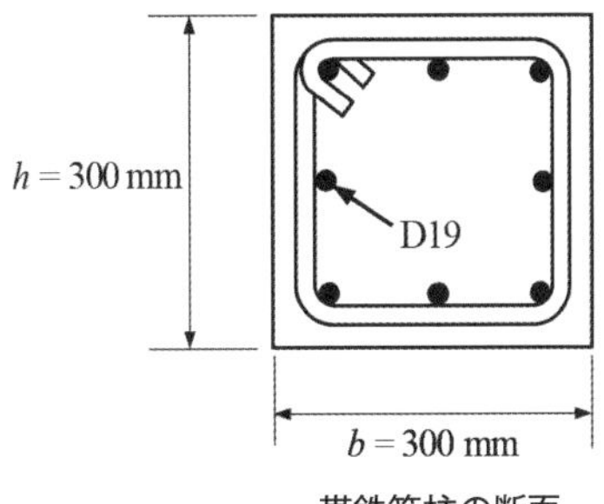

帯鉄筋柱の断面

解答

(1)

コンクリートの圧縮強度の設計値 $f'_{cd}=f'_{ck}/\gamma_c=24/1.3=18.46$ N/mm^2

鉄筋の圧縮降伏強度の設計値 $f'_{yd}=f'_{yk}/\gamma_s=345/1.0=345$ N/mm^2

軸方向鉄筋の全断面積 $A_{st}=2292$ mm^2

コンクリートの断面積 $A_c=300\times300=90000$ mm^2

設計中心軸圧縮耐力は，式（5-1）により求まる。

$$N'_{oud}=\frac{k_1f'_{cd}A_c+f'_{yd}A_{st}}{\gamma_b}=\frac{0.85\times18.46\times90000+345\times2292}{1.3}$$

$$=1.695\times10^6 \text{ N}$$

$$=1695 \text{ kN}$$

(2)

$$\gamma_i\frac{N'_d}{N'_{oud}}=\frac{1.1\times1200}{1695}=0.78<1.0$$

従って，部材は安全である。

演習問題2

問２　図に示す複鉄筋長方形断面の柱に，設計軸方向力 N'_d=1000 kN および設計曲げモーメント M_d=200 kN·m が作用した場合の安全性を検討せよ。ただし，コンクリートは f'_{ck}=30 N/mm^2，鉄筋は $f_{yk}=f'_{yk}$=345 N/mm^{2}である。また，材料係数は γ_c=1.3，γ_s=1.0，部材係数は γ_b=1.1，構造物係数は γ_i=1.1とする。

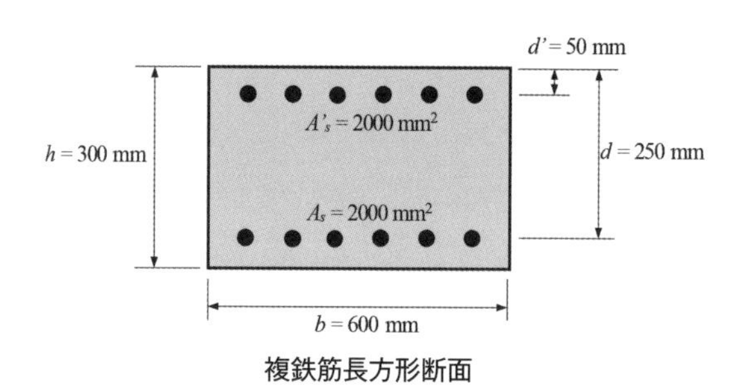

複鉄筋長方形断面

解答

コンクリートの圧縮強度の設計値 $f'_{cd}=f'_{ck}/\gamma_c$=30/1.3=23.08 N/mm^2

鉄筋の降伏強度の設計値 $f'_{yd}=f_{yd}=f'_{yk}/\gamma_s=f_{yk}/\gamma_s$=345/1.0=345 N/mm^2

断面の図心位置は，対称断面であることから y_0=150 mm

鉄筋の降伏ひずみは，$\varepsilon_{sy}=f_{yd}/E_s$=345/200000=0.001725であるため，式（5-5）より釣合破壊時の中立軸位置 x_b は，次式となる。

$$x_b=\frac{\varepsilon'_{cu}}{\varepsilon'_{cu}+\varepsilon_{sy}}d=\frac{0.0035}{0.0035+0.001725}\times 250=167.5\ \text{mm}$$

このとき，圧縮鉄筋のひずみは，次の式より求められる。

$$\varepsilon'_s=\varepsilon'_{cu}\frac{x_b-d'}{x_b}=0.0035\times\frac{167.5-50}{167.5}=0.002455>0.001725$$

従って，圧縮鉄筋は降伏している。

ここで，中立軸位置 x_b を式（5-9）および式（5-10）に代入することで，釣合破壊時の軸方向耐力 N'_b および曲げ耐力 M_b がそれぞれ求められる。

$$N'_b=0.68f'_{cd}bx_b+A'_sf'_{yd}-A_sf_{yd}$$
$$=0.68\times 23.08\times 600\times 167.5=1.577\times 10^6\ \text{N}$$
$$=1577\ \text{kN}$$

$$M_b=0.68f'_{cd}bx_b(y_0-0.4x_b)+A'_sf'_{yd}(y_0-d')+A_sf_{yd}(d-y_0)$$
$$=0.68\times 23.08\times 600\times 167.5\times(150-0.4\times 167.5)+2000\times 345\times(150-50)$$
$$+2000\times 345\times(250-150)$$
$$=268.9\times 10^6\ \text{N·mm}$$
$$=269\ \text{kN·m}$$

従って，偏心距離 e_b は以下のように求められる。

$e_b=M_b/N'_b$=268.9/1.577=171 mm

一方，設計軸方向力の偏心距離 e は，$e=M_d/N'_d=200/1000=200$ mm であり，$e>e_b$ であることから，曲げ引張破壊領域にある。

圧縮鉄筋も降伏していると仮定して，式（5-15）を用いて，中立軸位置 x を求める。

$$0.68\times0.4f'_{cd}bx^2+0.68f'_{cd}b(e-y_0)x+A'_sf'_{yd}(e-y_0+d')-A_sf_{yd}(e+d-y_0)=0$$

$$0.68\times0.4\times23.08\times600\times x^2+0.68\times23.08\times600\times(200-150)\times x$$

$$+2000\times345\times(200-150+50)-2000\times345\times(200+250-150)=0$$

$$3767x^2+4.708\times10^5x-1.380\times10^8=0$$

$$x=138.9\ \mathrm{mm}$$

このとき圧縮鉄筋のひずみは，式（5-16）より求められる。

$$\varepsilon'_s=\varepsilon'_{cu}\frac{x-d'}{x}=0.0035\times\frac{138.9-50}{138.9}=0.002240>0.001725$$

従って，仮定通り圧縮鉄筋は降伏している。

よって，中立軸位置 x を式（5-13）および式（5-14）に代入することで，軸方向耐力 N'_u および曲げ耐力 M_u がそれぞれ求められる。

$$N'_u=0.68f'_{cd}bx+A'_sf'_{yd}-A_sf_{yd}$$

$$=0.68\times23.08\times600\times138.9=1.308\times10^5\ \mathrm{N}$$

$$=1308\ \mathrm{kN}$$

$$M_u=0.68f'_{cd}bx(y_0-0.4x)+A'_sf'_{yd}(y_0-d')+A_sf_{yd}(d-y_0)$$

$$=0.68\times23.08\times600\times138.9\times(150-0.4\times138.9)+2000\times345\times(150-50)$$

$$+2000\times345\times(250-150)$$

$$=261.5\times10^6\ \mathrm{N\cdot mm}$$

$$=261.5\ \mathrm{kN\cdot m}$$

これらの値を部材係数 γ_b で除することで，設計軸方向耐力 N'_{ud} および設計曲げ耐力 M_{ud} がそれぞれ求まる。

$$N'_{ud}=N'_u/\gamma_b=1308/1.1=1189\ \mathrm{kN}$$

$$M_{ud}=M_u/\gamma_b=261.5/1.1=237.7\ \mathrm{kN\cdot m}$$

部材の安全性は，式（5-23）を用いて照査する。

$$\gamma_i\frac{N'_d}{N'_{ud}}=1.1\times\frac{1000}{1189}=0.93<1.0$$

$$\gamma_i\frac{M_d}{M_{ud}}=1.1\times\frac{200}{237.7}=0.93<1.0$$

従って，安全である。

第6章
せん断力を受ける部材

鉄筋コンクリート構造物のはりと柱などの部材（棒部材）に荷重が作用すると，曲げモーメント（bending moment）とせん断力（shear force）が生じる。曲げモーメントによる破壊の曲げ破壊（flexural failure）は，鉄筋のじん性により崩壊までにある程度の時間を有することから，その構造物の使用者が安全な場所に避難することが期待できる。一方，せん断力による破壊のせん断破壊（shear failure）の場合には，脆性的な破壊モードとなる可能性が高いことから極めて危険な状況が想定される。

安全であるためには，大きな力に耐えられる必要がある。しかし，鉄筋コンクリート構造物は，それだけでは不十分であり，急激な破壊を避けるために壊れるまでに大きく変形することの変形性能も求められる。

せん断破壊を避けることは，鉄筋コンクリート構造の安全性を考える上で非常に重要な観点であり，鉄筋コンクリート構造の設計の根幹となる考え方である。一般に構造物を構成する棒部材

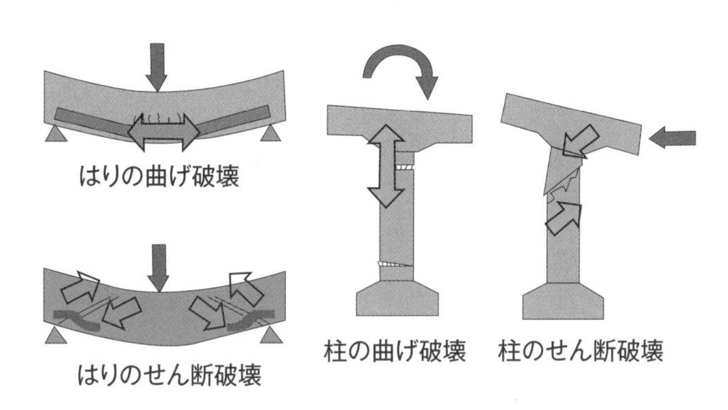

図-6.1　曲げ破壊とせん断破壊

図-6.2　せん断破壊の実例

※図-6.1のように曲げ破壊では，鉄筋は軸方向に大きく伸びて力を吸収するが，せん断破壊の場合，鉄筋は軸と直角方向の変形となり，図-6.2の写真に示すように，大きく変形してかぶりコンクリートを破壊し，付着が切れてしまうことで部材は瞬時に崩壊してしまう。

の設計では，徐々に荷重が低下する曲げ破壊を想定して設計し，急激な耐力低下を生じさせるせん断破壊とならないように，せん断耐力に十分な余裕を持たせるように設計している。

本章では，せん断力を受ける部材の応力状態と破壊に至るまでの状態変化の特徴，その設計対応としてのせん断補強筋の種類，補強の考え方，ならびに安全な設計とするためのせん断耐力の算定方法について述べる。

6.1　せん断破壊と補強

6.1.1　せん断応力と破壊形態

(1)せん断応力

一般的に棒部材に発生する断面力は，曲げモーメント M とせん断力 V に大別できる。そしてせん断応力が生じる外力のうち，設計上重要な荷重としてまず挙げられるのは，地震力である。そこで，ここでは**図-6.3**に示すように，構造物が地震力を受けた状態の鉄筋コンクリート構造のせん断挙動（実際にはありえないがせん断補強筋のない場合）をイメージして，せん断応力について概説する。

このはり部材は，両端固定支持のはりであるから，**図-6.4**に示すように，曲げモーメントによる引張応力が生じて，曲げひび割れが発生している。設計上重要なことは，ここから構造体が崩壊するまでに,曲げモーメントによって破壊に至るか,あるいはせん断応力によって破壊に至るかの判定である。

このとき，スパン中央付近の曲げひび割れがまだ発生していない幅 dx の微小領域に着目すると，幅 dx の両側での応力度の分布は，**図-6.5**に示すようになり，x 軸方向の力のつり合いは次式となる。

$$-\int_A \sigma \cdot dA + \int_A (\sigma + d\sigma)\, dA - \tau' \cdot d \cdot dx = 0 \qquad \text{式（6-1）}$$

式（6-1）を τ' について解くと，式（6-2）を得る。

$$\therefore \quad \tau' = \frac{1}{b \cdot dx} \int_A d\sigma \cdot dA \qquad \text{式（6-2）}$$

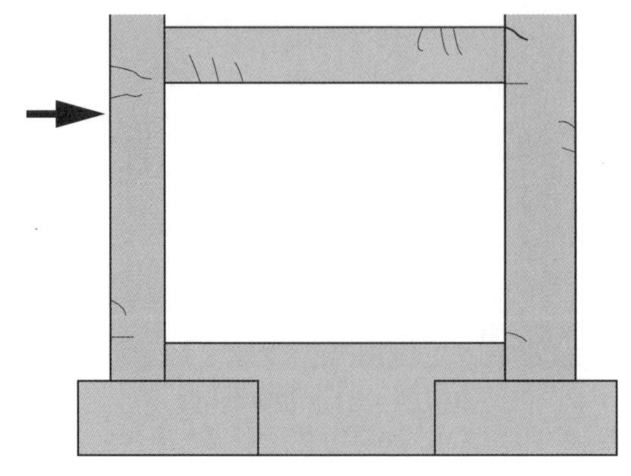

図6.3　地震力を受けた状態の鉄筋コンクリート構造

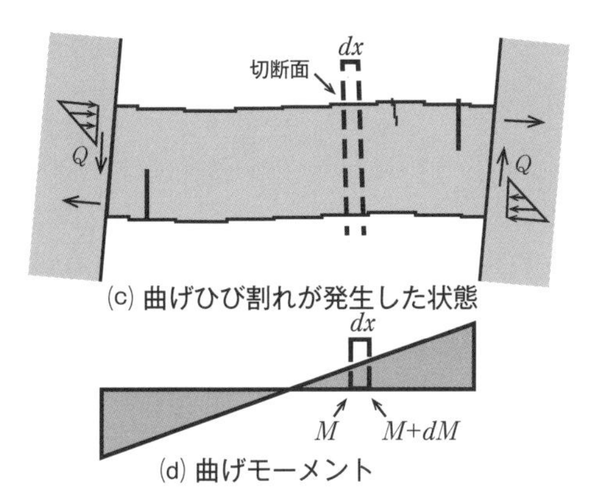

図-6.4　はりの曲げモーメントによる状態変化

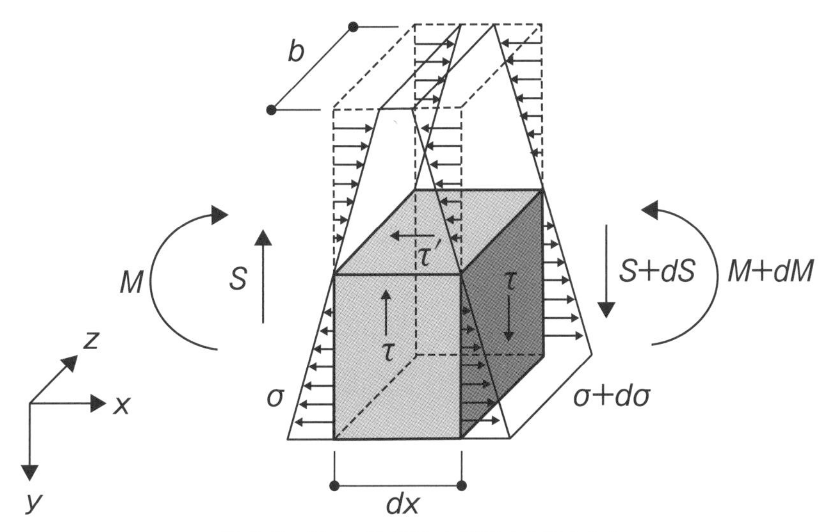

図-6.5　幅 dx の両側における応力度の分布

一方，中立軸から y 離れた位置の曲げ応力度は，それぞれの部位において，以下に示す通りである。

$$\sigma = \frac{M}{I} \cdot y$$

$$\sigma + d\sigma = \frac{M+dM}{I} \cdot y$$

従って，曲げ応力度の変化量 $d\sigma$ は，式（6-3）となる。

$$d\sigma = (\sigma + d\sigma) - \sigma = \frac{M+dM}{I} \cdot y - \frac{M}{I} \cdot y = \frac{dM}{I} \cdot y \qquad \text{式（6-3）}$$

以上から，式（6-2）に式（6-3）を代入して，式（6-4）に示す τ' を得る。

$$\tau' = \frac{1}{b \cdot dx} \int_A \frac{dM}{I} \cdot y \cdot dA = \frac{1}{I \cdot b} \cdot \frac{dM}{dx} \int_A y \, dA \qquad \text{式（6-4）}$$

曲げモーメントの変化率 dM/dx はせん断力 V に等しく，せん断応力度の共役性（ある仮想断面にせん断応力度が発生しているときはそれと直行する断面にも同じ大きさのせん断力が発生する）により，$\tau'=\tau$ となるので，中立軸から y 離れた位置の断面に生じるせん断応力度 τ_y は次式となる。

$$\tau_y=\frac{V\cdot G_y}{b_w\cdot I_i} \qquad \text{式（6-5）}$$

ここに，V はせん断力，G_y は中立軸から y の位置より上部または下部の領域に関する断面一次モーメント（mm^3），I_i は中立軸に関する換算断面二次モーメント（mm^4），b_w は断面幅（mm）。

(2)せん断破壊の種類

せん断破壊は，部材の断面形状，スパン長，配筋により多様であるが，大別すると(a)**斜め引張破壊**（diagonal tension failure），(b)**せん断圧縮破壊**（shear compression failure），(c)**せん断引張破壊**（shear tension failure），および(d)**ウェブ圧縮破壊**（web crushing failure）の4種類となる。

これらの破壊形式は，**図-6.6**に示すように，最大曲げモーメントとせん断スパン有効高

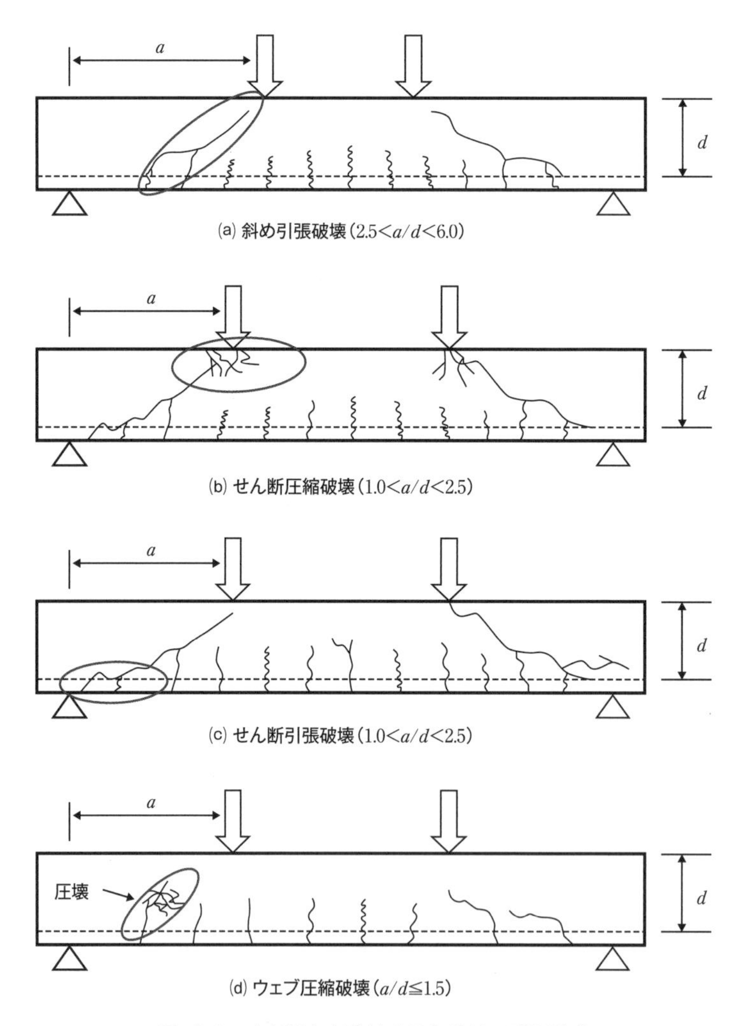

図-6.6　せん断力を受けるRCはりの破壊形式

さ比 a/d($a/d=aV/dV=M/Vd$) により，概ね発生予測が可能である。ここでは，それぞれの破壊形式について，その特徴をせん断スパン有効高さ比（せん断スパン比）を指標にして，以下に説明する。

(a)斜め引張破壊（2.5＜a/d＜6.0）

せん断ひび割れが発達して破壊に至る典型的なせん断破壊の破壊形式である。せん断補強筋が配置されていない場合，斜め引張応力に伴う斜めひび割れが進展し，斜めひび割れが形成されて直ちに，脆性的な破壊に至る。この斜めひび割れは，a/d=2.5〜6.0 程度の比較的細長いはりのスレンダービームでは一般的であり，さらに曲げせん断ひび割れとウェブせん断ひび割れに大別される。

曲げせん断ひび割れは，支点と載荷点間に発生する曲げひび割れが，その後載荷点に向かって**斜めひび割れ**として進展する一般的な形態であり，ウェブせん断ひび割れは，曲げせん断ひび割れが発生する部材と比べて厚さが薄く軸圧縮力の卓越した8章に述べるプレストレストコンクリート（鉄筋コンクリート部材に含めている）のような部材で，ウェブ中央に斜めひび割れが発生し進展する形態である。

(b)せん断圧縮破壊（1.0＜a/d＜2.5）

曲げせん断ひび割れの発達によってコンクリートの圧縮域が次第に減少し，最終的には曲げ圧縮域コンクリートの圧壊によって破壊が生じる破壊形式である。せん断スパン比 a/d=1.0〜2.5程度のはりに対する一般的な破壊形式であり，斜めひび割れ上部のコンクリートと引張鉄筋がタイドアーチ的な耐荷機構を形成することで，斜めひび割れが形成されても直ちに破壊には至らず，斜めひび割れ上部のコンクリートが圧壊することで破壊に至る。

(c)せん断引張破壊（1.0＜a/d＜2.5）

斜めひび割れの引張鉄筋側への進展に伴い，引張鉄筋に沿ったひび割れによりコンクリートと鉄筋の付着が失われる破壊形式である。厚さの薄い部材に鉄筋が密に配置されている場合，斜めひび割れ発生後に鉄筋の付着が失われることによるコンクリートの割裂，あるいはひび割れ開口部でのダウエル作用によるコンクリートの割裂によって破壊に至る。

(d)ウェブ圧縮破壊

せん断スパン比 a/d≦1.5 程度の「ディープビーム」と呼ばれるはりに見られる破壊形態である。曲げひび割れは見られず，支点と載荷点を結ぶ直線付近に斜めひび割れが発生し，斜めひび割れ間のコンクリートが斜め圧縮応力により圧縮破壊する破壊形式である。特にプレストレストコンクリートの I 形と T 形断面で部材厚さが非常に薄く，プレストレスが過大な場合には，せん断補強筋を配置しても発生する可能性がある。

せん断スパン比 a/d は，前述の通り，せん断ひび割れ発生後のせん断抵抗メカニズムと相関性がある。長方形断面の鉄筋コンクリート単純はり（せん断補強筋は無配置）の最大曲げモーメントと a/d との関係における破壊形式の区分は，概ね**図-6.7**に示すせん断破壊形式と a/d の関係の通りとなる。曲げ破壊になるか，せん断破壊になるかは，せん断スパン比 a/d により区別されることから，a/d により設計初期において概ね破壊形式を予測できる。すなわち，a/d=6.0付近を境に，大きければ曲げ破壊，小さければせん断破壊となる。さらに，

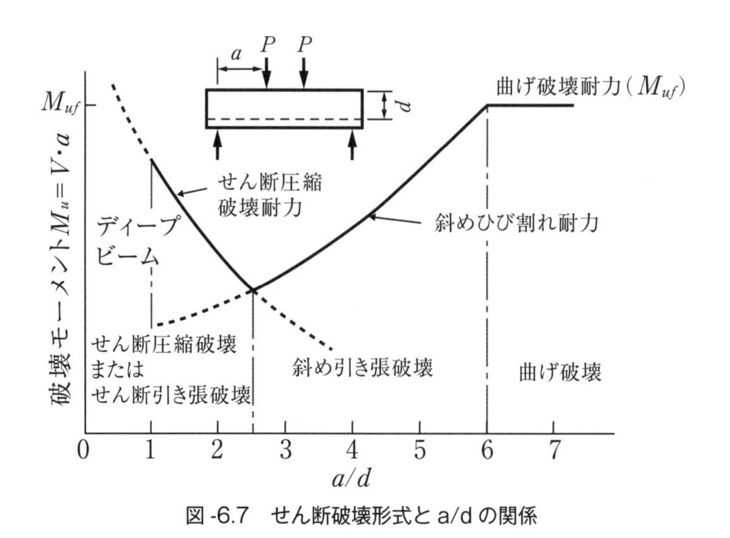

図-6.7　せん断破壊形式とa/dの関係

a/d=2.5付近を境に斜め引張破壊，a/d=1.0〜2.5付近でせん断圧縮破またはせん断引張破壊，そしてa/d=1.5付近ではウェブ圧縮破壊となることがわかる。

6.1.2　せん断補強筋の種類

前述の通り，棒部材には，断面力として曲げモーメントMとせん断力Vが発生する。そして，せん断応力で破壊に至るせん断破壊は，急激な耐力低下を生じさせることから避けるべき破壊形式であり，せん断耐力に十分な余裕を持たせるように設計する必要がある。ここでは，そのせん断破壊を避けるために必要なせん断補強筋の種類について説明する。

せん断破壊は，主鉄筋に対して直交方向に働く力によって発生する破壊である。このせん断応力に抵抗するせん断補強筋は,主鉄筋に直交させて配置する必要がある。せん断補強筋の種類は,**図-6.8**に示すようにあばら筋（スターラップ）と帯鉄筋（フープ鉄筋）があり，図に示す通り，あばら筋ははりの主鉄筋に対して直交し，帯鉄筋は柱の主鉄筋に直交して取り囲むことでせん断耐力を補強している。

あばら筋（スターラップ）と帯鉄筋は，いずれも主鉄筋を囲むようにある間隔ごとに配置された鉄筋である。あばら筋（スターラップ）は，**図-6.9**に示すようにU 型と閉合型があり，せん断補強筋としての効果だけでなく，軸方向鉄筋を所定の位置に配置する組立鉄筋としての役割も担うことができる。

一方，帯鉄筋は，あばら筋（スターラップ）の閉合型と同様の形で個別に主鉄筋を囲むようにある間隔ごとに設置される場合と，**図-6.10**に示すように連なってスパイラル状に配置される場合がある。スパイラル状に配置されるスパイラル筋は，角柱では角型スパイラル筋，円柱では円型スパイラル筋と呼ばれる。

帯鉄筋は，**図-6.11**に示すように，大きい軸方向圧縮力を受ける柱の断面を外周から拘束する横方向鉄筋としても有効であり，主鉄筋周辺のコンクリートの割裂による付着劣化を拘束する効果と，側圧を大きくすることによりコアコンクリート（鉄筋で囲まれた内部のコンクリート）が3軸応力状態となり，強度と靭性が増大することが知られている。

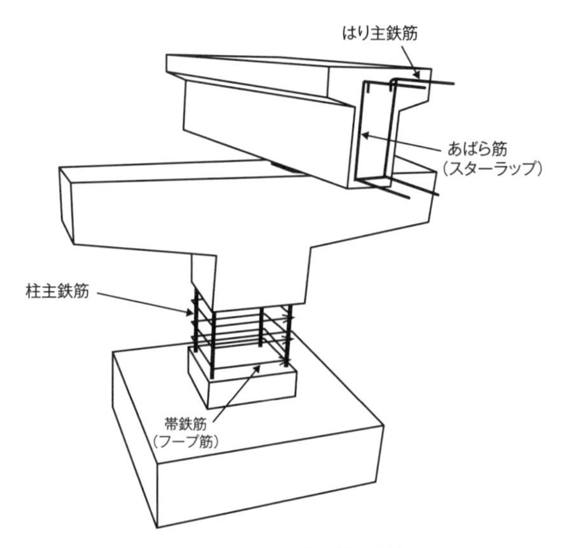

図 -6.8　せん断補強筋の種類

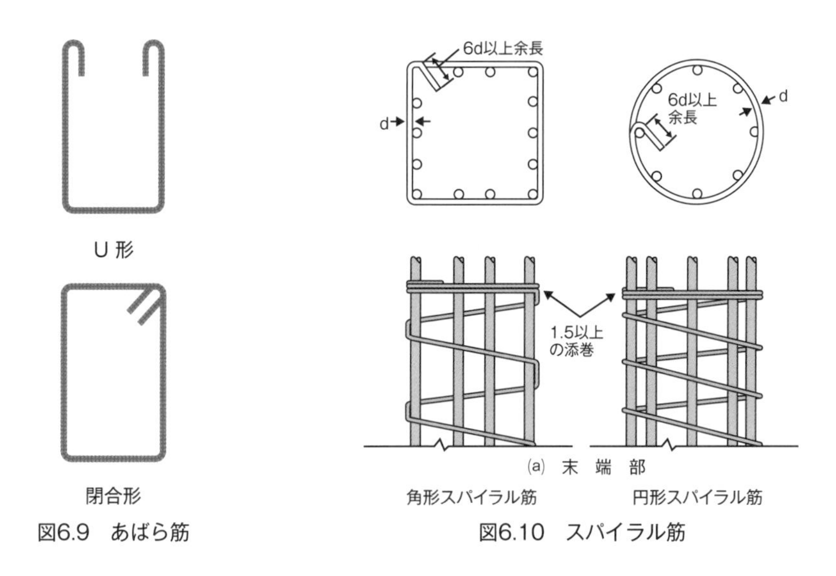

図6.9　あばら筋

図6.10　スパイラル筋

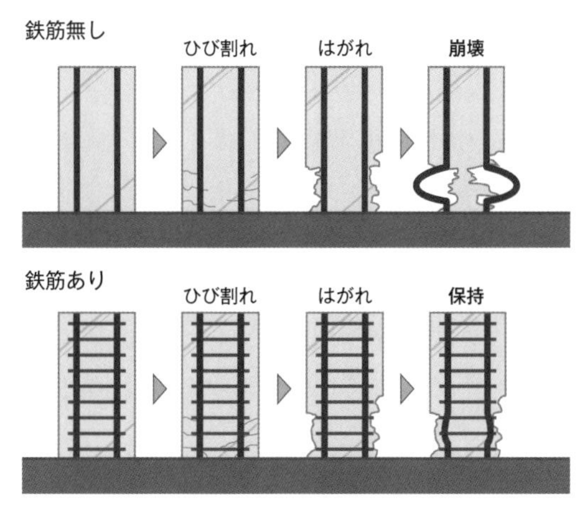

図 -6.11　帯鉄筋の効果

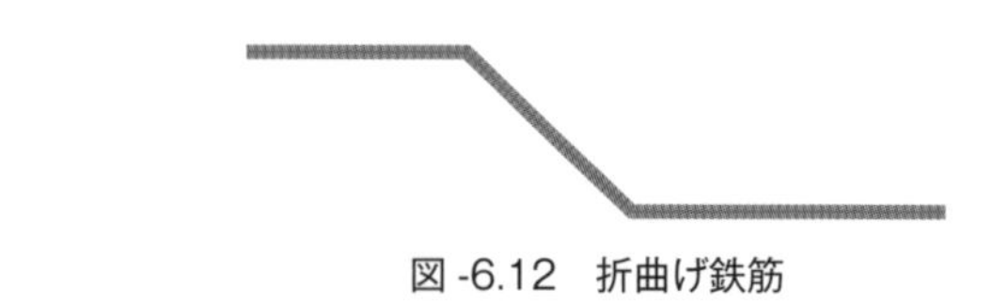

図-6.12　折曲げ鉄筋

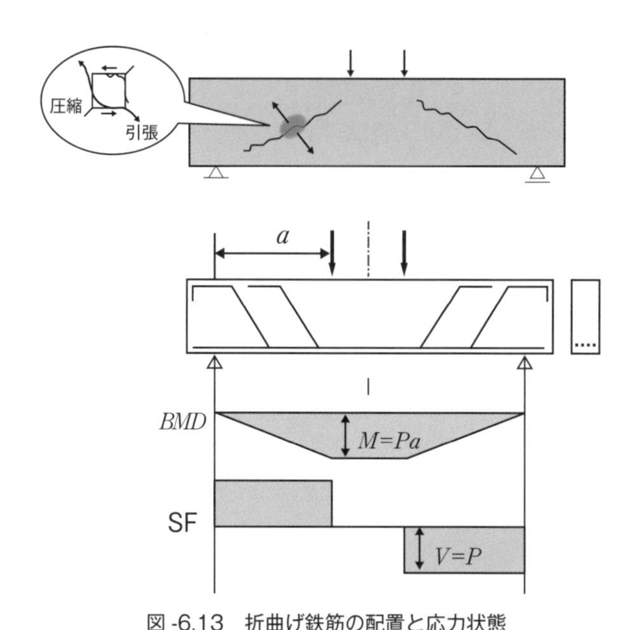

図-6.13　折曲げ鉄筋の配置と応力状態

また，さらに合理的な鉄筋の利用方法としては，主鉄筋の一部をせん断応力に抵抗するために有効利用する「折曲げ鉄筋」がある。**折曲げ鉄筋**は，曲げモーメントにより発生する引張応力に抵抗する目的で軸方向に配置されている主鉄筋を，**図-6.12**のような形に折り曲げる（一般に45度）ことで斜めになった部分がせん断応力で発生する斜めひび割れを縫うように配置されることで，せん断応力に抵抗するひび割れ制御鉄筋である。**図-6.13**に示すように荷重を受ける単純支持された鉄筋コンクリートはりでは，載荷点付近で曲げモーメントが最大となり載荷点から支点に近づくにつれて曲げモーメントは小さくなる（$M=Pa$）。一方，せん断応力は載荷点付近で0であり，載荷点から支点までの区間で発生する（$V=P$）。従って，軸方向鉄筋は支間中央付近で曲げモーメントに対して必要量の鉄筋を配置できていればよく，支点に向かうにつれて必要性が小さくなった部分の鉄筋は，支点に近づくとともに徐々に折り曲げて斜めひび割れに抵抗させて利用したほうが合理的である。このような考えで**図-6.13**のa区間の周辺で斜めに折り曲げられている鉄筋は折曲げ鉄筋と呼ばれ，はり部材の設計では一般的なひび割れ制御鉄筋である。また，この斜めになった部分の鉄筋は，ひび割れ界面の骨材のかみ合い作用と圧縮部のコンクリートに作用するせん断力の低下の抑制，斜めひび割れが引張鉄筋に沿って進展することの拘束の低下の抑制と引張鉄筋の付着破壊の防止といった副次的な効果も期待できる。

せん断補強筋は，主な目的であるせん断応力への抵抗のみならず，その種類に応じて様々な効果が期待されていることを説明した。ひび割れ制御鉄筋を設計する上で重要な項目を，以下にまとめる。

1) コンクリートに斜めひび割れが発生した後の斜め引張応力に抵抗させて，せん断耐力が十分に発揮されるように配筋する。
2) 斜めひび割れが発生した後のひび割れの拡大を抑制して，ひび割れ界面での骨材のかみ合いに期待する。
3) 曲げ圧縮領域のコンクリートを拘束し，圧壊することを抑制する。
4) 柱部材にあっては，主鉄筋の座屈を抑制するとともに，コアコンクリートの強度と靭性を増加させることを期待する。
5) 斜めひび割れの進展による曲げ圧縮領域のコンクリートのせん断力の低下を抑制する。

以上，本項では，せん断応力と破壊形態について述べた上で，そのせん断破壊を避けるために必要となるせん断補強筋の種類を説明した。次項からは，せん断破壊に対してどのようにせん断補強筋を設計していくかについて，その補強の考え方を説明する。

6.2 補強の考え方

6.2.1 トラス理論

(1)ひび割れ後のせん断力の伝達

鉄筋コンクリート部材は，曲げひび割れとせん断ひび割れが相当に拡大した後にさらに荷重が作用しても，せん断耐力を持続することが知られている。これらのひび割れが発生してからのせん断耐力については，そのメカニズムを図-6.14に示すように，橋の構造と同様に考えることができ，トラス機構，アーチ機構およびダウエル作用に大別される。

1) トラス機構（図-6.14(a)）

トラス機構は，下路トラス橋の上部構造の応力負担のように，上部の横線（上弦材）を圧縮コンクリート，下部の横線（下弦材）を引張主鉄筋，縦線（垂直部材）をあばら筋，そして斜め線（斜材）を斜めひび割れ方向に圧縮力を負担する圧縮コンクリートに見立てて，あばら筋の引張応力（部材のせん断耐力と比例関係）と，圧縮斜材（圧縮コンクリートの圧縮応力）などの状態を表すことができる。

2) アーチ機構（図-6.14(b)）

アーチ機構は，タイドアーチ形式のアーチ橋のように，アーチ部材をコンクリートのアーチアクション，そして下部が開こうとする支点部の水平方向の力を拘束するタイの役割を主鉄筋として表している。この機構からは，スパン長が短いほどせん断耐力が大きくなることが理解できる。

3) ダボ作用（図-6.14（c））

ダボ作用は，桁橋の支承部が全荷重を支えているような状態で，鉛直に作用する荷重をせん断ひび割れで分割された部材をつなぎとめている主鉄筋がせん断力を負担しているダウエル作用して支えている状況を表している。この作用では，主鉄筋の量とかぶりが大きいほう

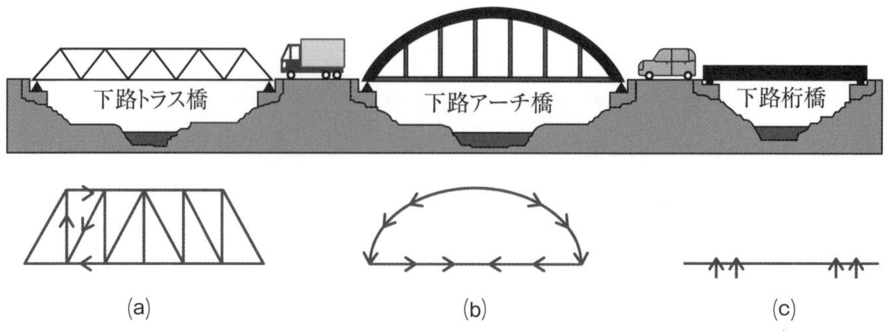

図-6.14　橋の構造とせん断耐力のメカニズム

がせん断耐力も大きくなることが理解できる。

⑵トラス理論によるせん断耐力の説明

前述のひび割れ後のせん断応力の伝達のうち最も設計上重要とされるのは，典型的なせん断破壊の破壊形式である斜め引張破壊を避ける観点から，あばら筋（スターラップ）の引張応力を表すことができるトラス機構である。

ここでは，このトラス機構についてトラス理論を利用して鉄筋コンクリートはりのせん断力がどのように作用し，どのように耐えるかを説明する。

トラスは，３本の直線材の端部を自由に回転できるピンで相互に連結する三角形の骨組を連続して組み合わせたものであり，容易に形を崩すことのない安定した骨組みである。各部材は全ての方向に回転自由なピンで連結されており，部材は軸方向力（引張力もしくは圧縮力）のみの構造形式である。部材と部材との結合点を節点，これをつなぐ部材を弦材といい，上弦材，下弦材および腹材に区分される。腹材はさらに鉛直に配置されれば垂直材，斜めに配置されれば斜材に区分される。

トラス理論は，このトラスの解法を利用して鉄筋コンクリートはりのせん断補強筋によるせん断耐力の向上を説明するものである。図-6.15に示すハウトラスとワーレントラスを用

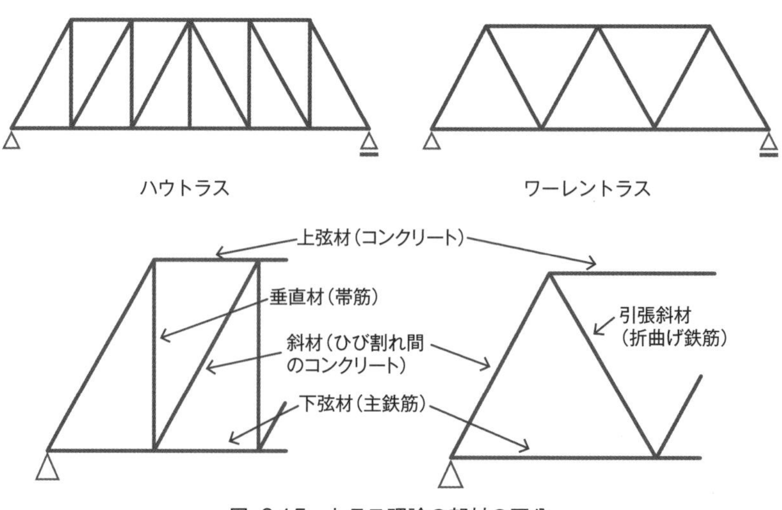

図-6.15　トラス理論の部材の区分

いるのが一般的である。ハウトラスを用いる場合は，あばら筋（スターラップ）を表す垂直部材がせん断補強の主な着目となり，一方，ワーレントラスを用いる場合は，上弦材と下弦材はハウトラスと同じであるが，斜材がハウトラスと同じ向きの斜材が圧縮斜材，それと線対称になる斜材が引張斜材となり，それぞれひび割れ間の圧縮コンクリートと折曲げ鉄筋を表している。

トラスの各部材に作用する軸方向力は，圧縮と引張が分担される。ハウトラスとワーレントラスの部材の力の向き（圧縮と引張）を**図-6.16**に示す。

トラスの各部材に作用する軸方向力の釣合いは，ハウトラス，ワーレントラスともに支点に荷重に対する反力が垂直方向上向きに作用し，上弦材は圧縮，下弦材は引張となる。垂直方向の釣合いは，上弦材，下弦材ともに水平にしか働かないので，反力に対して垂直材か斜材が作用する。この時，ハウトラスでは，斜材が支点で反力を受けることから圧縮部材として作用し，垂直材が垂直方向の力のつり合いから引張部材として作用する。ワーレントラスでは，垂直材の役割を引張斜材が受け持っている。このような圧縮部材と引張部材の作用状況であることから，圧縮部材はコンクリートが分担し，引張部材は鉄筋が分担している鉄筋コンクリート部材に見立てることができる。

6.2.2　修正トラス理論

(1)トラス理論によるせん断耐力の算出

前述のトラス理論によるせん断耐力の説明に従って，せん断耐力 Vs を算出する方法を，以下に述べる。せん断補強筋を配置した部材のせん断耐力は，Ritter- Morsch の古典的トラス理論に基づいて算出される。トラスモデルは，**図-6.17**に示す通りであり，斜めひび割れで分断された状態のフリーボディでモデル化する。せん断力は，全て引張腹材により負担され，引張腹材の降伏を部材の終局としていることから，斜め引張破壊型が破壊形態となるケースを前提とするものである。

斜めひび割れで分断された面をつなぐせん断補強筋の本数 n は，式（6-5）のように表される。

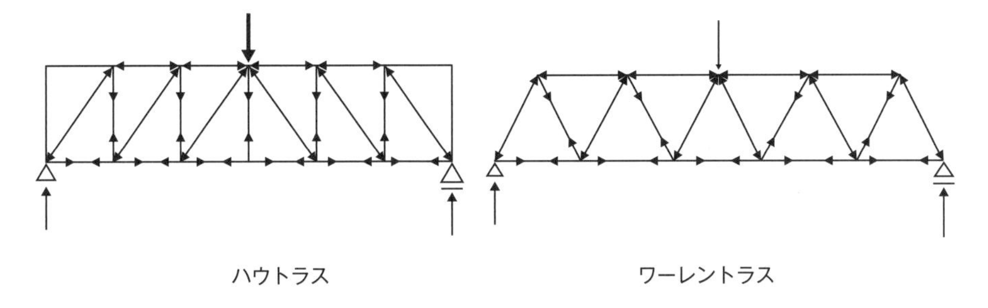

図-6.16　ハウトラスとワーレントラスの部材の力の向き

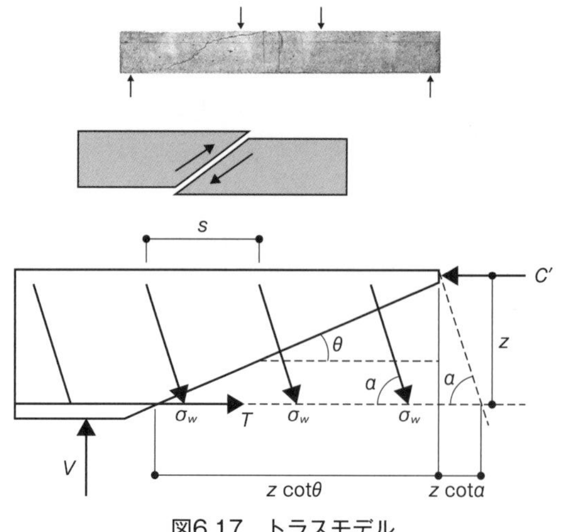

図6.17　トラスモデル

$$n=\frac{z(\cot\theta+\cot\alpha)}{s}$$ 式（6-5）

せん断補強筋の全本数の引張力 T は式（6-6）のように示される。

$$T = nAw\ \sigma w = Aw\ \sigma w\ \sigma z(\cot\theta + \cot\alpha)/s$$ 式（6-6）

せん断補強筋により受け持たれるせん断力 V は，式（6-7）のように示される。

$$V = T\sin\alpha = Aw\ \sigma w\ \sigma z\sin\alpha(\cot\theta + \cot\alpha)/s$$ 式（6-7）

従って，せん断補強筋で受け持つせん断耐力 V_s は，式（6-8）となる。

$$V_s= A_w\cdot f_{wy}\cdot\sin\alpha(\cot\theta + \cot\alpha)\cdot\frac{z}{s}$$ 式（6-8）

なお，この式に一般的な条件として帯鉄筋の角度 α=90° と，斜めひび割れの角度 θ=45° を想定した場合，せん断耐力 V_s は，$V_s=A_w f_{wy} z/s$ となり，折曲げ鉄筋の角度 α=45° を想定すると，せん断耐力 V_s は，$V_s=\sqrt{2A_w f_{wy} z/s}$ となる。

一方，斜材にあたるひび割れ間のコンクリートについても，**図-6.18**に示すようにモデル化することで算出できる。しかし，この斜め圧縮破壊の耐荷力 V_{wc} は，実際の耐荷力よりも非常に小さく算出されることが知られている。このことから，次に説明する修正トラス理論では，このコンクリートのせん断抵抗性について，トラスモデル以外のせん断抵抗を加える修正がなされている。

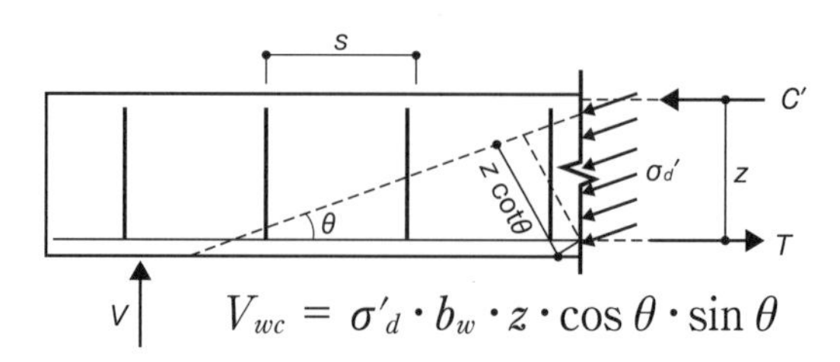

図-6.18　コンクリートのせん断抵抗性（トラス理論）

(2)修正トラス理論

古典的トラス理論は，コンクリートのせん断抵抗性について，トラスモデル以外のせん断抵抗が考慮されておらず，非常に過小評価となってしまうことが問題であった。修正トラス理論は，以下の式に示すように，トラス理論でせん断補強筋のせん断抵抗力 Vs を算出し，これに加えてより現実的なコンクリートのせん断抵抗力 Vc を追加したものである。

$V_y=V_s+V_c$

ここに, V_y:せん断耐力, V_s:せん断補強筋が受け持つせん断耐力（トラス理論により算出），V_c：コンクリートが受け持つせん断耐力で，実験データにより算出する。

現実的なコンクリートのせん断抵抗力として追加されたせん断抵抗力は，図-6.19に示すように，斜めひび割れ上部の圧縮域のせん断抵抗力（V_{comp}），斜めひび割れ面の骨材のかみ合わせ作用によるせん断抵抗力（V_{agg}）とダウエル作用によるせん断抵抗力（V_{dowel}）である。

$V_c=V_{comp}+V_{agg}+V_{dowel}$

1)　斜めひび割れ上部の圧縮域のせん断抵抗力（V_{comp}）

斜めひび割れ上部の圧縮域は，そもそも斜めひび割れが進展しにくい領域であり，ひび割れが発生した場合でもその境界面が圧縮状態にあることから，ずらそうとする力に抵抗する。このひび割れがずれようとした際に働く抵抗力は，せん断抵抗力として考慮されている。

そのせん断抵抗力の大きさは，圧縮域の面積に比例することから，中立軸の位置が低いほど抵抗力が大きくなることになる。つまり，中立軸の位置に関係するコンクリート強度と主鉄筋の鉄筋比などにも影響を受けることがわかる。

2)　斜めひび割れ面の骨材のかみ合わせ作用によるせん断抵抗力（V_{agg}）

斜めひび割れ面は，骨材とセメントマトリクスの界面で剥離している場合が多く，その凹凸がかみ合っていることにより，ひび割れの境界面がずれにくい状態となっている。このひび割れの境界面がずれようとした際に働く骨材のかみ合いは，せん断抵抗力として考慮されている。

このひび割れ境界面の骨材のかみ合いは，そのかみ合い部分の不陸高さに対するひび割れ幅が十分に小さい場合に効果が大きく，かみ合わないほどに離れた時点で効果はなくなる。このことから，骨材の大きさおよび形状と断面寸法との相対的な関係も影響する。また，このかみ合い部分の骨材の付着が弱ければかみ合っている骨材がさらに剥離するので，骨材の寸法が大きく，角張った砕石のような骨材形状の場合に効果が大きくなる。さらに，ひび割れ幅は,引張鉄筋が多く配筋されているほど引張応力が小さくなるため小さくなる。従って，

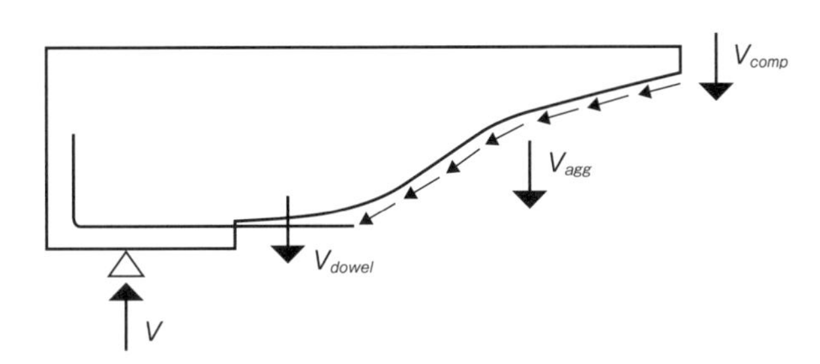

図-6.19　コンクリートのせん断抵抗力（修正トラス理論）

骨材のかみ合せ作用によるせん断抵抗力は，骨材の形状寸法，コンクリート強度および引張鉄筋比に影響を受けることがわかる。なお，高強度コンクリートの場合は，セメントマトリクスの強度が高いことから骨材も割裂してしまい，骨材のかみ合わせの効果が小さくなることに留意が必要である。

3)　ダウエル作用によるせん断抵抗力（V_{dowel}）

ダウエル作用は，2つの部材を接合する際に突起と差し込む穴を用いる時の**ほぞ**の効果と同じである。軸方向の応力に抵抗する主鉄筋は，せん断ひび割れを貫通していることからほぞと同様の形状であり，このひび割れがずれようとした際に働くほぞの効果は，せん断抵抗力として考慮されている。

このほぞの効果は，突起の数が多くて1つの突起が強いほど大きくなることから，主鉄筋の量と比例することは言うまでもないが，一方の差し込む穴が効果を持たなくなる，つまりコンクリートが突起である鉄筋を支える強度を失わないことが条件となることから，コンクリート強度も影響することとなる。

6.3　せん断力に対する設計

6.3.1　設計上の留意点

せん断破壊のうち斜め引張破壊に対する設計をするにあたっては，斜め引張破壊が終局状態にあることから，限界状態設計法の終局状態について検討する。終局状態の検討においては，断面力と断面耐力の比較により安全性を判定する。この断面力の算出は，せん断力を構造解析により求めるのが一般的である。これは，逐次ひび割れが進展する鉄筋コンクリート内部の状態を考慮すると，斜め引張応力について簡便でかつ汎用性のある算出方法がないからである。

鉄筋コンクリート構造のはりの応力状態は，部材全体が均等質な弾性体であれば，図 -6.20に示す応力状態となることが説明できる。しかし，実際の鉄筋コンクリートは不均質であり，斜めひび割れを発生させる引張力に対して腹部の主応力の流れが主応力方向と部材軸方向で一致しないことで，この応力状態を現実的に再現させることは計算を複雑にする。また，終局状態においては，前述の修正トラス理論で追加された骨材のかみ合い作用とダウエル作用の効果が，軸圧縮力の作用が小さくなるとひび割れ幅が大きくなることで効果が小さくなることを考慮する必要がある。さらに，斜めひび割れの発生に伴い斜め引張応力が解放されることにより，内部の応力状態は大きく状態変化する。せん断力に対する設計においては，これらの影響を無視できないことに留意する必要がある。

修正トラス理論で追加された現実的なコンクリートのせん断抵抗力については，多くの実験成果により算出方法が定められてはいるものの，論理的なものではない。一定の精度は確認できているがあくまで経験的なものであり，その精度は必ずしも十分ではない。

しかし，斜めひび割れを発生させる引張力は，図 -6.21に示す状態から考察すると，主鉄筋の引張力に関係して鉄筋比 p_w，圧縮側コンクリートの圧縮力に関係してコンクリート強度 f'_c，部材の有効高さ d，さらには断面全体に作用する軸方向力 N が主要因であることは理解できる。また，はり内部の応力度の流れを考えれば，せん断スパン比（a/d）が小さいほど，また主鉄筋

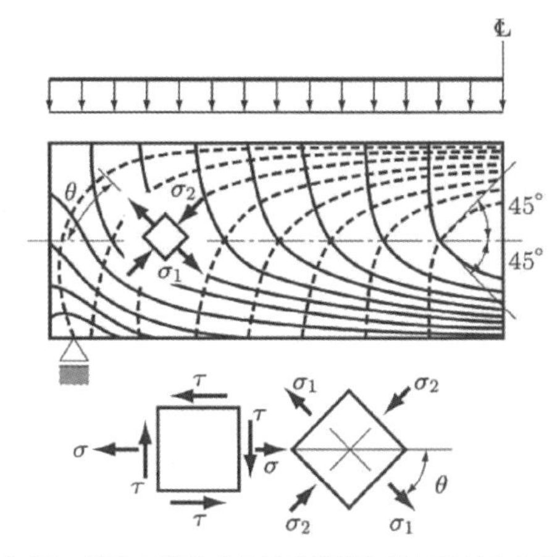

図 -6.20　等分布荷重を受ける等質なはり部材の主応力線

とコンクリートの付着力が大きいほど，斜めひび割れが発生しやすい状態に近づくことが理解できる。せん断力に対する設計の精度向上には，論理的には厳密ではないが，今後もこのような着目に基づき多くの研究により実験成果を積み上げ，より実現象に近い解析手法が開発されることが望まれる。

次項では，以上のような状況であることを踏まえ，これまでの多くの実験成果により設定されているせん断耐力の算出方法を説明する。

6.3.2　せん断耐力の算定

(1)コンクリートが負担するせん断耐力

コンクリートが負担するせん断耐力は，3種類のせん断抵抗力について，その効果が軸圧縮力の作用で変化することなどを考慮して，次の手順でせん断耐力を表す。

(a)せん断力度は，$\tau=V/bd$ であることから，$V=\tau_{bd}$ となる。

(b)このせん断力をせん断抵抗に表すために τ を経験式による f_v と表わすと，コンクリートのせん断耐力 V_c は，$V_c=f_{vbd}$ となる。

(c)ここで，f_v は，ある断面（bd）で破壊に至った V_c の値が得られればその時の τ が f_v となることから，このような実験と経験により，論理的な値ではないものの設定することができる。

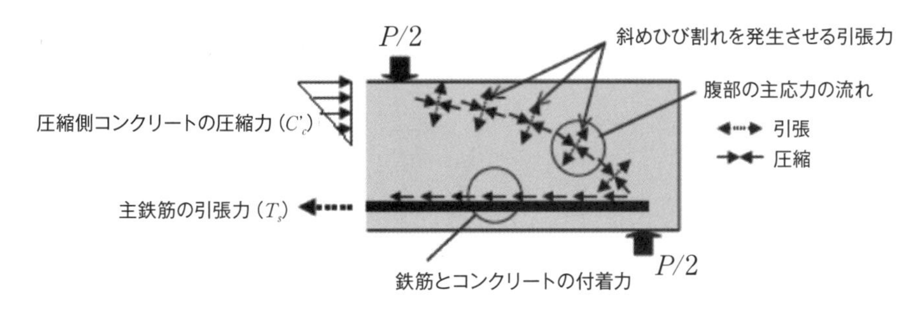

図 -6.21　斜めひび割れを発生させる引張力と影響する応力状態

(d)さらに，f_v を設計用として f_vd と表わし，部材係数 γ_b を考慮することで，設計せん断耐力 V_{cd} は，$V_{cd}=f_{vdbd}/\gamma_b$ となる。

(e) f_vd は，先述の通り，3種類のせん断抵抗力の効果を考慮して，$f_vd=\beta_d\beta_p\beta_nf_vcd$ となる。ここで，f_vd を構成する β_d，β_p，β_n および f_vcd については，以下に説明する。

β_d：有効高さの影響を考慮する係数で，有効高さが大きくなるほど骨材のかみ合わせの効果が小さくなる。

β_p：鉄筋比の影響を考慮する係数で，引張鉄筋比が大きいほどダウエル効果などによりせん断抵抗力が大きくなる。

β_n：軸方向力の影響を考慮する係数で，軸方向力が作用していなければ1.0であり，プレストレストコンクリートのような圧縮状態にある場合は1.0より大きくすることで，軸方向力を考慮する。

f_vcd：コンクリート強度を表しており，斜めひび割れ上部の圧縮域のせん断抵抗力以外にも全てのせん断抵抗力に関係する。

以上を踏まえ，例えば土木学会示方書では，せん断補強筋を有しない棒部材の設計せん断耐力 V_{cd} を，次式として規定している。

$$V_{cd}=\beta_d\cdot\beta_p\cdot f_{vcb}\cdot b_w\cdot d\cdot\frac{1}{\gamma_b}$$

$f_{vcd}=0.20\sqrt[3]{f'_{cd}}$　　ここに、$f_{vcd}\leqq 0.72$ (N/mm^2)

$\beta_d=\sqrt[4]{\dfrac{1000}{d}}$　　(d：mm) ただし、$\beta_d>1.5$となる場合は1.5とする。

$\beta_p=\sqrt[3]{100pv}$　　ただし、$\beta_p>1.5$となる場合は1.5とする。

ここに、

b_w：腹部の幅（mm）

d：有効高さ（mm）

$p_v=A_s/(b_w\cdot d)$

A_s：引張側鋼材の断面積（mm^2）

f'_{cd}：コンクリートの設計圧縮強度（N/mm^2）

γ_b：一般に1.1としてよい。

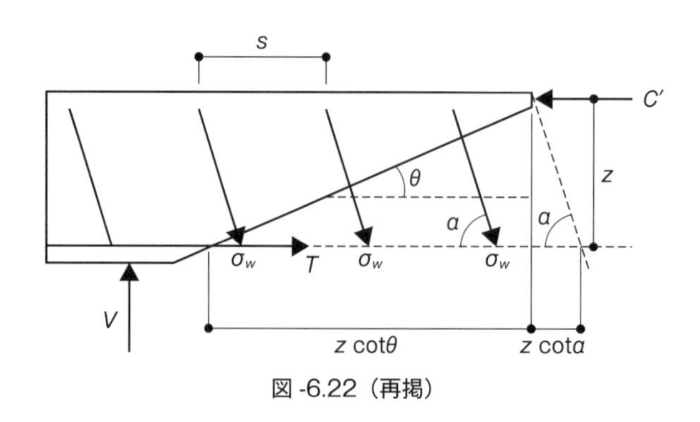

図-6.22（再掲）

⑵せん断補強筋が負担するせん断耐力

せん断補強筋が負担するせん断耐力は，先述の図-6.22に示すトラス理論で説明したせん断補強筋で受け持つせん断耐力 V_s を，論理的に算定できる。

$$V_s = A_w \cdot f_{wy} \cdot \sin\alpha(\cot\theta + \cot\alpha) \cdot \frac{z}{s} \qquad \text{式 (6-10)}$$

なお，鉄筋の効果は，ダウエル効果と軸方向力の影響などにも影響されるが，母材であるコンクリートが負担するせん断耐力で考慮済みである。

以上を踏まえ，例えば土木学会示方書では，せん断補強鋼材により受け持たれる設計せん断耐力 V_{sd} を，次式として規定している。ただし，斜めひび割れ発生角度 θ=45° としている。

$$V_{sd} = \frac{\left\{A_w \cdot \frac{f_{wyd}(\sin\alpha_s + \cos\alpha_s)}{s_s}\right\} z}{\gamma_b} \qquad \text{式 (6-11)}$$

ここに、

A_w：区間 s におけるせん断補強筋の総断面積（mm^2）

f_{wyd}：せん断補強筋の設計降伏強度で、$25f'_{cd}$(N/mm^2)と800 N/mm^2のいずれか小さい値を上限とする。

α_s：せん断補強筋が部材軸となす角度

s_s：せん断補強筋の配置間隔（mm）

z：圧縮応力の合力の作用位置から引張鋼材図心までの距離で、一般に $d/1.15$としてよい

γ_b：一般に1.3として良い

$p_w = A_w/(b_w \cdot s)$

⑶せん断補強鉄筋量の算定

せん断補強鉄筋量は，折曲げ鉄筋と帯鉄筋でそれぞれの配置の角度に応じて，以下の式で算定される。

ただし，折曲げ鉄筋の場合は，α=45° とする。

$$A_w = \frac{V_s \cdot s}{\sqrt{2}\, f_{wy} \cdot z}$$

⑷斜め引張破壊の設計せん断耐力の算定

設計せん断耐力 V_{yd} は，次式の通りであり，コンクリートが負担するせん断耐力 V_{cd} とせん断補強筋が負担するせん断耐力 V_{sd} を足し合わせることで算定される。

$$V_{yd} = V_{cd} + V_{sd}$$

⑸斜め圧縮破壊の設計せん断耐力の算定

設計せん断耐力の算定までは，典型的なせん断破壊の破壊形式である斜め引張破壊に対するものであったが，図-6.23に示す斜め圧縮破壊についても，せん断耐力を照査する必要がある。

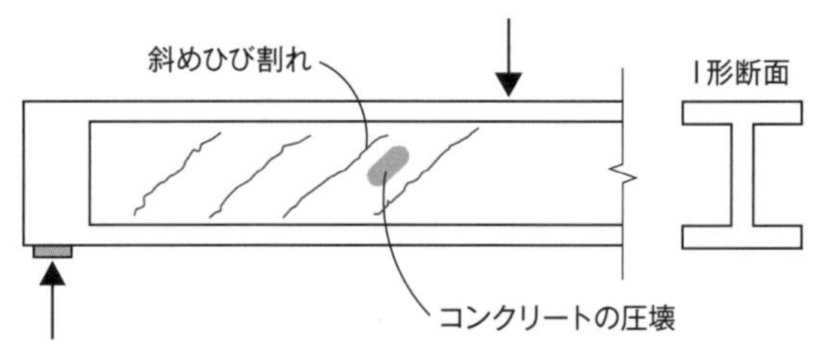

図 -6.23　斜め圧縮破壊

一般的な断面である T 形断面と I 形断面では，斜め引張破壊に対してせん断耐力を向上させようとした場合に，せん断補強筋の量が大きくなることに対して腹部の幅が小さいことで，せん断補強筋が降伏する前に腹部のコンクリートが圧壊する可能性が高まる。これを避けるために，斜め圧縮破壊のせん断耐力を照査し，せん断補強筋によるせん断耐力向上の上限値を考慮する必要がある。すなわち，後述する $\gamma_i V_{yd}$ が V_{wcd} より大きい場合は，コンクリートの断面積と強度を上げるなどの考慮である。

斜め圧縮破壊の設計せん断耐力 V_{wcd} は，次式により算定される。なお，f'_{ck}（$f'_{cd}=f'_{ck}/\gamma_c$, γ_c=1.3）は80N/mm^{2}を上限とする。

$$V_{wcd}=f_{wcd}\cdot b_w\cdot d\cdot\frac{1}{\gamma_b}$$

$$f_{wcd}=1.25\sqrt{f'_{cd}}\qquad \text{ただし、} f_{wcd}\leqq 9.8\ \mathrm{N/mm^2}$$

γ_b：部材係数（γ_b＝1.3としてよい）

(6)安全性の照査

最後に，斜め引張破壊の設計せん断耐力と斜め圧縮破壊の設計せん断耐力の安全性を，構造物係数を考慮して照査する。次式は斜め引張破壊の設計せん断力の照査であるが，斜め圧縮破壊についても同様に照査できる。

$$\gamma_i\cdot\frac{V_d}{V_{yd}}\leqq 1.0$$

ここに，γ_i：構造物係数

6.3.3　モーメントシフト

モーメントシフトの概念図を，図 -6.24に示す。モーメントシフトは，斜めひび割れの発生に伴い斜め引張応力が解放されることにより，曲げモーメントで発生している引張応力も小さくなることを考慮して，各断面に発生する曲げモーメントを小さいほうにシフトさせることである。設計においては，一般に各断面に発生する曲げモーメントを，支点からの距離 x に有効高さ d を加えた断面における曲げモーメントを適用することとしている。

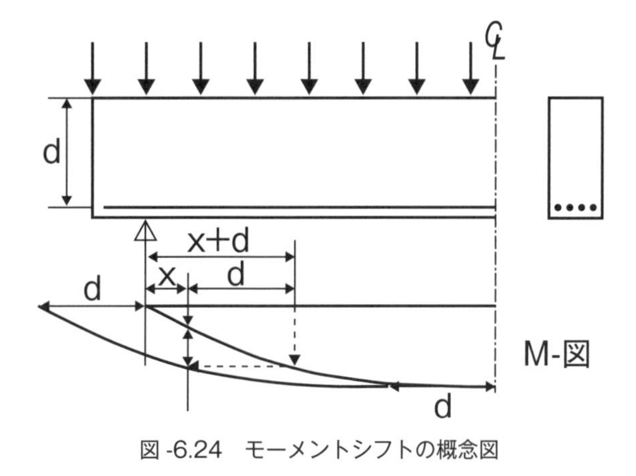

図 -6.24　モーメントシフトの概念図

例題6-1

図 -5.18に示す鉄筋コンクリートはりの点 F に設計せん断力 $V_d = 400$ kN が作用するとき，点 F のせん断力に対する安全性を照査せよ。ただし，点 F は支点 A より $h/2$だけ離れた点（625mm），$f'_{ck} = 24$ N/mm^2，スターラップは鉛直の U 形 D13（SD295B）を間隔 $s_s = 250$ mm，また，折曲げ鉄筋（SD295B，曲上げ角度45°）を間隔 $s_s = 1000$ mm で配置する。コンクリートの材料係数 $\gamma_c = 1.3$，部材係数 γ_b は V_{cd} に対して1.3，V_{sd} に対して1.1，構造物係数 $\gamma_i = 1.15$，$z = \dfrac{d}{1.15}$とする。

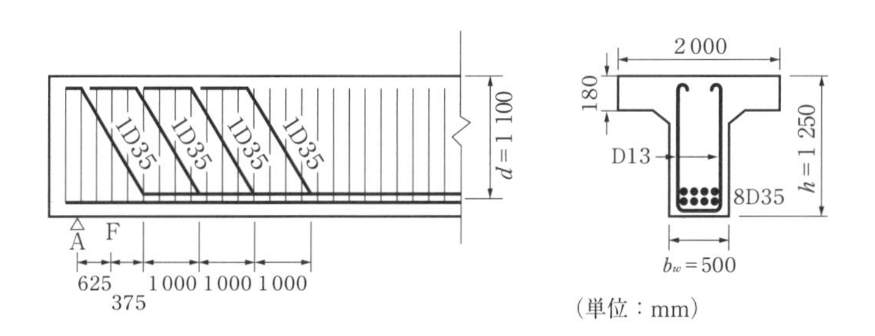

解 答

(1)　設計斜め圧縮破壊耐力 V_{wcd} の計算と安全性に対する照査

$$V_{wcd} = \frac{f_{wcd} \cdot b_w \cdot d}{\gamma_b}$$

ここに，以下のように計算できる。

$$f'_{cd} = \frac{f'_{ck}}{\gamma_c} = \frac{24}{1.3} = 18.5 \text{ N/mm}^2$$

$$f_{wcd} = 1.25\sqrt{f'_{cd}} = 1.25 = \sqrt{18.5} = 5.38 \text{ N/mm}^2$$

$$\therefore \quad V_{wcd} = \frac{5.38 \times 500 \times 1100}{1.3} = 2276 \text{ kN}$$

$$\gamma_i \cdot \frac{V_d}{V_{wcd}} = 1.15 \times \frac{400}{2276} = 0.202 < 1.0$$

よって，この断面は斜め圧縮破壊に対して安全である。

(2)　せん断補強鉄筋を有しない棒部材の設計せん断耐力 V_{cd} の計算

$$V_{cd} = \frac{\beta_d \cdot \beta_p \cdot f_{vcd} \cdot b_w \cdot d}{\gamma_b}$$

ここに，以下の計算が成り立つ。

$$f_{vcd} = 1.2\sqrt[3]{f'_{cd}} = 0.2\sqrt[3]{18.5} = 0.529\ \mathrm{N/mm^2}$$

$$\beta_d = \sqrt[4]{\frac{1000}{d}} = \left(\frac{1000}{d}\right)^{1/4} = 0.976 < 1.5$$

$$\beta_p = \sqrt[3]{100 \cdot p_v} = (100 \times 0.00695)^{1/3} = 0.886 < 1.5$$

（点Ｆの主鉄筋量 A_s は，その点までに主鉄筋を4本折曲げ鉄筋として使用しているので残りは8－4＝4本となる。点Ｆでの主鉄筋比 p_v は，

$$A_s = 4\mathrm{D}35 = 3826\ \mathrm{mm^2}$$

$$\therefore \quad p_v = \frac{A_s}{b_w \cdot d} = \frac{3826}{500 \times 1100} = 0.00695$$
）

$$\therefore \quad V_{cd} = \frac{0.976 \times 0.886 \times 0.529 \times 500 \times 1100}{1.3} = 193.53\ \mathrm{kN}$$

$$= 194\ \mathrm{kN}$$

$$\gamma_i \cdot \frac{V_d}{V_{cd}} = 1.15 \times \frac{400}{194} = 2.371 > 1.0$$

よって，せん断補強が必要である。

(3)　設計せん断力 V_{yd} の計算と安全性に対する照査

せん断補強鉄筋の設計降伏強度 f_{wyd} について，使用鉄筋はSD295B，その上限は$25f'_{cd} = 25 \times 24 \div 1.3 = 462.5\ \mathrm{N/mm^2}$，$800\ \mathrm{N/mm^2}$のいずれか小さい値とする。

$$\therefore \quad f_{wyd} = 295\ \mathrm{N/mm^2}$$

点Ｆでのせん断補強鋼材比 p_w は1000 mmあたり鉛直スターラップはＵ形D13を4組，折曲げ鉄筋（曲上げ角度45°）はD35を1本なので，以下となる。

$$p_w = \frac{4 \times 253 + \sqrt{2} \times 956.6}{1000 \times 500}$$

よって条件を満足する。

$$V_{yd} = V_{cd} + V_{sd}$$

$$V_{sd} = \frac{\sum A_w \cdot f_{wyd}(\sin\alpha_s + \cos\alpha_s) \cdot z}{\gamma_b \cdot s_s}$$

ここに，スターラップは，Ｕ形D13なので $A_w = 253\ \mathrm{mm^2}$，その間隔 $s_s = 250$ mm，折曲げ鉄筋は1D35なので $A_w = 956.6\ \mathrm{mm^2}$，その間隔 $s_s = 1000$ mm，式（5-24）および式（5-23）より，以下

のようになる。

$$V_{sd}=\frac{(253\times295\times1100)/1.15}{250\times1.1}+\frac{(\sqrt{2}\times956.6\times295\times1100)/1.15}{1000\times1.1}$$

$$=259600+346980=607\ \text{kN}$$

$$\therefore\quad V_{yd}=194+607=801\ \text{kN}$$

$$\gamma_i\cdot\frac{V_d}{V_{yd}}=1.15\times\frac{400}{801}=0.574<1.0$$

よって，この断面はせん断破壊に」対して安全であることが照査された。

第7章 疲労

7.1 一般

作用荷重の中で活荷重等の変動荷重の占める割合とその作用頻度が大きい場合には，**疲労**に対する安全性の照査が必要となる。検討は，一般に繰返し引張応力を受ける主鉄筋およびせん断補強筋の**疲労破壊**について行うが，コンクリートに対して行う場合もある。

コンクリート構造物で，疲労が問題となるものとしては，以下のようなものが挙げられる。

・大型車の通行台数の多い道路橋で，活荷重が大きい場合。

・道路橋や鉄道橋で車両通行台数や列車の運行回数の増加により，繰返し荷重が増加する場合。

・海洋構造物で波力による繰返し荷重が増加する場合。

コンクリートの疲労性状は，その構成材料であるコンクリートと鉄筋・PC 鋼材の疲労性状，コンクリートと鋼材間の付着性状，構造物が位置する環境条件にも影響を受ける。

構成材料の疲労特性として，湿潤状態のコンクリートは気乾状態よりも，また，水中にある鋼材の**疲労強度**は気中における場合よりもそれぞれ低下すること等が挙げられる。よって，環境条件を含めた材料の疲労特性を正確に把握して，照査行うことが必要である。

7.2 部材の疲労挙動

7.2.1 曲げ疲労

気中の RC はりの曲げ疲労試験によると，鉄筋比が小さい部材が曲げモーメントを受ける場合，変動荷重により生じる引張鉄筋の応力が疲労に対してクリティカルとなるため，そのほとんどが引張鉄筋の疲労破断により破壊が生じている[1)]。この場合，はりの200万回疲労強度は静的耐力の60～80%であり[2)]，断面形状，断面寸法，鉄筋比の相違は，疲労強度にほとんど影響を及ぼさない[3)]。従って，この種の破壊性状を示すはりの疲労寿命は，使用鉄筋の S-N 線式から精度良く推定できると考えられる。

7.2.2 せん断疲労

せん断補強鉄筋のない RC はりの疲労試験によると，せん断スパン有効高さ比(a/d)を2.0～6.36の間で変化させた場合，静的載荷における破壊形式と比べて，繰返し載荷におけるはりの破壊形式は，静的の場合とは必ずしも一致せず，上限荷重の大きさによって破壊形式が異なってくる。しかし，部材の100万回疲労強度は，破壊形式の相違によらず，静的耐力の約55% である[5)]。

せん断補強鉄筋を用いた RC はりの破壊形式は，静的荷重下でせん断破壊しない部材であっても，繰返し荷重下ではせん断破壊を起こす場合がある。これは，初期の載荷では，せん断補強鉄筋に応力が生じていなくても，繰返し載荷回数の増加に伴って斜めひび割れが発生・進展し，斜めひび割れとせん断補強鉄筋とが交わる部分に局部応力が発生するためである。この場合，はりはせん断補強鉄筋の疲労破断によって破壊するため，疲労強度は静的耐力よりも相当小さな値となる。

7.3　疲労破壊に対する安全性

7.3.1　安全性の照査方法

⑴　基本

疲労破壊に対する安全性は，応力度で照査する場合と断面力で照査する場合に大別され，それぞれ次式で照査できる。

1）　応力度で照査する場合

$$\gamma_i \sigma_{rd} / (f_{rd}/\gamma_b) \leqq 1.0 \qquad \text{式 (7-1)}$$

ここに，σ_{rd}：設計変動応力度，f_{rd}：材料の設計疲労強度，γ_b：部材係数（疲労限界状態での検討では一般に1.0～1.1），γ_i：構造物係数

2）　断面力で照査する場合

$$\gamma_i S_{rd} / R_{rd} \leqq 1.0 \qquad \text{式 (7-2)}$$

ここに，S_{rd}：設計変動断面力，R_{rd}：設計疲労耐力

ただし，S_{rd}＝（設計変動荷重 F_{rd} による変動断面力）×γ_a（構造物解析係数）

R_{rd}＝（f_{rd} を用いて求めた断面の疲労耐力）/γ_b

⑵　材料の設計疲労強度

1）　コンクリート

コンクリートの設計疲労強度 f_{crd} は，次式から求めてよい。

$$f_{crd} = k_1 f_d (1 - \sigma_{cp}/f_d)(1 - \log N/K) \qquad \text{式 (7-3)}$$

ここに，f_d：コンクリートのそれぞれの設計強度で，材料係数を γ_c=1.3として求めてよい。

ただし，f_d は f_{ck}=50N/mm^{2}に対する各設計基準強度を上限とする。

σ_{cp}：永続作用によるコンクリートの応力度であり，交番荷重を受ける場合は0とする。

N：疲労寿命（疲労破壊に至るまでの繰返し回数），ただし，$N \leqq 2 \times 10^6$

K：普通コンクリートで継続してあるいはしばしば水で飽和される場合および軽量骨材コンクリートの場合は K=10とし，その他の一般の場合は K=17とする。

k_1：一般に，圧縮および曲げ圧縮の場合 k_1=0.85，引張および曲げ引張の場合　k_1=1.0

2）　鉄筋

異形鉄筋の設計疲労強度 f_{srd} は，次式から求めてよい。

$$f_{srd} = 190 \cdot \frac{10^\alpha}{N^k}\left(1 - \frac{\sigma_{sp}}{f_{ud}}\right)/\gamma_s \,(\mathrm{N/mm^2})\ (N \leqq 2 \times 10^6) \qquad \text{式 (7-4)}$$

ここに，f_{ud}：鉄筋の設計引張強度で，次式により求めてよい。

$$f_{ud} = f_{uk}/\gamma_s \qquad \text{式 (7-5)}$$

f_{uk}：鉄筋の引張強さ

ここに，γ_s ：鉄筋の材料係数で，一般に1.05としてよい。

σ_{sp}：永続荷重による鉄筋の応力度

N：疲労寿命

α，k：試験によるのが原則であるが，$N \leqq 2 \times 10^6$の場合は次式から定めてよい。

$\alpha = k_0(0.81 - 0.003\phi)$，$k = 0.12$　　式（7-6）

ϕ：鉄筋直径（mm）

k_0：鉄筋のふし形状に関する係数で，一般に1.0としてよい。

(3) 等価繰返し回数

一般に変動荷重はその大きさがランダムであるため，応力度も変動する。従って，式（7-1）を適用するためには，実際のランダムな変動応力を基準として一定の応力に換算する必要がある。

このために，マイナー則を適用する。マイナー則とは，疲労の蓄積に関する被害則で，任意の大きさの応力の一定繰返し応力による疲労寿命が，N_iであるとき，作用する応力σ_{ri}の実繰返し回数がn_iであれば，σ_{ri}による疲労損傷はn_i/N_iとなる。その結果，全てのσ_{ri}による累積疲労損傷が1になったときに疲労破壊を生じるとするものであり，次式で表される。

$\sum n_i/N_i = 1.0$　　式（7-7）

マイナー則の適用による**等価繰返し回数**の算定法は，次の手順による。

コンクリートおよび鉄筋に対するS-N線式として，それぞれ式（7-3）および式（7-4）で与えられている。

次に，基準とする$\sigma_p = \sigma_{p0}$，$\sigma_r = \sigma_{r0}$を設定する。この（σ_{p0}，σ_{r0}）の値は任意に選んでよいが，一般には設計荷重作用時の値を用いる。

等価繰返し回数は，（σ_{pi}, σ_{ri}）1回の作用が（σ_{p0}, σ_{r0}）何回の作用に相当するかを示すもので，これをN_{ei}とおけば，N_{ei}は$1/N(\sigma_{pi}, \sigma_{ri}) = N_{ei}/N(\sigma_{p0}, \sigma_{r0})$ より，次式で算定される。

$$N_{eq} = \sum_{i=1}^{m} N_{ei} = \sum_{i=1}^{m} n_i \times \frac{N(\sigma_{p0}, \sigma_{r0})}{N(\sigma_{pi}, \sigma_{ri})}$$　　式（7-8）

なお，個々の応力変形（σ_{pi}, σ_{ri}）に対し，上記のS-N線式のσ_{cp}またはσ_{sp}にσ_{pi}を，f_{crd}またはf_{srd}にσ_{ri}を代入して求めた$N(\sigma_{pi}, \sigma_{ri})$ をN_iと表すと，次式で算定される。

コンクリート：$\sigma_{cri} = A_i(1 - \log N_i/KI)$であるから，

$N_i = 10K(1 - \sigma_{cri}/(A_i)$　　式（7-9）

ただし，$A_i = K_1 f_d(1 - \sigma_{cpi}/f_d)$

鉄筋：$N_i^k \cdot \sigma_{sri} = A'_i$であるから，

$N_i = (A'_i/\sigma_{sri})^{1/\mathrm{k}}$　　式（7-10）

ただし，$A'_i = 190 \times 10^{\alpha}(1 - \sigma_{spi}/f_{ud})/\gamma_s$

式（7-9），（7-10）を式（7-8）に代入して整理すると，N_{eq}は，次式で算定される。

コンクリート：$N_{eq} = N_{eq,c} = \sum_{i=1}^{m} n_i \times 10^{K\left(\frac{\sigma_{cri}}{A_i} - \frac{\sigma_{cr0}}{A_0}\right)}$　　式（7-11）

$$鉄筋：N_{eq}=N_{eq,s}=\sum_{i=1}^{m} n_i \times \{(A'_0\sigma_{sri})/(A'_i\sigma_{sr0})\}^{1/k} \qquad 式（7-12）$$

なお，持続応力が一定の場合は，上式において $A_0=A_i$, $A'_0=A'_i$ とおけばよい。

7.3.2　曲げモーメントに対する検討

曲げモーメントを受ける部材においては，繰返し荷重が内力の変化に及ぼす影響は比較的小さいと考えられることから，鉄筋の引張疲労破断に対する検討を行う場合，変動荷重による鉄筋の引張応力度には第4章の方法によって算定したもの（σ_s）を用いることができる。

一方，コンクリートの曲げ圧縮疲労破壊を対象とする場合，繰返し荷重を受けるコンクリートは，残留ひずみが生じること，また，応力－ひずみ曲線の形状が繰返し回数とともに変化すること，さらにはこれらに関連して中立軸の位置も変化することなどより，正確な応力算定はむずかしいと考えられる。また，曲げモーメントを受ける部材の圧縮域には，応力勾配が存在する。このとき，疲労損傷は応力度の大きい断面外縁に近い部分ほど著しいが，中立軸の変化とともに応力の再配分が生じるため，曲げ圧縮状態のコンクリートの疲労破壊は，一様圧縮の場合に比べてはるかに起こりにくい状況にある。

このような観点から，松下ら[4]は，応力勾配を有するコンクリートにおいては，コンクリートの圧縮合力の作用位置が変化しなければ，その合力位置を図心とする等価応力分布を考えた応力値を繰返し応力の大きさとして，疲労寿命が算定できることを提案している。

以上を踏まえ，土木学会示方書[5]では，コンクリートの曲げ圧縮応力度は，第4章の方法で算定した三角形分布の応力の合力位置と同位置に合力位置がくるようにした矩形応力分布の応力度としてよいこととしている。

従って，長方形はりに対する矩形に換算した応力度を σ'_{cd} は，次式のように表される。

$$\sigma'_{cd}=\sigma'_c \cdot 3/4 \qquad 式（7-13）$$

ここに，σ'_c：弾性理論で算定される縁応力度

7.3.3　せん断力に対する検討

(1)　せん断補強鉄筋を有しないはり部材の疲労耐力

せん断補強鉄筋を用いないはり部材において，荷重繰返し作用の影響が大きい場合には，疲労の検討が必要となる。

土木学会示方書では，せん断補強鉄筋を有しない棒部材の設計せん断疲労耐力 V_{rcd} として，次式を与えている。

$$V_{rcd}=V_{cd}(1-V_{pd}/V_{cd})(1-\log N/11) \qquad 式（7-14）$$

ここに，V_{rcd}：せん断補強鉄筋を有しないはり部材の静的せん断耐力（第6章による）

V_{pd}：永久荷重作用時における設計せん断力

N：疲労寿命

(2)　はり部材のせん断補強鉄筋の応力度

せん断補強鉄筋のS-N線式から，はり部材のせん断疲労耐力を推定するためには，繰返し荷

重作用下でのせん断補強鉄筋の応力度を求める必要がある。繰返し荷重が作用すると，繰返し回数の増加とともにコンクリートの受け持つせん断力が減少し，逆にせん断補強鉄筋の応力度が次第に増大する。そこで，土木学会示方書では，せん断力によるせん断補強鉄筋の応力度は，一般に下式により求めてもよいとしている。

$$\sigma_{wrd}=\frac{(V_{pd}+V_{rd}-k_r\cdot V_{cd})s}{A_w\cdot z(\sin\theta+\cos\theta)}\cdot\frac{V_{rd}}{V_{pd}+V_{rd}+V_{cd}}$$　式（7-15）

$$\sigma_{wpd}=\frac{(V_{pd}+V_{rd}-k_r\cdot V_{cd})s}{A_w\cdot z(\sin\theta+\cos\theta)}\cdot\frac{V_{pd}+V_{cd}}{V_{pd}+V_{rd}+V_{cd}}$$　式（7-16）

ここに，σ_{wrd}：せん断補強鉄筋の設計変動応力度

σ_{wpd}：永続作用によるせん断補強鉄筋の応力度

V_{pd}：永続作用時における設計せん断力

V_{rd}：変動荷重による設計せん断力

V_{cd}：せん断補強鉄筋を用いないはり部材の設計せん断耐力で，第６章による。

k_r：変動荷重の頻度の影響を考慮するための係数で，一般には0.5としてよい。ただし，変動荷重の繰返しが問題とならない部材では1.0とする。

s：せん断補強鉄筋の配置間隔

A_w：区間 s におけるせん断補強鉄筋の総断面積

θ：せん断補強鉄筋が部材軸となす角度

z：圧縮応力の合力の作用位置から引張鋼材の図心までの距離で，一般に $d/1.15$ とする。

d：有効高さ

7.4　耐震設計

7.4.1　耐震設計の基本

地震が発生すると，地盤が揺れることにより，その上に構築されている橋梁等の構造物も揺れる。このとき，これらの構造物は，静的な力とは異なる力を受け，動的な応答を示す。このため，地震に対して構造物が安全性を確保できるよう，耐震設計が必要となる。しかしながら，大規模な地震に対して全く破壊を生じないように安全性を確保するには限度がある。よって，比較的発生確率の高い中規模地震動に対しては構造物の安全性を確保できるが，発生確率の低い大規模地震動に対しては，小規模な破壊を許容しつつ復旧性能を確保する等，構造物によって求める**耐震性能**を決定していくことが重要である。

(1)　設計地震動

関東大震災以降，数度の大きな地震被害経験を経て，耐震設計法も変化し，発生確率の低い大規模地震についても検討がなされるようになってきた。特に，兵庫県南部地震以降は以下の，

①**レベル1地震動**：構造物の供用期間中に発生する確率が比較的高い中程度の地震動

②**レベル2地震動**：構造物の供用期間中に発生するは低いが大きな地震動

の2つのレベルの地震動に対して設計がなされてきた。

さらに，レベル2地震動については，プレート境界型の地震動（タイプⅠ）と兵庫県南部地震のような内陸直下型の地震動（タイプⅡ）が考慮されている。

⑵　耐震性能

耐震性能は，構造物の機能性，復旧性，人命にかかる安全性から決定する必要がある。特に機能性については，地震後の救援物資の輸送，救急・消防活動等，緊急活動に対する各機能の確保が重要となる。また，復旧性については，地震によって構造物に性能低下が生じた場合，その回復程度を表す性能である。安全性は，橋の場合の落橋や構造物の崩壊などにより人命を損なう被害を避けるための性能である。これらを考慮すると，以下の３つの要求性能レベルが挙げられる。

①耐震性能１：地震時に機能を確保し，地震後にも機能が健全で補修しないで使用が可能である。

②耐震性能２：地震後に機能が短時間で回復でき，補強を必要としない。

③耐震性能３：地震によって構造物全体が崩壊しない。

上記の耐震性能について，耐震性能1では構造物の安全性および使用性が要求性能となる。構造体の安全性は使用性が満足できれば確保できることから，耐震性能１では，使用性を照査の対象とする。また，耐震性能２は，地震後の復旧性，すなわち修復の容易さが対象となる。さらに，耐震性能３は，地震によって構造物の修復が困難となっても，構造物全体系は崩壊しない状態を限界状態として，構造物の安全性の照査を行えばよい。

⑶　重要度

道路橋示方書[6)]では，地震後におけるその社会的な役割や地域の防災計画上の位置付け，橋としての機能が失われることの影響度の大きさを考慮し，道路種別や橋の機能および構造に応じ，**橋の重要度**の区分として，以下を考慮することとしている。

①地域の防災計画上の位置付け：橋が地震後の救援活動，復旧活動等の緊急輸送を確保するために必要とされる度合い

②他の構造物や施設への影響度：複断面，跨線橋や跨道橋等，橋が被害を受けたとき，それが他の構造物や施設に影響を及ぼす度合い

③利用状況や代替性の有無：利用状況や，橋が機能を失ったとき直ちにほかの道路等によってそれまでの機能を維持できるような代替性の有無

④機能回復の容易：橋が被害を受けた後に，その機能回復に要する対応の容易さの度合い

上記を踏まえ，同示方書では，耐震設計上の重要度が標準的な橋をＡ種，特に重要度が高い橋をＢ種として区分している。

7.4.2　耐震設計方法

耐震設計の基本的な流れは，以下の通りである。

①設計地震動の設定：レベル１地震動とレベル２地震動を設定する。

②使用材料，構造形式，形状，寸法の仮定：橋梁の場合は，コンクリート・鋼材等の材料，形式や支間割，桁・橋脚・フーチング・基礎等の形式とその形状寸法を設定する。

③断面の仮定：コンクリート打込み時の施工性や供用期間中の耐久性に配慮した，コンクリー

トのかぶり，鋼材の配置等を仮定する。

④レベル１地震動による照査：地震時に機能を確保し，地震後にも機能が健全で補修しないで使用が可能である耐震性能1を確保できていることを照査する。基本的に弾性範囲であることを確認する。照査方法としては静的線形解析と動的線形解析がある。

⑤レベル２地震動による照査：地震による損傷が限定的で，地震後に機能が短時間で回復できる耐震性能２を確保できていることを照査する。部分的に塑性化することを許容するとともに，一般には変位を照査する。照査方法としては，静的非線形解析と動的非線形解析がある。構造形式が複雑なものは，一般に動的非線形解析で行われることが多い。

⑥構造細目の決定：④，⑤により，主鉄筋・せん断補強鉄筋・帯鉄筋の種類・配置等とそれぞれの定着・継手等の細目を決定する

(1)　構造部材の力学特性

レベル２地震動の照査では，塑性化を許容する部位・部材を適切に配置し，許容する損傷状態を適切に設定することが重要となる。構造物全体系として適切にエネルギー吸収するためには，構造物を構成する各部材・部位に対して，塑性化の程度を設定する必要がある。

部材の損傷レベル・損傷状態に対応する補修方法の例を**表-7.1**[5)]に，曲げモーメントを受ける一般的な鉄筋コンクリート棒部材の損傷レベルの限界を関連付けた例を**図-7.1**[5)]に示す。例えば，RC 橋脚単柱の場合，補修が比較的容易な柱下端に損傷レベル２を許容する等が考えられる。参考に，道路橋示方書での地震時の塑性化を期待する部位について，コンクリート単柱橋脚を例に，**図-7.2**[6)]に示す。

表-7.1　部材の損傷レベル・損傷状態に対する補修方法の例[5)]

	損傷状態	補修工法の例
損傷レベル１	無損傷	無補修（必要により耐久性上の配慮）
損傷レベル２	場合によっては補修が必要な損傷	必要によりひび割れ注入・断面修復
損傷レベル３	補修が必要な損傷	ひび割れ注入・断面修復 必要に応じて帯鉄筋等の修正

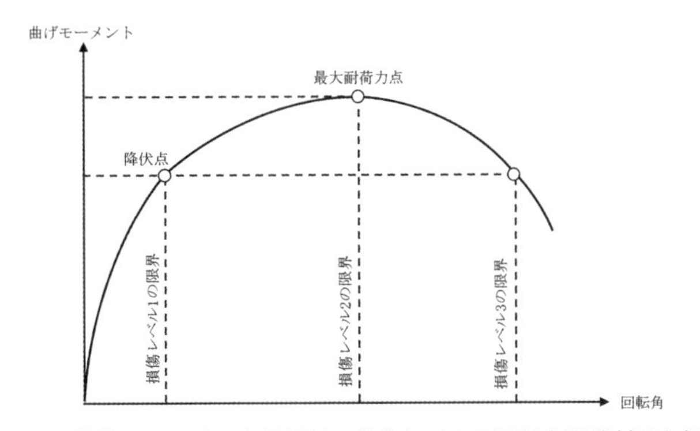

図-7.1　鉄筋コンクリート棒部材の損傷レベルの限界を関連付けた例[5)]

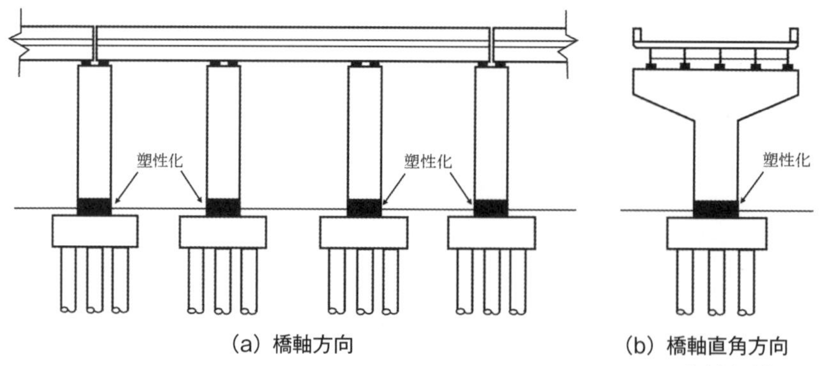

図-7.2　地震時に塑性化を期待する部位の例（コンクリート単柱橋脚）[6) を参考に加筆]

(2) 応答値の算定

地震に対する構造物の応答値の算定は，弾性範囲内であることが明らかなことを除き，部材や地盤の非線形性を考慮した時刻歴応答解析や応答スペクトル法の動的解析による方法がある。解析に用いる地震動については，土木学会示方書において模擬地震波形が示されている。

解析にあたり，部材のモデル化については，その力学的特性に基づいて，適切に行う必要がある。橋梁におけるモデル化の例を，**図-7.3**[6] に示す。橋梁の場合，その構造特性，構成する部材の力学的特性，周辺地盤の抵抗特性等に応じ，橋の固有振動特性を適切に表現できるよう，構成する各部材（基礎，橋脚，上部構造等）の質量分布，剛性分布，境界条件を適切にモデル化する必要がある。また，橋を構成する構造要素の減衰特性を用いて橋全体系の減衰特性を適切にモデル化する必要があるほか，塑性化やエネルギー吸収を考慮する部材を非線形履歴モデルの適用範囲に応じて適切にモデル化する必要がある。

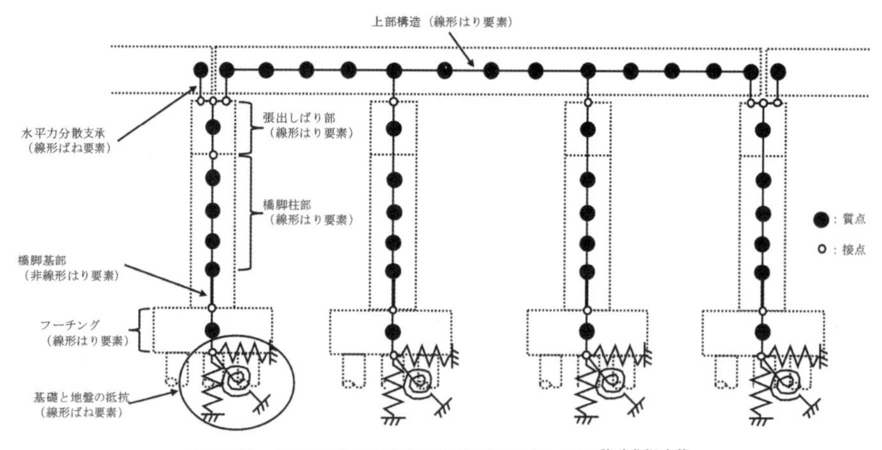

図-7.3　橋梁における動的解析のモデル化例[6) を参考に加筆]

(3) 照査

構造物の耐震性能に応じた限界状態に応じて，設定した限界状態に達しないことを確認する。

構造物の耐震性の照査は，式（7-17）[5] により，所定の安全係数を用いて，想定する地震動の下で設計応答値を算定し，これが限界値を超えないことを確認する。

$$\gamma_i \cdot S_d / R_d \leqq 1.0 \qquad \text{式 (7-17)}$$

ここに，S_d：設計応答値

R_d：設計限界値

γ_i：構造物係数

耐震性能に応じた，標準的な各種安全係数については，土木学会示方書に**表-7.2**のように示されているので，参考にするとよい。

表-7.2　標準的な安全係数と材料修正係数の値[5)]

安全係数 修正係数 耐震性能		材料係数 γ_m コンクリート γ_c	材料係数 γ_m 鋼材 γ_s	部材係数 γ_b	構造物解析係数 γ_a	作用係数 γ_f	構造物係数 γ_i	鉄筋強度の材料修正係数 ρ_m
耐震性能1	応答値および限界値	1.0	1.0	1.0	1.0	1.0	1.0	1.0***
耐震性能2,3	応答値	1.0	1.0	1.0	1.0～1.2	1.0	1.0～1.2	変位：1.0 せん断力：1.2
	限界値	1.3	1.0または1.05	1.0* 1.1～1.3**				1.0

*　変位の限界値

**　棒部材について，正負交番作用を受ける部材のせん断耐力では，1.2倍程度割り増し，コンクリート負担分 V_{cd} に対して1.3×1.2=1.56，せん断補強鋼材負担分 V_{sd} に対して，1.1×1.2=1.32とする。ただし，実験や，破壊モードの判定で，曲げ降伏後のせん断破壊モードが生じないことが確認されている場合には，部材係数を割り増さなくてよい。また，曲げせん断耐力比を検討する際のせん断耐力の算定においては，割り増さなくてよい。

***　せん断力に対する照査を行う場合は，耐震性能2および3の照査に準じて設定する。

7.4.3　耐震構造細目

構造物が地震時において，所定の耐力やじん性を発揮し，また，正負交番繰返し荷重によるじん性の低下を防ぎ，さらに，レベル2地震動を受けても残存耐力を有し，構造物の崩壊を防ぐためには，耐震構造細目への配慮が必要である。

必要となる構造細目としては，①軸方向鉄筋の定着・継手，②横方向鉄筋の配置間隔・定着，④帯鉄筋の定着・継手，が挙げられる。このうち帯鉄筋の定着の例を，**図-7.4**[6)] に示す。

実験による照査で構造細目を設定する場合には，上記の構造細目にしたがった供試体を基準供試体とし，実部材と同じ寸法，かつ実部材と同じ応力状態で再現できる実験を行うことにより（場合により縮小モデルの供試体により），基準供試体と同等以上の性能を有していることを確認する必要がある。

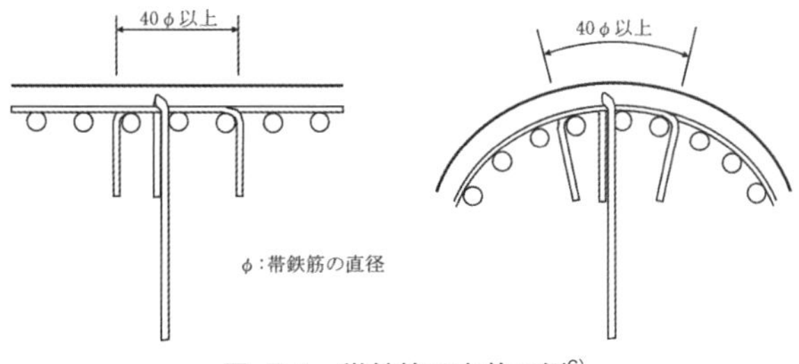

図-7.4　帯鉄筋の定着の例[6)]

例題7-1

右図に示す単鉄筋の長方形断面にM_1～M_4の4種類の大きさの変動荷重による曲げモーメントがそれぞれ下記の繰返し回数n_1～n_4で作用するとき，変動曲げモーメントM_4=160 kN·mに換算した場合の等価繰返し回数N_{eq}を求めよ。永久荷重による曲げモーメントはM_d=80 kN·mとする。

ただし，鉄筋はSD345（D25），コンクリートはf'_{ck}=24 N/mm^{2}とし，気中条件下にあるものとする。

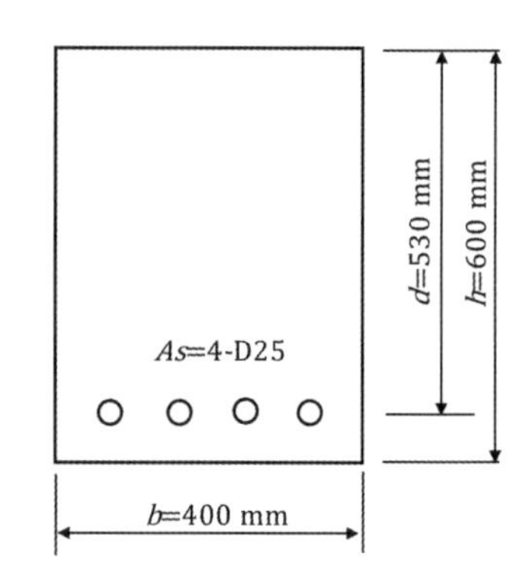

変動荷重による曲げモーメント（カッコ内は繰返し回数）

① M_1=40 kN·m（n_i=10^{7}回）

② M_2=80 kN·m（n_i=10^{6}回）

③ M_3=120 kN·m（n_i=10^{5}回）

④ M_4=160 kN·m（n_i=10^{4}回）

解答

等価繰返し回数は材料のS-N曲線の特性によって異なるので，鉄筋の引張疲労破断を対象にする場合と，コンクリートの圧縮疲労破壊を対象とする場合において，個別に算出する必要がある。

(1)　鉄筋の疲労破断

この場合は，式（7-12）を用いて算出する。永久荷重による持続応力度は一定であるため$A'_0=A'_i$となり，下式で表される。

$$N_{eq,s}=\sum_{i=1}^{m} n_i \times (\sigma_{sri}/\sigma_{sr0})^{1/k}$$

ここに，鉄筋の引張応力度は曲げモーメントに比例するため，上式を次式に置き換え，等価繰返し回数を算出する。ただし，式（7-6）により，k=0.12とする。

$$\begin{aligned}N_{eq,s}&=\sum_{i=1}^{m} n_i \times (M_i/M_0)^{1/k}\\&=10^7(40/160)^{1/0.12}+10^6(80/160)^{1/0.12}+10^5(120/160)^{1/0.12}+10^4(160/160)^{1/0.12}\\&=0.022\times10^6\text{回}\end{aligned}$$

(2)　コンクリートの圧縮疲労破壊

この場合は，式（7-11）を用いて算出する。永久荷重による持続応力度は一定であるため$A'_0=A'_i$となり，下式で表される。

$$N_{eq,c}=\sum_{i=1}^{m} n_i \times 10^{K}(\sigma_{cri}-\sigma_{cr0})A_0$$

コンクリートの圧縮疲労の検討は7.3疲労破壊に対する安全性(2)曲げモーメントに対する検討で述べた通り，三角形分布の応力の合力位置と合力の作用位置が同じになるように換算した長方形分布の見掛けの応力度を用いる必要がある。長方形断面の場合は，この見掛けの応力度σ'_{cd}は式（7-13）の通り，三角形分布の計算応力度 σ'_c の3/4倍となる。

①永久荷重による見掛けの応力度 σ'_{pcd}

A_s=4－D25=2027mm^2

E_s=200kN/mm^2

E_C=25kN/mm^2

$n=E_s/E_c=200/25=8$

$p=A_s/(bd)=2027/(400\times530)=0.00956$

$np=8\times0.00956=0.0765$

$k=-np+\sqrt{(np)^2+2np}=-0.0765+\sqrt{(0.0765^2+2\times0.0765)}=0.322$

$j=1-k/3=1-0.322/3=0.893$

$\sigma'_C=2M/kjbd^2$の関係より，

$\sigma'_{Cpd}=(3/4)\times2M_d/kjbd^2$

$=(3/4)\times2\times80\times10^6/(0.322\times0.893\times400\times530^2)=3.71$ N/mm^2

②変動荷重による見掛けの応力度

①と同様に算出する。

$\sigma'_{Cr1d}=1.86$ N/mm^2

$\sigma'_{Cr2d}=3.71$ N/mm^2

$\sigma'_{Cr3d}=5.57$ N/mm^2

$\sigma'_{Cr4d}=7.43$ N/mm^2

さらに，

$f'_{cd}=f'_{ck}/\gamma_c=24/1.3=18.5$ N/mm^2

$A_0=k_1f'_{cd}(1-\sigma'_{Cpd}/f'_{cd})=0.85\times18.5\times(1-3.71/18.5)=12.57$ N/mm^2

ただし，**7.3**で述べた通り，$k_1=0.85$とする。

これらを $N_{eq,c}$ 式に代入すると，等価繰返し回数は以下のようになる（ただし気中環境のため，K=17とする）。

$$N_{eq,c}=10^7\times10^{17(1.86-7.43)/12.57}+10^6\times10^{17(3.71-7.43)/12.57}+10^5\times10^{17(5.57-7.43)/12.57}+10^4\times10^{17(7.43-7.43)/12.57}$$

$$=0.010\times10^6\text{回}$$

例題7-2

例題7-1の条件で，曲げ疲労限界状態に対する検討を行え。検討は，鉄筋の疲労破断およびコンクリートの圧縮疲労破壊に対する安全性を確認するものとする。また，部材係数は，γ_b=1.1，構造物係数は，γ_i=1.0とする。

解 答

(1)　鉄筋の疲労破断に対する安全性の検討

例題7-1の通り，

$p=0.00956$

$j=0.893$

永久荷重による鉄筋の応力度は，

$\sigma_{sp}=M_d/(A_s \cdot j_d)$の関係より，

$\sigma_{sp}=80/(2027\times0.893\times530)$

$=83.4\ \mathrm{N/mm^2}$

また，例題7-1の通り，

$N_{eq,s}=0.022\times10^6$回

式（7-6）から，

$\alpha=k_0(0.81-0.003\phi)$

$=1.0\times(0.81-0.003\times25)$

$=0.735$

式（7-5）から，

$f_{ud}=f_{uk}/\gamma_s$(SD345の場合，$f_{uk}=490\ \mathrm{N/mm^2}$，また，$\gamma_s=1.05$)

$=490/1.05$

$=466.7\ \mathrm{N/mm^2}$

基準とした変動荷重による鉄筋の応力度は，

$\sigma_{sr0}=M_4/(A_s \cdot j_d)$

$=160/(2027\times0.893\times530)$

$=166.8\ \mathrm{N/mm^2}$

異形鉄筋の設計疲労強度f_{srd}は，式（7-4）より，

$$f_{srd}=190\cdot\frac{10^{\alpha}}{N_{eq,s}}\left(1-\frac{\sigma_{sp}}{f_{ud}}^{k}\right)/\gamma_s$$

$=190\times10^{0.735}/(0.022\times10^6)^{0.12}\times(1-83.4/466.7)/1.05$

$=243.2\ \mathrm{N/mm^2}$

$\gamma_i\cdot\sigma_{sr0}/(f_{srd}\cdot\gamma_b)=1.0\times166.8/(243.2\times1.1)$

$=0.75<1.0$

従って，鉄筋の疲労破断に対しては，十分安全である。

(2)　コンクリートの圧縮疲労破壊に対する安全性の検討

例題7-1の通り，

$N_{eq,c}=0.010\times10^6$回

従って，

$\log N_{eq,c}=4.000$

また，例題7-1の通り，

$\sigma'_{Cpd}=3.71\ \mathrm{N/mm^2}$

$f'_{Cd}=18.5\ \mathrm{N/mm^2}$

基準とした変動荷重によるコンクリートの見掛けの応力度は，例題7-1の通り，

$\sigma'_{Cr0d}=\sigma'_{Cr4d}$

$=7.43\ \mathrm{N/mm^2}$

コンクリートの設計疲労強度f_{crd}は，式（7-3）より，

$$f_{crd}=k_1 f'_{cd}(1-\sigma'_{Cpd}/f'_{cd})(1-\log N/K)$$
$$=0.85\times18.5\times(1-3.71/18.5)\times(1-4.000/17)$$
$$=9.61\ \mathrm{N/mm^2}$$
$$\gamma_i\cdot\sigma_{Cr0d}/(f_{crd}\cdot\gamma_b)=1.0\times7.43/(9.61\times1.1)$$
$$=0.85<1.0$$

従って，コンクリートの圧縮疲労破壊に対しては，十分安全である。

参考文献

1) 小林和夫，宮川豊章，森川英典，五十嵐心一，山本貴士，三木朋広：コンクリート構造学第5版補訂版，森北出版，2019.
2) 小柳　治，藤井　学，小林紘士：鉄筋コンクリートの疲労性状，鉄筋コンクリート床版の損傷と疲労設計へのアプローチ，土木学会関西支部，1977.
3) 国分正胤，岡村　甫：高強度異形鉄筋を用いた鉄筋コンクリートはりの疲労に関する基礎研究，土木学会論文集，第122号，1965.
4) 松下博通，牧角龍憲：プレテンションPCばりの疲労に関する研究，セメント技術年報，32巻，1978.
5) 土木学会：2017年制定　コンクリート標準示方書［設計編：標準］，2017.
6) 日本道路協会：道路橋示方書・同解説　V耐震設計編，2017.

第8章 プレストレストコンクリート

8.1 一般

8.1.1 プレストレストコンクリートとは

コンクリートは圧縮応力には強いが，引張応力に対しては非常に弱い。引張応力によりコンクリートにひび割れが発生した断面は外力に抵抗できないため，全断面を有効に利用するためには，コンクリートに引張応力によるひび割れを生じさせないことが効果的である。

プレストレストコンクリートとは，荷重による引張応力を打ち消すためにあらかじめ圧縮応力（プレストレス）を部材に加えておき，ひび割れを生じることなく全断面を有効に活用できるようにしたものである。コンクリート部材に全く引張応力を生じさせないようにプレストレスを与えることを**フルプレストレッシング**，引張応力の発生を許容するものを**パーシャルプレストレッシング**という（図-8.1参照）。

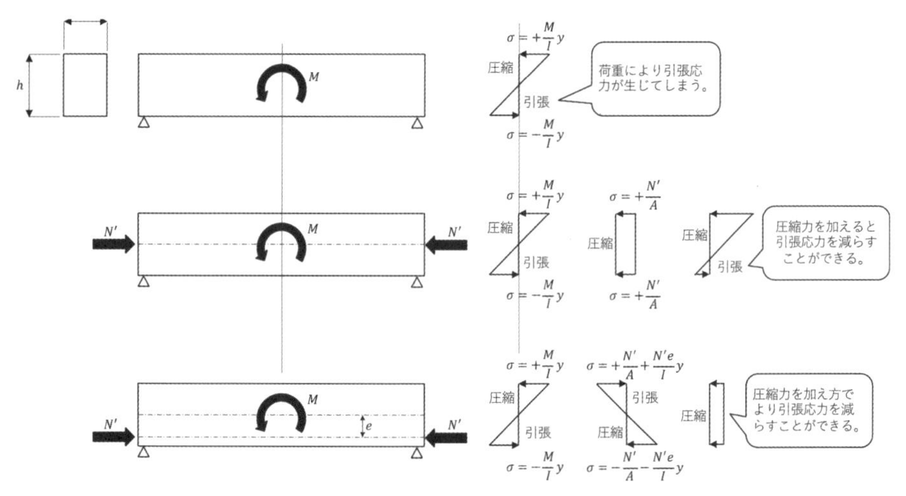

図-8.1 プレストレストコンクリートの応力分布

8.1.2 コンクリートおよびPC鋼材

(1)コンクリート

プレストレス導入時のコンクリートの圧縮強度は，PC鋼材緊張直後のコンクリートに生じる最大圧縮応力の1.7倍以上でなければならない。さらに，8.1.3に示すプレテンション方式の場合には30 N/mm^{2}以上の圧縮強度が求められる。また，プレストレス導入時の定着部付近のコンクリートは，定着により生じる支圧応力に耐えるだけの強度を有する必要がある。これらのことから，近年では設計基準強度が40~50 N/mm^{2}を上回るものを使用することが多い。

⑵ PC鋼材

プレストレストコンクリートに用いられる高強度の鋼材をPC鋼材という。PC鋼材には**PC鋼棒**（prestressing bar），**PC鋼線**（prestressing wire）および**PC鋼より線**（prestressing strand）がある。PC鋼棒はキルド鋼を熱間圧延し，その後ストレッチング，引抜き，熱処理のうちのいずれか，またはこれらの組合せにより製造する。一方，PC鋼線およびPC鋼より線は，熱間圧延によって製造されたピアノ線材（直径5.0~13.0 mm）を熱処理し，冷間引抜き後により合わせで製造する。

PC鋼材の種類，記号および機械的性質を，**表-8.1**～**表-8.4**に示す。

表-8.1　PC鋼棒の呼び名

呼び名						
9.2 mm	11 mm	13 mm	（15 mm）	17 mm	（19 mm）	（21 mm）
23 mm	26 mm	（29 mm）	32 mm	36 mm	40 mm	

（備考）括弧を付けた呼び名の鋼棒は，使用しないのが望ましい。

表-8.2　PC鋼棒の機械的性質

記号	耐力〔N/mm²〕	引張強さ〔N/mm²〕	伸び〔%〕	リラクセーション値〔%〕
SBPR 785/1030	785以上	1 030以上	5以上	4.0以下
SBPR 930/1080	930以上	1 080以上	5以上	4.0以下
SBPR 930/1180	930以上	1 180以上	5以上	4.0以下
SBPR 1080/1230	1 080以上	1 230以上	5以上	4.0以下

（備考）耐力とは，0.2%永久伸びに対する応力をいう。

表-8.3　PC鋼線およびPC鋼より線の種類

種類			記号	断面
PC鋼線	丸線	A種	SWPR1AN，SWPR1AL	○
		B種	SWPR1BN，SWPR1BL	○
	異形線		SWPD1N，SWPD1L	○
PC鋼より線	2本より線		SWPR2N，SWPR2L	8
	異形3本より線		SWPD3N，SWPD3L	ஃ
	7本より線	A種	SWPR7AN，SWPR7AL	❀
		B種	SWPR7BN，SWPR7BL	❀
	19本より線		SWPR19N，SWPR19L	❀

（備考）1. 丸線B種は，A種より引張強さが100N/mm²高強度の種類を示す。
2. 7本より線A種は，引張強さ1 720N/mm²級を，B種は1 860N/mm²級を示す。
3. リラクセーション規格値によって，通常品はN，低リラクセーション品はLを記号の末尾に付ける。

表-8.4　PC鋼棒の呼び名

記号	呼び名	0.2%永久伸びに対する荷重〔kN〕	引張荷重〔kN〕	伸　び〔%〕	リラクセーション値〔%〕	
					N	L
SWPR1AN SWPR1AL SWPD1N SWPD1L	(2.9 mm)	11.3以上	12.7以上	3.5以上	8.0以下	2.5以下
	(4 mm)	18.6以上	21.1以上	3.5以上	8.0以下	2.5以下
	5 mm	27.9以上	31.9以上	4.0以上	8.0以下	2.5以下
	(6 mm)	38.7以上	44.1以上	4.0以上	8.0以下	2.5以下
	7 mm	51.0以上	58.3以上	4.5以上	8.0以下	2.5以下
	8 mm	64.2以上	74.0以上	4.5以上	8.0以下	2.5以下
	9 mm	78.0以上	90.2以上	4.5以上	8.0以下	2.5以下
SWPR1BN SWPR1BL	5 mm	29.9以上	33.8以上	4.0以上	8.0以下	2.5以下
	7 mm	54.9以上	62.3以上	4.5以上	8.0以下	2.5以下
	8 mm	69.1以上	78.9以上	4.5以上	8.0以下	2.5以下
SWPR2N SWPR2L	2.9 mm2本より	22.6以上	25.5以上	3.5以上	8.0以下	2.5以下
SWPD3N SWPD3L	2.9 mm3本より	33.8以上	38.2以上	3.5以上	8.0以下	2.5以下
SWPR7AN SWPR7AL	7本より 9.3 mm	75.5以上	88.8以上	3.5以上	8.0以下	2.5以下
	7本より10.8 mm	102以上	120以上	3.5以上	8.0以下	2.5以下
	7本より12.4 mm	136以上	160以上	3.5以上	8.0以下	2.5以下
	7本より15.2 mm	204以上	240以上	3.5以上	8.0以下	2.5以下
SWPR7BN SWPR7BL	7本より 9.5 mm	86.8以上	102以上	3.5以上	8.0以下	2.5以下
	7本より11.1 mm	118以上	138以上	3.5以上	8.0以下	2.5以下
	7本より12.7 mm	156以上	183以上	3.5以上	8.0以下	2.5以下
	7本より15.2 mm	222以上	261以上	3.5以上	8.0以下	2.5以下
SWPR19N SWPR19L	19本より17.8 mm	330以上	387以上	3.5以上	8.0以下	2.5以下
	19本より19.3 mm	387以上	451以上	3.5以上	8.0以下	2.5以下
	19本より20.3 mm	422以上	495以上	3.5以上	8.0以下	2.5以下
	19本より21.8 mm	495以上	573以上	3.5以上	8.0以下	2.5以下

8.1.3　プレストレストコンクリートの種類

プレストレスの与え方には，大きく分けて以下の２つの方法がある。

⑴**プレテンション方式**：プレテンションのプレは，“あらかじめ”という意味がある。プレテンション方式は，PC鋼材をあらかじめジャッキで緊張しておき，それを取り囲んで組み立てられた型枠内にコンクリートを打ち込む。その後，コンクリートが所定の強度に達した段階でジャッキを緩め，PC鋼材とコンクリートとの付着力によってプレストレスを導入する方式である（**図-8.2**参照）。

あらかじめ緊張されたPC鋼材は元の太さより若干細くなるが，硬化したコンクリート内で緊張を緩めたPC鋼材が元の太さに戻ろうとする効果とPC鋼材とコンクリートとの付着の効果で，コンクリートとPC鋼材には大きな付着力が働く。

プレテンション方式によるPC鋼材は一般的に直線的に配置されることや緊張力もそれほど大きくできないため大きな部材には不向きであるが，大量生産ができ品質管理が容易であることなどから，床版，くい，枕木などのプレキャスト部材や製品に用いられる。

⑵**ポストテンション方式**：ポストテンションのポストは，“あとで”という意味がある。型枠の所定の位置にシースと呼ばれる中空の薄肉管を配置しておき，コンクリートを打ち込み，所定の強度に達した後でその管内にPC鋼材を挿入し，緊張してコンクリートにプレストレスを導

入する方式である（**図 -8.3**参照）。緊張されたPC 鋼材は，定着具と呼ばれる装置でコンクリート端部に定着される。定着方式はクサビ式とネジ式がある。

ポストテンション方式のPC 鋼材の配置位置としては，PC 鋼材をコンクリート断面内に配置する**内ケーブル方式**と断面外に配置する**外ケーブル方式**がある。また，内ケーブル方式では，シース内にグラウトを注入してPC 鋼材とコンクリートとの付着を与えるボンド方式と付着を与えないアンボンド方式がある。

ポストテンション方式はコンクリートが硬化してからPC 鋼材をそのつど緊張して定着するので，現場での施工に適している。また，PC 鋼材の本数や配置（曲線配置）あるいは緊張力を自

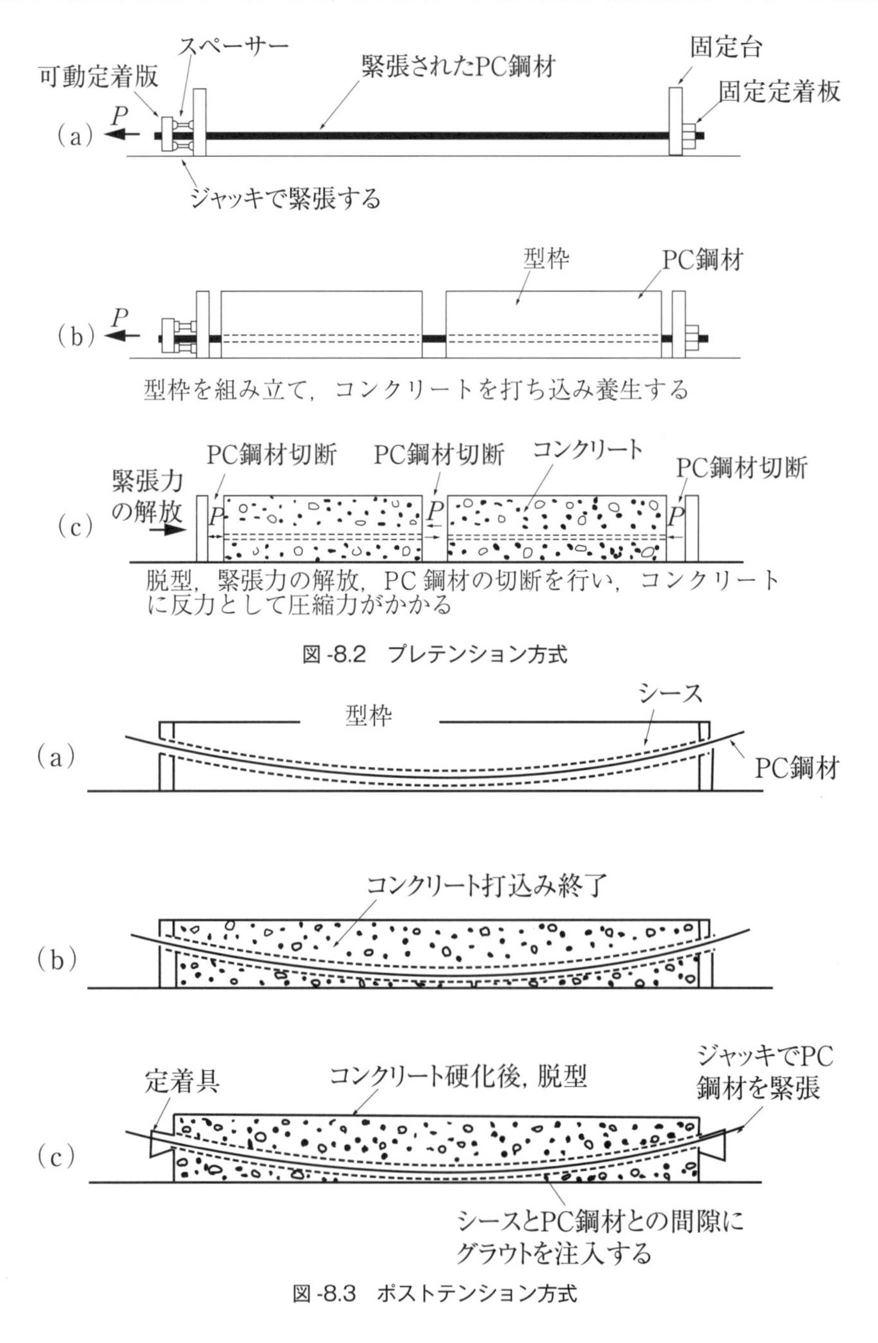

図 -8.2　プレテンション方式

図 -8.3　ポストテンション方式

由に選択できることから，大きな部材だけでなく様々な形状の部材に適している。

8.2　有効プレストレス

PC 鋼材に導入されたプレストレスは，以下に示す様々な要因によって減少する。プレストレスの減少は，プレストレスを導入する時に瞬時に生じるものと，その後に徐々に生じるものの2つに分けられる。瞬時に減少した後のプレストレスを緊張直後のプレストレス（初期引張力）といい，それからさらに減少が進み最終的に残ったプレストレスを**有効プレストレス**という。

プレストレスの減少の程度は定着方法などによって異なるが，一般には最初に導入されたプレストレスに対して，緊張直後のプレストレスは85～95%，有効プレストレスは70～80% 程度まで低下する。また，緊張直後のプレストレスに対する有効プレストレスの比を有効係数といい，その値は0.8～0.85となる。

図 -8.4に示すように，プレストレスが減少する原因には，材料の性質によるものとプレストレスを導入する時に生じる構造的な要因がある。

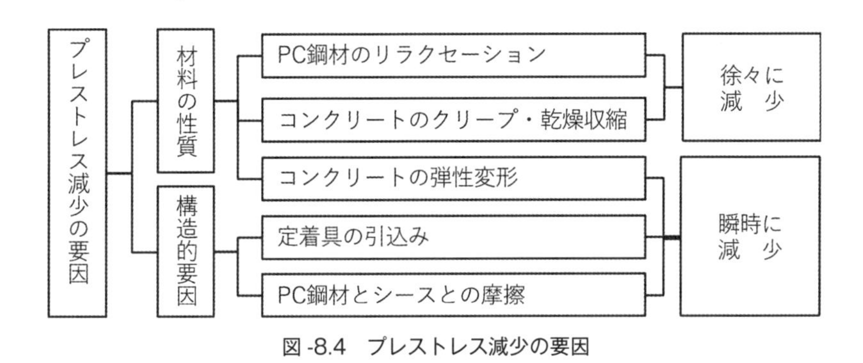

図 -8.4　プレストレス減少の要因

8.2.1　緊張直後のプレストレス

(1)弾性変形によるロス

PC 鋼材にプレストレスを導入することは，同時にコンクリートにも圧縮力が作用することになり，この圧縮力による弾性変形でコンクリートは縮む。この短縮によってプレストレスが減少することを弾性変形によるロスという。弾性変形によるロスは緊張の方法により異なることから，プレテンション方式とポストテンション方式では減少の仕方が異なることになる。

プレテンション方式の場合，あらかじめ緊張されていたPC 鋼材は，コンクリートが打ち込まれ，所定の強度に達した後に一度に緊張が緩められる。この時コンクリートにはプレストレスが導入されるが，同時にコンクリートは圧縮力の作用により短縮する。また，PC 鋼材とコンクリートは付着力により一体として挙動するので，それと同じ量だけ PC 鋼材も短縮することになる。

ポストテンション方式の場合，一般的には PC 鋼材が複数本配置され，それらを1本づつ順次緊張して定着する。1回目の緊張によりコンクリートには弾性変形が生じプレストレスのロスを生じることになるが，2回目の緊張によりコンクリートにはさらなる弾性変形によるロスが生じることになる。このように，ポストテンション方式では，最後に緊張する PC 鋼材の前の PC 鋼材まで，緊張されたプレストレスのロスが生じていたことになる。

プレテンション方式の場合

$$\Delta\sigma_p = n_p \sigma'_{cpg}$$ 式（8-1）

ポストテンション方式の場合

$$\Delta\sigma_p = \frac{1}{2} n_p \sigma'_{cpg} \frac{N-1}{N}$$ 式（8-2）

ここに，$\Delta\sigma_p$：PC 鋼材の弾性変形によるロス（N/mm^2）

n_p：PC 鋼材とコンクリートのヤング係数比（$=E_p/E_c$）

σ'_{cpg}：プレストレス導入による PC 鋼材の図心位置でのコンクリートの圧縮応力（N/mm^2）

N：全 PC 鋼材の緊張回数

(2)摩擦によるロス

緊張作業時の PC 鋼材の引張力は，PC 鋼材とシースとの摩擦により減少する。さらに，この摩擦は緊張端から離れるに従って大きくなるので，それにつれて減少量も大きくなる。また，PC 鋼材は曲線配置されるのが一般的であり，この曲率が大きいほど摩擦によるロスも大きくなる（**図-8.5**参照）。

$$P_x = P_{ie}^{-(\mu\alpha+\lambda x)}$$ 式（8-3）

ここに，P_i：ジャッキ位置における PC 鋼材の引張力（N）

μ：PC 鋼材の単位角変化（1rad）当たりの摩擦係数

α：角変化（rad）

λ：PC 鋼材の単位長さ（1m）当たりの摩擦係数

x：PC 鋼材の緊張端から設計断面までの長さ（m）

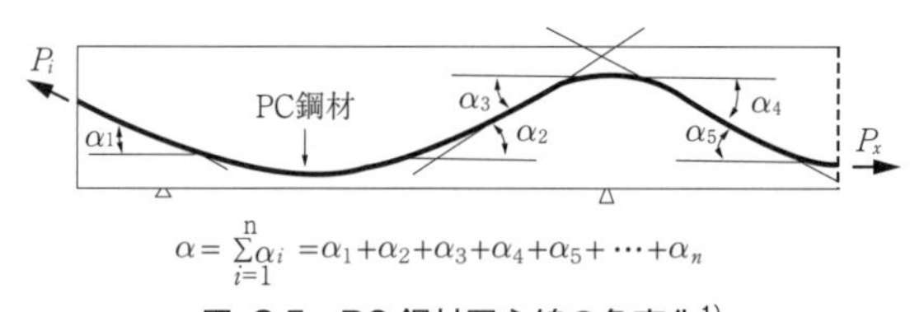

図-8.5　PC 鋼材図心線の角変化[1)]

摩擦係数 μ，λ は試験によって定めるのが望ましいが，鋼製シースを用いる場合には**表-8.5**を用いて良い。

表-8.5　PC 鋼材と鋼製シースとの摩擦係数[1)]

鋼材種別	λ（単位：1/m）	μ
PC 鋼線	0.004	0.30
PC 鋼より線	0.004	0.30
PC 鋼棒	0.003	0.30

(3)セットロス

ポストテンション方式の場合で定着具がクサビ方式の場合，ジャッキを緩めて緊張力が定着装置に伝わり完全に定着する前に，定着具がある程度（2~12 mm）引き込まれる。この引き込まれる量をセット量というが，これによりプレストレスが減少することを**セットロス**という。セット量は定着具がネジ式の場合には小さい，また，PC 鋼材とシースとの間に摩擦がある場合には，セットロスは定着端付近に限定される。

・PC 鋼材とシースとの間に摩擦がない場合

$$\Delta P = \frac{\Delta l}{l} A_p E_p \qquad \text{式 (8-4)}$$

ここに，ΔP：PC 鋼材のセットによる緊張力の減少量（N）

　　Δl：セット量（mm）

　　l：PC 鋼材の長さ（mm）

　　A_p：PC 鋼材の断面積（mm^2）

・PC 鋼材とシースとの間に摩擦がある場合

$$\Delta l = \frac{A_{ep}}{A_p E_p} \qquad \text{式 (8-5)}$$

$$\therefore \quad A_{ep} = \Delta l A_p E_p \qquad \text{式 (8-6)}$$

この場合，**図 -8.6**に示す斜線部の面積が $A_{ep}=\Delta l A_p E_p$ となる $cb''a''$ 線（水平線 ce に対して定着前における引張力の分布 $cb'a'$ 線と対象）を，図式的に求める。

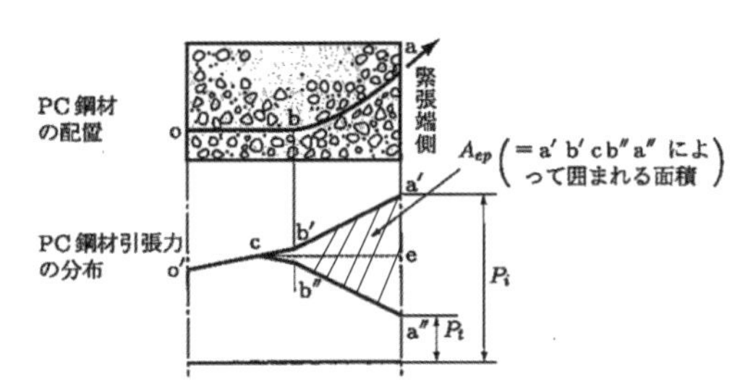

図 -8.6　PC 鋼材の引張力の分布形状

8.2.2　有効プレストレス

(1) PC 鋼材のリラクセーションによるロス

PC 鋼材を緊張状態にしておくと，PC 鋼材の変形量（伸び量）は変化しないにも関わらず，応力が減少する性質（リラクセーション）がある。プレストレスはPC 鋼材を緊張した反力でコンクリートに圧縮応力を与えるものであることから，PC 鋼材の応力が減少するとプレストレスも減少することになる。PC 鋼材のリラクセーション現象は，プレストレス導入直後の比較的早い時期に大半が生じ，１～２ヶ月でほぼ終了する。また，リラクセーションによる減少率は，緊張直後のプレストレスに対して３～５％程度である。

$$\Delta\sigma_{pr} = \gamma\sigma_{pt} \qquad \text{式 (8-7)}$$

ここに，γ：PC 鋼材の見掛けのリラクセーション率

　　σ_{pt}：プレストレス導入直後の PC 鋼材の引張応力度（N/mm^2）

表-8.6には，PC 鋼材の見掛けのリラクセーション率を示す。

表-8.6　PC 鋼材の見かけのリラクセーション率[1)]

PC 鋼材の種別	γ [%]
PC 鋼線およびPC 鋼より線	5
PC 鋼線	3
低リラクセーション PC 鋼線およびPC 鋼より線	1.5

例題8-1

図-8.7に示すような，長方形断面のポストテンションPC はり断面（PC 鋼材の付着有）に対して，以下の問いに答えよ。ただし，諸条件は以下の通りとする。

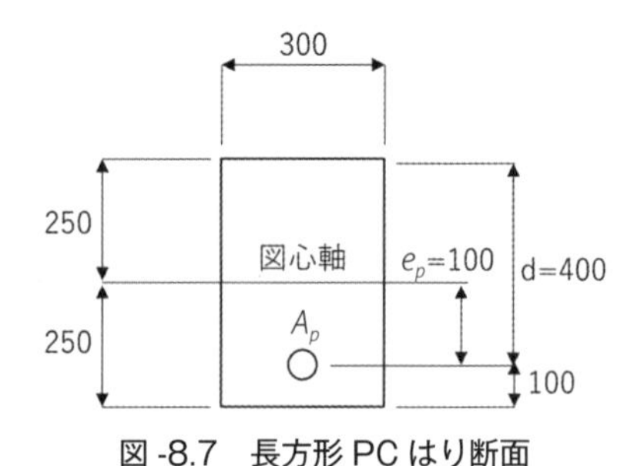

図-8.7　長方形 PC はり断面

〔コンクリート〕

設計基準強度 f'_{ck}=50 N/mm^2

ヤング係数 E_c=33 kN/mm^2

収縮ひずみ ε'_{cs}=230×10^{-6}

クリープ係数 ϕ=1.5

〔PC 鋼材〕

断面積 A_p=665 mm^2

引張強度の特性値 f_{puk}=1080 N/mm^2

見掛けのリラクセーション率 γ=3%

〔プレストレス力〕

導入直後のプレストレス力 P_t=550 kN

〔載荷重〕

自重による曲げモーメント M_{p1}=50 kNm

自重以外による永久荷重による曲げモーメント M_{p2}=10 kNm

変動荷重による曲げモーメント M_r=80 kNm

(1) PC 鋼材のリラクセーションによる引張応力の減少量を求めよ。

解 答

プレストレス導入直後の PC 鋼材の引張応力度 σ_{pt} は，

$$\sigma_{pt}=\frac{P_t}{A_p}=\frac{550\times10^3}{665}=827.1\ \mathrm{N/mm^2}$$

よって，PC 鋼材のリラクセーションによる引張応力の減少量は，

$$\Delta\sigma_{pr}=\gamma\sigma_{pt}=0.03\times827.1=24.8\ \mathrm{N/mm^2}$$

(2)コンクリートのクリープ・乾燥収縮によるロス

コンクリートは，ある応力を持続的に作用させておくとコンクリートの応力が一定の下で変形だけが進行する性質（クリープ）がある。クリープによりコンクリートが短縮すれば，それに伴いPC鋼材も短縮することになるので，プレストレスが減少する。また，コンクリートの乾燥収縮もコンクリートが短縮することによりプレストレスが減る現象である。クリープと乾燥収縮の進行する割合がほぼ同じことから，設計上ではこれらを1つにまとめて取り扱っている。両者を合計した減少量は，緊張直後のプレストレスに対して15~20%程度である。

$$\Delta\sigma_{pcs}=\frac{n_p\phi(\sigma'_{cd}+\sigma'_{cpt})+E_p\varepsilon'_{cs}}{1+n_p(\sigma'_{cpt}/\sigma_{pt})(1+\phi/2)} \qquad 式（8-8）$$

ここに，ϕ：コンクリートのクリープ係数（表-8.7参照）

ε'_{cs}：コンクリートの収縮ひずみ（表-8.7参照）

σ'_{cd}：永久荷重によるPC鋼材図心位置でのコンクリートの応力度（N/mm²）

σ'_{cpt}：導入直後のプレストレス$P_t(x)$によるPC鋼材図心位置でのコンクリートの応力度（N/mm²）

σ_{pt}：プレストレス導入直後のPC鋼材引張応力度（N/mm²）

A_p：PC鋼材の断面積（mm²）

表-8.7　コンクリートのクリープ係数および収縮ひずみ[1)]

	プレストレスを与えたとき または荷重を載荷するときのコンクリートの材齢				
	4～7日	14日	28日	3ケ月	1年
収縮ひずみ（$\times10^{-6}$）	360	340	330	270	150
クリープ係数	3.1	2.5	2.2	1.8	1.4

例題8-2

例題8-1の長方形断面のポストテンションPCはり断面において，コンクリートのクリープ・乾燥収縮によるプレストレス応力の減少量を求めよ。

解答

コンクリートとPC鋼材のヤング係数比は，

$$n_p=\frac{E_p}{E_c}=\frac{200\times10^3}{33\times10^3}=6.06$$

コンクリートの断面積は，

$$A_c=bh=300\times500=150000\ \mathrm{mm}^2$$

断面二次モーメントは，

$$I_c=\frac{bh^3}{12}=\frac{300\times500^3}{12}=3125\times10^6\ \mathrm{mm}^4$$

プレストレス導入直後のPC鋼材の引張応力度σ_{pt}は，

$$\sigma_{pt}=\frac{p_t}{A_p}=\frac{550\times10^3}{665}=827.1\ \mathrm{N/mm}^2$$

導入直後のプレストレス力によるPC鋼材図心位置でのコンクリートの応力度は，

$$\sigma'_{cpt}=\frac{p_t}{A_c}+\frac{p_t e_p}{I_c}e_p=\frac{550\times10^3}{150000}+\frac{550\times10^3\times150}{3125\times10^6}\times150=7.63\ \mathrm{N/mm^2}$$

近似的に換算断面と純断面を等しいと仮定すると，$I_e=I_c$，$e'_p=e_p$ であるから，以下の通り求まる。

$$\sigma'_{cd}=-\frac{M_{p1}}{I_c}e_p-\frac{M_{p2}}{I_c}e'_p=-\frac{50\times10^6}{3125\times10^6}\times150-\frac{10\times10^6}{3125\times10^6}\times150=-2.88\ \mathrm{N/mm^2}$$

$$\Delta\sigma_{pcs}=\frac{n_p\phi(\sigma'_{cd}+\sigma'_{cpt})+E_p\varepsilon'_{cs}}{1+n_p(\sigma'_{cpt}/\sigma_{pt})(1+\phi/2)}=\frac{6.06\times1.5\times(-2.88+7.63)+200\times10^3\times230\times10^{-6}}{1+6.06\times\left(\frac{7.63}{827.1}\right)\times\left(1-\frac{1.5}{2}\right)}$$

$$=81.2\ \mathrm{N/mm^2}$$

8.2.3　プレストレスの有効率

緊張端から距離 x の位置の設計断面における導入直後のプレストレス力 $P_t(x)$ は，ジャッキによるPC鋼材緊張端での引張力からコンクリートの弾性変形によるロス($\Delta\sigma_p$)，摩擦によるロス(P_x)およびセットロス(ΔP)によるプレストレス力の減少量 $\Delta P_i(x)$ を差し引いて求められる。

$$P_t(x)=P_i-\Delta P_i(x) \qquad \text{式 (8-9)}$$

最終的な設計荷重作用時の有効プレストレス力 $P_e(x)$ は，導入直後のプレストレス力からPC鋼材のリラクセーションによるロス($\Delta\sigma_{pr}$)およびコンクリートのクリープ・乾燥収縮によるロス($\Delta\sigma_{pcs}$)による減少量 $\Delta P_T(x)$ を差し引いて求められる。

$$P_e(x)=P_t(x)-\Delta P_T(x) \qquad \text{式 (8-10)}$$

$$\Delta P_T(x)=(\Delta\sigma_{pcs}+\Delta\sigma_{pr})A_p \qquad \text{式 (8-11)}$$

有効プレストレス力と緊張直後のプレストレス力との比を，プレストレスの**有効率** η という。

$$\eta=\frac{P_e(x)}{P_t(x)} \qquad \text{式 (8-12)}$$

例題8-3

例題8-1の長方形断面のポストテンションPCはり断面において，プレストレスの有効率を求めよ。

解 答

PC鋼材の有効引張応力度は，

$$\sigma_{pe}=\sigma_{pt}-\Delta\sigma_{pcs}-\Delta\sigma_{pr}=827.1-81.2-24.8=721.1\ \mathrm{N/mm^2}$$

従って，プレストレスの有効率は

$$\eta=\frac{\sigma_{pe}}{\sigma_{pt}}=\frac{721.1}{827.1}=0.872$$

8.3　使用性に関する照査

8.3.1　曲げモーメントと軸方向力に対する照査

(1)　応力計算上の仮定

①維ひずみは，断面の中立軸からの距離に比例する（**平面保持の仮定**）。

②鉄筋および付着のあるPC鋼材のひずみは，その位置のコンクリートのひずみに一致する。

③PC構造の場合，コンクリートは全断面有効とする。

④PPC（partially prestressed concrete）構造の場合，コンクリートの引張応力を無視する。

⑤コンクリート，PC鋼材および鉄筋は弾性体とする。

(2)　応力度の算定

使用状態で曲げひび割れを発生させないようなPC構造に対する断面の曲げ応力度の計算方法を以下に示す（**図-8.8**参照）。

①緊張直後（部材自重および緊張直後のプレストレス(P_t)のみ）

$$\sigma'_{ct}=\frac{P_t}{A_c}-\frac{P_te_p}{I_c}y'_c+\frac{M_{p1}}{I_c}y'_c \qquad \text{式 (8-13)}$$

$$\sigma_{ct}=\frac{P_t}{A_c}+\frac{P_te_p}{I_c}y_c+\frac{M_{p1}}{I_c}y_c \qquad \text{式 (8-14)}$$

ここに，σ'_{ct}：断面上縁のコンクリート応力度（N/mm^2）

σ_{ct}：断面下縁のコンクリート応力度（N/mm^2）

P_t：緊張直後のプレストレス（N）

M_{p1}：部材自重による曲げモーメント（Nmm）

A_c：コンクリート純断面（シーズ孔を除く）の面積（mm^2）

I_c：コンクリート純断面の図心軸に関する断面二次モーメント（mm^4）

y_c，y'_c：それぞれの断面の図心軸から下縁，上縁までの距離（mm）

e_p：断面図心からPC鋼材図心までの距離（mm）

②使用荷重作用時（自重以外の永久荷重や変動荷重，有効プレストレス）

$$\sigma'_{ce}=\frac{P_e}{A_c}-\frac{P_ee_p}{I_c}y'_c+\frac{M_{p1}}{I_c}y'_c+\frac{M_{p2}+M_r}{I_e}y'_e \qquad \text{式 (8-15)}$$

$$\sigma_{ce}=\frac{P_e}{A_c}+\frac{P_ee_p}{I_c}y_c-\frac{M_{p1}}{I_c}y_c-\frac{M_{p2}+M_r}{I_e}y_e \qquad \text{式 (8-16)}$$

ここに，σ'_{ce}：断面上縁のコンクリート応力度（N/mm^2）

σ_{ce}：断面下縁のコンクリート応力度（N/mm^2）

P_e：緊張直後のプレストレス（N）

M_{p1}：部材自重による曲げモーメント（Nmm）

M_{p2}，M_r：自重以外の永久荷重や変動荷重による曲げモーメント（Nmm）

A_c：コンクリート純断面（シーズ孔を除く）の面積（mm^2）

I_c：コンクリート純断面の図心軸に関する断面二次モーメント（mm^4）

I_e：換算断面の図心軸に関する断面二次モーメント（mm^4）

y_c，y'_c：純断面の図心軸から下縁，上縁までの距離（mm）

y_e，y'_e：換算断面の図心軸から下縁，上縁までの距離（mm）

e_p：断面図心からPC鋼材図心までの距離（mm）

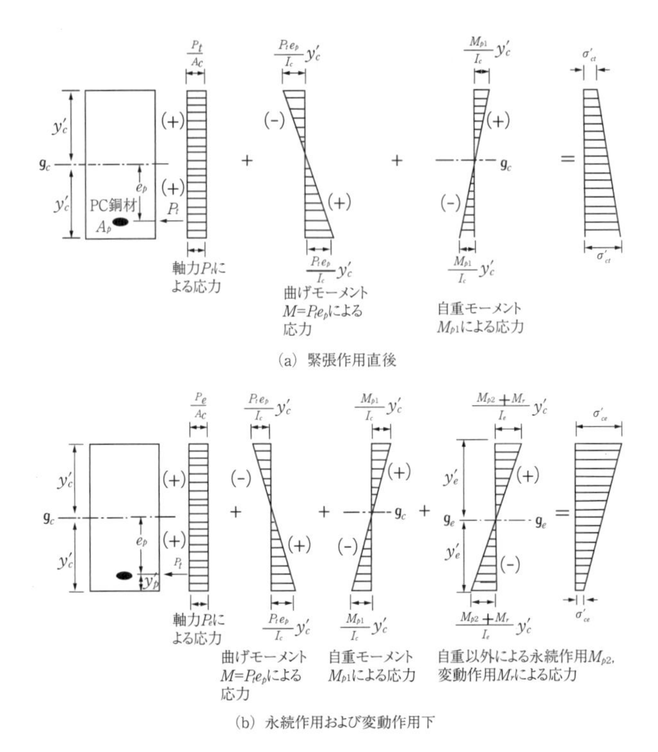

図-8.8　曲げひび割れが発生しないPC断面の応力

例題8-4

例題8-1の長方形断面のポストテンションPCはり断面において，プレストレス導入直後および全設計荷重作用時の断面の上縁と下縁のコンクリートの応力度を求めよ。

解 答

①プレストレス導入直後（自重M_{p1}のみ）

$$\sigma'_{ct}=\frac{P_t}{A_c}-\frac{P_te_p}{I_c}y'_c+\frac{M_{p1}}{I_c}y'_c=\frac{550\times10^3}{150000}-\frac{550\times10^3\times150}{3125\times10^6}\times250+\frac{50\times10^6}{3125\times10^6}\times250$$

$=1.1N/mm^2$

$$\sigma_{ct}=\frac{P_t}{A_c}+\frac{P_te_p}{I_c}y_c+\frac{M_{p1}}{I_c}y_c=\frac{550\times10^3}{150000}+\frac{550\times10^3\times150}{3125\times10^6}\times250-\frac{50\times10^6}{3125\times10^6}\times250$$

$=6.3\,N/mm^2$

②全設計荷重作用時（M_{p2}とM_rを考慮）

有効プレストレスは，

$$P_e=\eta P_t=0.872\times550\times10^3=479600\ \mathrm{N}$$

$$\sigma'_{ce}=\frac{P_e}{A_c}-\frac{P_e e_p}{I_c}y'_c+\frac{M_{p1}}{I_c}y'_c+\frac{M_{p2}+M_r}{I_e}y'_e$$

$$=\frac{479600}{150000}-\frac{479600\times150}{3125\times10^6}\times250+\frac{50\times10^6}{3125\times10^6}\times250$$

$$+\frac{(10+80)\times10^6}{3125\times10^6}\times250=8.6\ \mathrm{N/mm^2}$$

$$\sigma_{ce}=\frac{P_e}{A_c}+\frac{P_e e_p}{I_c}y_c-\frac{M_{p1}}{I_c}y_c-\frac{M_{p2}+M_r}{I_e}y_e$$

$$=\frac{479600}{150000}+\frac{479600\times150}{3125\times10^6}\times250-\frac{50\times10^6}{3125\times10^6}\times250$$

$$-\frac{(10+80)\times10^6}{3125\times10^6}\times250=-2.2\ \mathrm{N/mm^2}$$

(3)　照査

①緊張直後

$$\sigma'_{ct}\geq\sigma_{cta} \qquad \text{式 (8-17)}$$

$$\sigma_{ct}\leq\sigma'_{cta} \qquad \text{式 (8-18)}$$

ここに，σ_{cta}：緊張直後のコンクリートの引張応力の制限値（N/mm^2）

σ'_{cta}：緊張直後のコンクリートの圧縮応力の制限値（N/mm^2）

②使用荷重作用時

$$\sigma'_{ce}\geq\sigma'_{cea} \qquad \text{式 (8-19)}$$

$$\sigma_{ce}\leq\sigma_{cea} \qquad \text{式 (8-20)}$$

ここに，σ_{cea}：使用荷重作用時のコンクリートの引張応力の制限値（N/mm^2）

σ'_{cea}：使用荷重作用時のコンクリートの圧縮応力の制限値（N/mm^2）

8.3.2　せん断力に対する照査

(1)　斜め引張応力度の算定

$$\sigma_i=\frac{\sigma_x+\sigma_y}{2}+\frac{\sqrt{(\sigma_x-\sigma_y)^2+4\tau^2}}{2} \qquad \text{式 (8-21)}$$

$$\tau=\frac{(V_d-V_{ped})G}{b_w I} \qquad \text{式 (8-22)}$$

$$V_{ped}=\frac{p_{ed}\sin\alpha_p}{\gamma_b} \qquad \text{式 (8-23)}$$

ここに，σ_i：コンクリートの斜め引張応力度（N/mm^2）

σ_x：プレストレスと設計荷重による部材軸方向の応力度（N/mm^2）

σ_y：部材軸直角方向の応力度（通常は $\sigma_y=0$，N/mm^2）

τ：コンクリートの全断面を有効として求められるせん断応力度（N/mm^2）
V_d：設計荷重によるせん断力（N）
V_{ped}：傾斜配置したPC鋼材の有効プレストレスのせん断力に並行な成分（N）
b_w：部材断面のウェブ幅（mm）
G：図心軸に関して考えている点より外側部分断面の断面一次モーメント（mm^3）
I：部材断面の図心軸に関する断面二次モーメント（mm^4）

⑵　照査

①せん断力またはねじりモーメントを考慮する場合

$\sigma_i \leq 0.75 f_{tde}$　　式（8-24）

②せん断力およびねじりモーメントを考慮する場合

$\sigma_i \leq 0.95 f_{tde}$　　式（8-25）

ここに，f_{tde}：コンクリートの設計引張強度（N/mm^2）

8.4　安全性に関する照査

8.4.1　曲げモーメントと軸方向力に対する照査

⑴　曲げ耐力の計算上の仮定

①維ひずみは，断面の中立軸からの距離に比例する（平面保持の仮定）。
②鉄筋および付着のあるPC鋼材のひずみは，その位置のコンクリートのひずみに一致する。
③コンクリートの引張応力は，これを無視する。
④コンクリート，鉄筋およびPC鋼材の応力－ひずみ曲線は適切なものとする。土木学会標準示方書では，設計断面耐力の算定に対して，**図-8.9**を仮定している。

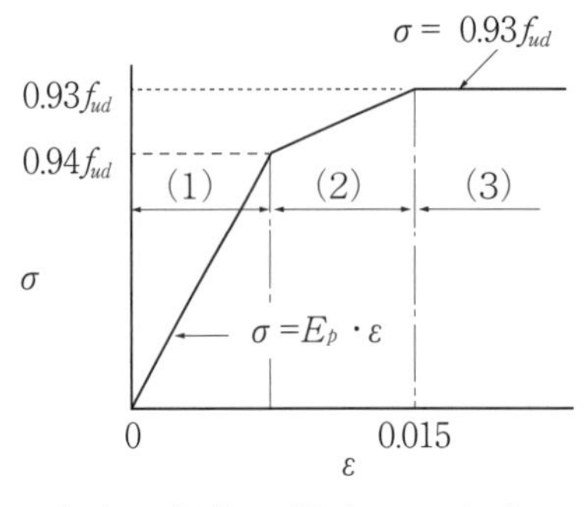

（ａ）PC鋼線,PC鋼よりせんおよびPC鋼棒1号

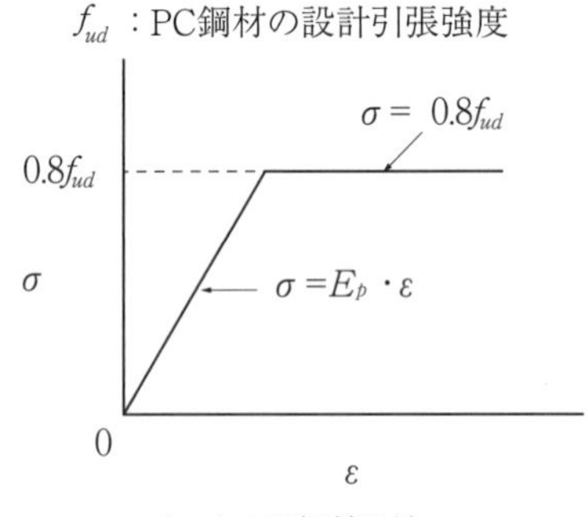

（ｂ）PC鋼棒2号

図-8.9　PC鋼材のモデル化された応力－ひずみ曲線[1)]

⑵　曲げ耐力の算定

ここでは，長方形断面に対して，設計耐力の計算方法の一例を示す。

①PC鋼材のひずみは0.015以上であると仮定する。

②次式より，等価応力ブロックの圧縮合力 C' と PC 鋼材の引張張力 T を求める。

$$C'=k_1 f'_{cd} \cdot b \cdot \beta x$$

$$T=0.93 f_{ud} A_p$$

③力の釣合い条件 $C'=T$ より，中立軸の位置 x を求める。

$$x=\frac{0.93 f_{ud} A_p}{\beta \cdot k_1 f'_{cd} \cdot b}$$

④断面破壊時の PC 鋼材のひずみ ε_p は，有効引張応力度 $\sigma_{pe}=P_e/A_p$ によるひずみ $\varepsilon_{pe}=\sigma_{pe}/E_p$ を考慮すると，以下の様になる。

$$\varepsilon_p=\frac{d-x}{x} \cdot \varepsilon'_{cu}+\varepsilon_{pe}$$

⑤ $\varepsilon_p \geq 0.015$の時，断面破壊時の PC 鋼材の引張応力度を$0.93 f_{pud}$とした①の仮定は正しい。

⑥曲げ耐力 M_u は，次式から計算することができる。

$$M_u=0.93 f_{ud} A_p (d-0.5\beta x)$$

(3)　断面破壊に対する照査

断面破壊に対する照査は，次式によって行う。

$$\gamma_i \frac{M_d}{M_{ud}} \leq 1.0$$

ここに，γ_i：構造物係数

M_{ud}：設計曲げ耐力（Nmm）

M_d：設計曲げモーメント（Nmm）

例題8-5

例題8-1の長方形断面のポストテンション PC はり断面において，設計曲げ耐力を求めよ。

解 答

破壊時の PC 鋼材のひずみは，$\varepsilon_p \geq 0.015$と仮定する。

$$f'_{cd}=\frac{f'_{ck}}{\gamma_c}=\frac{50}{1.3}=38.5\ \mathrm{N/mm^2}$$

$$f_{pud}=\frac{f_{puk}}{\gamma_p}=\frac{1080}{1.0}=1080\ \mathrm{N/mm^2}$$

$$k_1=1-0.003 f'_{ck}=1-0.003\times 50=0.85$$

$$\varepsilon'_{cu}=\frac{155-f'_{ck}}{30000}=\frac{155-50}{30000}=0.0035$$

$$\beta=0.52+80\varepsilon'_{cu}=0.52+80\times 0.0035=0.8$$

$$x=\frac{0.93 f_{pud} A_p}{\beta k_1 f'_{cd} b}=\frac{0.93\times 1080\times 665}{0.8\times 0.85\times 38.5\times 300}=85.0\ \mathrm{mm}$$

$$\varepsilon_{pe} = \frac{\sigma_{pe}}{E_p} = \frac{721.1}{200 \times 10^3} = 0.0036$$

$$\varepsilon_p = \frac{d-x}{x}\varepsilon'_{cu} + \varepsilon_{pe} = \frac{400-85.0}{85.0} \times 0.0035+0.0036=0.0168>0.0015$$

$$M_u = 0.93 f_{pud} A_p (d - 0.5\beta x) = 0.93 \times 1080 \times 665 \times (400 - 0.5 \times 0.8 \times 85.0)$$

$$= 244.5 \times 10^6 \text{Nmm} = 244.5 \text{ kNm}$$

$$M_{ud} = \frac{M_u}{\gamma_b} = \frac{244.5}{1.1} = 222.2 \text{ kNm}$$

8.4.2　せん断力に対する照査

はりなどの棒部材のせん断耐力に対する安全性の検討は，第６章の方法とほぼ同様に行うことができる。ただし，プレストレストコンクリート部材では，プレストレスの影響を適切に考慮する必要がある。土木学会示方書によると，せん断補強鉄筋を用いた棒部材の設計せん断耐力を，次式で求めることができる。

$$V_{yd}=V_{cd}+V_{sd}+V_{ped} \qquad \text{式 (8-26)}$$

ここに，V_{cd}：せん断補強鋼材を用いない棒部材の設計せん断耐力

$$V_{cd}=\frac{\beta_d \beta_p \beta_n f_{vcd} b_w d}{\gamma_b} \qquad \text{式 (8-27)}$$

$$f_{vcd}=0.20\sqrt[3]{f'_{cd}} \text{（ただし，} f_{vcd} \leq 0.72 \text{ N/mm}^2\text{）} \qquad \text{式 (8-28)}$$

$$\beta_d=\sqrt[4]{\frac{1000}{d}} \text{ [d:mm]（ただし，} \beta_d>1.5 \text{となる場合は1.5）} \qquad \text{式 (8-29)}$$

$$\beta_p=\sqrt[3]{100p_v} \text{（ただし，} \beta_d>1.5 \text{となる場合は1.5）} \qquad \text{式 (8-30)}$$

$$\beta_n=\sqrt{1+\frac{\sigma_{cd}}{f_{vtd}}} \text{（ただし，} \beta_n>2 \text{となる場合は2）} \qquad \text{式 (8-31)}$$

$$p_v=\frac{A_s}{b_w d} \qquad \text{式 (8-32)}$$

$$f_{vtd}=0.23 f'^{\frac{2}{3}}_{cd} \qquad \text{式 (8-33)}$$

ここに，b_w：腹部の幅（mm）

d：有効高さ（mm）

A_s：引張側鋼材の断面積（mm^2）

f'_{cd}：コンクリートの設計圧縮強度（N/mm^2）

σ_{cd}：断面高さの1/2の高さにおける平均プレストレス（N/mm^2）

γ_b：部材係数（一般に1.3として良い）

V_{sd}：せん断補強鋼材により受け持たれる設計せん断力

$$V_{sa}=\left\{\frac{A_w f_{wyd}(\sin\alpha_s \cos\theta + \cos\alpha_s)}{s_s} + \frac{A_{pw}\sigma_{pw}(\sin\alpha_{ps}\cos\theta + \cos\alpha_{ps})}{s_s}\right\}\cdot\frac{z}{\gamma_b} \qquad \text{式 (8-34)}$$

ここに，A_w：区間におけるせん断補強鉄筋の総断面積（mm^2）

A_{pw}：区間におけるせん断補強鋼材の総断面積（mm^2）

σ_{pw}：せん断補強鉄筋降伏時におけるせん断補強鋼材の引張応力度（N/mm^2）

α_s：せん断補強鉄筋が部材軸となす角度

α_{ps}：せん断補強鋼材が部材軸となす角度

θ：コンクリートの圧縮ストラットの角度（斜めひび割れの傾斜角）で，cot $\theta=\beta_n$ として計算する（36°≤θ≤45°）

s_s：せん断補強鉄筋の配置間隔（mm）

s_p：せん断補強鋼材の配置間隔（mm）

z：圧縮応力の合力の作用位置から引張鋼材図心までの距離（一般に $z=d/1.15$）

γ_b：部材係数（一般に1.1）

$$\sigma_{pw}=\sigma_{wpe}+f_{wyd} \leq f_{pyd} \qquad \text{式（8-35）}$$

ここに，σ_{wpe}：せん断補強鋼材の有効引張応力度（N/mm^2）

f_{wyd}：せん断補強鉄筋の設計降伏強度（N/mm^2），$25f'_{cd}$（N/mm^2）と800 N/mm^2のいずれか小さい値を上限とする。

f_{pyd}：せん断補強鋼材の設計降伏強度（N/mm^2）

ただし，$\dfrac{p_w \cdot f_{wyd}}{f'_{cd}} \leq 0.1$

$$p_w=\frac{Aw}{b_w s_s}+\frac{A_{pw}\sigma_{pw}/f_{wyd}}{b_w s_p} \qquad \text{式（8-36）}$$

ここに，V_{ped}：軸方向緊張材の有効引張力のせん断力に並行な成分

$$V_{ped}=\frac{P_{ed}\sin\alpha_{pl}}{\gamma_b} \qquad \text{式（8-37）}$$

ここに，P_{ed}：軸方向緊張材の有効引張力（N）

a_{pl}：軸方向緊張材が部材軸となす角度

γ_b：部材係数（一般に1.1）

引用・参考文献

1）土木学会：コンクリート標準示方書　設計編，2023.

第9章 道路橋の設計概要

9.1 一般

道路橋を設計する際の基準は，橋，高架等の道路等の技術基準として，道路橋示方書[1)~5)]が国土交通省より通知されているほか，各道路事業者でも独自のものが定められている[6)]。以下に，道路橋の設計に必要となる基本事項について述べる。

9.2 構造計画

(1) 橋の重要度

橋の重要度は，その性能や構造設計上の配慮事項，維持管理等，設計を行う上での条件で関わってくる。このため，以下の条件に応じて，決定することが必要である。

①物流等の社会・経済活動上の位置付け：道路区分や物流ネットワークの位置付け等

②防災計画上の位置付け：緊急時の位置付け等（緊急輸送路の指定の有無等）

③路線の代替性：迂回路の有無（通常時，災害時）等

(2) 設計供用期間

橋の設計において，想定する期間内に適切な維持管理が行われることを前提に，橋がその性能を発揮することを期待する期間である。耐荷性能や耐久性能と密接に関連するほか，設計の前提となる維持管理の条件についても関係がある。

なお，道路橋示方書においては，**設計供用期間**の標準が100年とされている。

(3) 架橋位置と形式の選定

橋の架橋位置と**形式の選定**にあたっては，路線の線形や交差条件等に適合する必要があるとともに，その決定段階においても，各種の道路構造物（橋のほか，道路土工構造物等）などについてもできるだけ，安全で信頼性の高く，また維持管理性に優れたものが計画できるように配慮することが必要である。

架橋位置選定の条件としては，以下のようなものがある。

①路線条件：交通量，将来計画（拡幅予定等），交差条件（道路，鉄道，河川等）等

②自然環境条件：腐食環境（地理的条件，飛来塩分等），気象条件（温度，積雪，降雨，風況等），地形・地質・地盤条件（軟弱地盤，液状化の発生，斜面崩壊の発生等），地下水等

③周辺環境：既存物件（住宅，商工業地等），地下埋設物，架空条件，利水状況等

④使用材料・その製造の条件：材料の採取地，コンクリートプラントの条件（立地条件等）等

⑤施工に関する条件：関連法規（騒音，振動等），運搬路（道路条件，支障物件等），作業環境等
⑥維持管理に関する条件：点検方法，被災時の補修方法，維持作業計画等

また，交差条件としては，以下のようなものがある。

①河川：河川形状，改修計画，計画高水位，計画高水流量，船舶通過条件等
②海峡，運河：船舶通過条件等
③道路，鉄道：道路，鉄道の幅員構成，建築限界，視距，地下埋設物，地中構造物等

9.3　設計の基本

⑴　一般

設計にあたっては，要求される性能として下記項目を総合的に考慮し，具体的な設計方針を決定する。

①使用目的との適合性（機能性，供用性）
②構造物の安全性
③耐久性
④施工品質の確保，急速性
⑤維持管理の確実性および容易さ
⑥環境および景観との調和
⑦経済性（建設費に維持管理費も含めたライフサイクルコスト）

⑵　使用目的との適合性に対する検討

使用目的と適合性とは，橋梁が計画通りに交通に利用できる機能のことであり，平常時において，利用者が安全かつ快適に使用できる供用性などを含む。

高速道路などの特に重要な道路においては，所要の交通機能に加え，走行安全性と快適性が求められ，これを踏まえての検討が必要となる。例えば，伸縮継手の箇所数を減らすことは，路面段差の解消により，走行安全性と快適性に寄与する。また，同時に維持管理の確実性および容易さ，沿道の環境対策の面にも効果がある。

⑶　構造物の安全性に対する検討

構造物の安全性とは，橋の機能に与える死荷重，活荷重，地震等の荷重に対し，橋が適切な安全性を有していることを指す。

⑷　構造物の耐久性に対する検討

耐久性とは，設計供用期間において，橋に経年的な劣化が生じたとしても，使用目的との適合性と構造物の安全性が大きく低下することなく，橋全体が所要の性能を確保できることを指す。

橋の経年的な劣化作用の種類は多岐にわたるが，雨水（漏水，滞水），河川，海あるいは地下水に由来する水や飛来塩分による腐食，大気質や紫外線による材料劣化，活荷重と風等の繰返し荷重による疲労劣化，埋立地や地滑り地帯等での地盤変状が挙げられ，これらに対しての検討が

必要である。

⑸　施工品質の確保に対する検討

施工品質の確保とは，使用目的との適合性と構造物の安全性を確保するために確実な施工が行える性能を有することを指す。

施工品質は，耐久性に直接影響を及ぼすものである。ここに施工品質とは，コンクリートの打込みや配筋，溶接，塗装等，橋本体の品質に影響を及ぼす作業が安全かつ確実に施工でき，検査等により確認できることをいう。設計段階では，施工の善し悪しが耐久性に直接影響を及ぼすことを認識し，施工品質の確認が困難な構造の採用を極力避ける，部材はできるだけ単純な形状とする等により，施工品質の確保に努める必要がある。

⑹　維持管理性および容易さに対する検討

維持管理の確実性および容易さとは，供用中の各種点検構造と部材等の状態の調査，補修作業等が確実に，かつ容易に行えることであり，耐久性に関連するものである。

つまり，構造物の設計段階から，あらかじめ点検を行う部位を決めておき，その部位に対しては，点検などの維持管理行為ができるだけ容易となるようにすることに加え，将来の不測の事態を考えて，点検が行えない部位をできるだけ少なくするなど，維持管理の行為が適切になされるよう考慮しておく必要がある。

⑺　環境および景観との調和に対する検討

橋の立地条件によっては，周辺の社会環境と自然環境に及ぼす影響を軽減あるいは調和させ，周辺環境にふさわしい景観性を有することが求められる。

周辺に与える影響としては，水質，大気質，騒音，振動等が挙げられる。また，設計時の工夫としては，騒音・振動の発生源となる伸縮継手の数を極力減らす，過度の振動が励起されないよう構造物に適切な剛性を付与する等の対応が考えられる。

⑻　経済性に対する検討

橋の設計にあたっては，経済性についての検討も必要である。また，初期の建設費を最小にするだけではなく，供用後の点検と補修等の維持管理を含めたライフサイクルコストが最小にするように考えることも重要である。

9.4　橋梁計画

⑴　一般

橋梁計画は，平面的な導入空間が設定された条件下で，上・下部構造からなる橋梁全体系の最適化を図るものであり，構造形式の選定を主体とする。

この橋梁計画では，交差する道路等の物件，地下の埋設物等により，橋脚の位置が制約を受け，これを受けて支間割を決定することとなる。支間割は上部構造の形式選定に影響を与えるのみならず，景観や経済性にも影響を及ぼす。よって，9.3の(1)で示される要求性能を考慮して，適切に橋梁計画を進めることが重要である。

(2) 構造形式の選定

構造は，上部，下部，基礎と区別して考えるのではなく，橋梁全体系として最適化を考え，その検討・選定を行う。

また，伸縮継手数削減の観点から，橋梁が連続する場合は，連続桁橋を選択することが望ましい。

(3) 上部構造の選定

上部構造形式には，鋼橋，コンクリート橋，および両者の特徴を組み合わせた複合橋梁等，橋種ごとに多くの形式が存在し，それぞれの特徴を有している。よって，形式の選定にあたっては，各々の形式の持つ特徴を的確に判断し，架設地点の条件に照らして最も適切な形式を選定する。例えば，鋼橋は現地での架設期間は短いが，工場からの輸送条件で桁の寸法等の制約を受ける。一方，コンクリート橋は現場での打込みの場合，輸送の問題は少なくなるが，架設期間が長くなる等，これらの条件も含めての検討が重要である。

(4) 下部構造の選定

橋脚の形式としては，単柱，ラーメン柱，壁式等，使用材料では，鉄筋コンクリート，鋼製，両者を組み合わせ複合構造等が挙げられる。

また，基礎の形式・形状は，地盤条件と基礎に作用する荷重の大きさにより決定される。基礎の形式としては，直接基礎，ケーソン基礎，杭基礎，鋼管矢板基礎，地中連続壁基礎，深礎基礎等が挙げられる。

下部構造の検討にあたっては，これら橋脚・基礎構造を含めて，それぞれの形式の得失を検討し，最適なものを選定する必要がある。

9.5 各部材の設計方針

(1) 一般

9.3と9.4を踏まえ，各部材の設計を行う。設計計算書には，与条件との関係と施工・維持管理に関する事項などの設計条件，構造設計上の配慮事項のうち，各部材設計に関係する事項等，各部材の設計内容の妥当性を確認できる情報を明記する。

(2) 各部材の耐荷性能に対する設計方針

9.2と9.3を踏まえ，各構造の耐荷性能が満足されるように各部材の耐荷性能を決定し，これを満足できるように各部材の設計法と内容を決定する。各部材の耐荷性能は，それらが構成する上部構造，下部構造，上・下部接続構造などの構造単位の耐荷性能との関係で決定される。

(3)　各部材の耐久性能に対する設計方針

橋の耐久性能の設定にあたっては，9.2の(1)と9.2の(3)と形式の選定の条件を踏まえ，また，橋を構成する部材等の維持管理方針等も踏まえ決定する。

具体的には，以下の観点などを考慮して，経年劣化と疲労等に対する所要の耐久性能を確保するための設計方針を，部材ごとに示す必要がある。

①耐久性能の根拠（時間的信頼性である設計供用期間との関係）
②対象の部材の耐荷性能の低下が橋の性能に及ぼす影響
③前提とした維持管理の条件と耐久性能との関係
例えば，
・耐久性能が失われた場合の耐荷性能への影響
・耐久性能および耐荷性能にかかる異常の検出方法と点検の関係
・設計供用期間にわたる維持管理の確実性と容易さ
④前提とした施工の条件と耐久性能の関係
⑤設計供用期間中に想定される耐久性能に関わる補修や部材更新等の方法
⑥経済性

(4)　橋の使用目的との適合性を満足するために必要なその他検討

橋の使用目的との適合性を満足するために，耐荷性能と耐久性能とに別途検討が必要な事項としては，以下のものが挙げられる。

①桁のたわみ
②第三者被害の可能性
③フェールセーフの設置
④沈下の影響
⑤斜面の影響
⑥流水の影響

(5)　施工に関する事項

橋の設計に用いられる制限値や様々な照査基準は，その前提としている適切な施工方法，また，道路橋示方書をはじめとする各種基準類に規定される検査基準によって，所要の品質が確保されていることが前提として規定されている。

橋の性能確保の前提となる施工を行うために配慮される事項の代表的なものとしては，以下のものが挙げられる。

①適用を想定している施工方法
②想定する仮設備の配置，能力
③架設計画で想定した荷重の設定と境界条件
④架設時の付加的な応力の発生
⑤架設時に発生する応力の残留
⑥架設時の安全性

⑦品質管理と検査の容易さ

(6) 維持管理に関する事項

橋の性能確保の前提となる維持管理を行うために配慮される事項の代表的なものとしては，以下のものが挙げられる。

①通常時・緊急時の点検方法，定期点検の方法（アクセス方法等）
②不測の事態に対する配慮
③点検のための空間確保
④部材の交換が必要となる場合の対応
⑤耐久性を確保する手段の更新

9.6　耐荷性能に関する基本

(1) 耐荷性能の設計において考慮する状況の区分

橋の設計において考慮する作用として，道路橋示方書では，以下の異なる３種類の状況を考慮することが示されている。

①永続作用による影響が支配的な状況（永続作用支配状況）
②変動作用による影響が支配的な状況（変動作用支配状況）
③偶発作用による影響が支配的な状況（偶発作用支配状況）

設計供用期間中に橋が置かれる状況は多岐にわたる作用の無数の組合せの継続であるため，これらを全て対象にして設計で考慮することは不可能である。よって，設計にあたっては，橋が設計供用期間中に置かれる全ての状況について，これを網羅できるいくつかの状況で代表させた上で，それらを用いて橋の耐荷性能を照査することが合理的となる。このため，道路橋示方書では，橋が置かれる状況を異なる特性を持つ作用の各々が支配的となる状況に区分し，その区分ごとに最も不利となる状況を適当な作用の組合せで表現し，それで代表してよいこととされている，

支配的となり得る状況の区分は，支配的な要因となり得る作用の種類に基づくものとし，**表-9.1**に示す観点で区分される。

表-9.1　作用の区分の観点[1)]

作用の区分	作用の頻度や特性	例
永続作用	常時または高い頻度で生じ，時間的変動がある場合にもその変動幅は平均値に比較し小さい	構造物の自重，プレストレス力，環境作用等
変動作用	しばしば発生し，その大きさの変動が平均値に比べて無視できず，かつ変化に偏りを有していない。	自動車，風，温度変化，雪，地震動等
偶発作用	極めて稀にしか発生せず，発生頻度などを統計的に考慮したり発生に関する予測が困難である作用。ただし，一旦生じると橋に及ぼす影響が甚大となり得ることから社会的に無視できない	衝突，最大級地震動等

(2) 橋の耐荷性能

橋の耐荷性能は，道路ネットワークにおける路線の位置付けと代替性，架橋位置・交差物件と

の関係等を考慮し，耐荷性能を満足させる必要がある。

7.4.1の(3)で述べた通り，道路橋示方書では，地震後におけるその社会的な役割と地域の防災計画上の位置付け，橋としての機能が失われることの影響度の大きさを考慮し，道路種別と橋の機能および構造に応じ，橋の需要度の区分をA種（標準的な橋）またはB種（特に重要度が高い橋）と定めているので，参考にするとよい。

9.7　設計条件

(1)　作用の種類

設計で考慮する状況を設定するための作用とその特性の分類として，道路橋示方書[1]では，**表-9.2**の通り示されている。

表-9.2　作用特性の分類[2]

	永続作用	変動作用	偶発作用
1）死荷重（D）	○		
2）活荷重（L）		○	
3）衝撃の影響（I）		○	
4）プレストレス力（PS）	○		
5）コンクリートのクリープの影響（CR）	○		
6）コンクリートの乾燥収縮の影響（SH）	○		
7）土圧（E）	○	○	
8）水圧（HP）	(○)※	○	
9）浮力または揚圧力（U）	(○)※	○	
10）温度変化の影響（TH）		○	
11）温度差の影響（TF）		○	
12）雪荷重（SW）		○	
13）地盤変動の影響（GD）	○		
14）支点移動の影響（SD）	○		
15）遠心荷重（CF）		○	
16）制動荷重（BK）		○	
17）風荷重（WS，WL）		○	
18）波圧（WP）		○	
19）地震の影響（EQ）		○	○
20）衝突荷重（CO）			○

※設計供用期間中の水位の変動幅と橋への荷重効果としての変動幅によっては，永続作用として扱うこともあり得る。

(2)　作用の組合せ

橋の耐荷性能で考慮する状況は，作用を適切に組み合わせることで表現できる。橋本体に対しては，構造物の死荷重，架設資機材，工事用車両等の施工時荷重，温度差の影響，地震の影響，風荷重等を組み合わせる。地震の影響と風荷重の影響は，施工期間等を考慮して組み合わせ方を検討するのが良い。

道路橋示方書では荷重の組合せとして，少なくとも以下の1)～3)の作用の組合せを考慮することとされている。

1)　永続作用による影響が支配的な状況（永続作用支配状況）

①D+PS+CR+SH+E+HP+(U)+(TF)+GD+SD+WP+(ER)

2)　変動作用による影響が支配的な状況（変動作用支配状況）

②D+L+I+PS+CR+SH+E+HP+(U)+(TF)+(SW)+GD+SD+(CF)+(BK)+WP+(ER)

③D+PS+CR+SH+E+HP+(U)+TH+(TF)+GD+SD+WP+(ER)

④D+PS+CR+SH+E+HP+(U)+TH+(TF)+GD+SD+WS+WP+(ER)

⑤D+L+I+PS+CR+SH+E+HP+(U)+TH+(TF)+(SW)+GD+SD+(CF)+(BK)+WP+(ER)

⑥D+L+I+PS+CR+SH+E+HP+(U)+(TF)+GD+SD+(CF)+(BK)+WS+WL+WP+(ER)

⑦D+L+I+PS+CR+SH+E+HP+(U)+TH+(TF)+GD+SD+(CF)+(BK)+WS+WL+WP+(ER)

⑧D+PS+CR+SH+E+HP+(U)+(TF)+GD+SD+WS+WP+(ER)

⑨D+PS+CR+SH+E+HP+(U)+TH+(TF)+(SW)+GD+SD+WP+EQ+(ER)

⑩D+PS+CR+SH+E+HP+(U)+(TF)+GD+SD+WP+EQ+(ER)

3)　偶発作用による影響が支配的な状況（偶発作用支配状況）

⑪D+PS+CR+SH+E+HP+(U)+GD+SD+EQ

⑫D+PS+CR+SH+E+HP+(U)+GD+SD+CO

4)　荷重組合せ係数および荷重係数

上記1)～3)の作用の組合せに対して，**表-9.3**の荷重組合せ係数および荷重係数を考慮する。

ここに，γ_p：荷重組合せ係数であり，異なる作用の同時載荷状況に応じて，設計で考慮する作用の規模の補正を行うための係数。

γ_q：荷重係数であり，作用の特性値に対するばらつきに応じて，設計で考慮する作用の規模の補正を行うための係数。

表-9.3　作用の組合せに対する荷重組合せ係数および荷重係数[3)]

作用の組合せ			荷重組合せ係数γ_pと荷重係数γ_qの値																											
		設計区分の状況	D		L		PS,CR,SH		E,HP,U		TH		TF		SW		GD,SD		CF,BK		WS		WL		WP		EQ		CO	
			γ_p	γ_q	γ_p	γ_q	γ_p	γ_q	γ_p	γ_q	γ_p	γ_q	γ_p	γ_q	γ_p	γ_q	γ_p	γ_q	γ_p	γ_q	γ_p	γ_q	γ_p	γ_q	γ_p	γ_q	γ_p	γ_q	γ_p	γ_q
①	D	永続作用支配状況	1.00	1.05	—	—	1.00	1.05	1.00	1.05	—	—	1.00	1.00	—	—	1.00	1.00	—	—	—	—	—	—	1.00	1.00	—	—	—	—
②	D+L	変動作用支配状況	1.00	1.05	1.00	1.25	1.00	1.05	1.00	1.05	—	—	1.00	1.00	1.00	1.00	1.00	1.00	1.00	1.00	—	—	—	—	1.00	1.00	—	—	—	—
③	D+TH		1.00	1.05	—	—	1.00	1.05	1.00	1.05	1.00	1.00	1.00	1.00	—	—	1.00	1.00	—	—	—	—	—	—	1.00	1.00	—	—	—	—
④	D+TH+WS		1.00	1.05	—	—	1.00	1.05	1.00	1.05	0.75	1.00	1.00	1.00	—	—	1.00	1.00	—	—	0.75	1.25	—	—	1.00	1.00	—	—	—	—
⑤	D+L+TH		1.00	1.05	0.95	1.25	1.00	1.05	1.00	1.05	0.75	1.00	1.00	1.00	1.00	1.00	1.00	1.00	1.00	1.00	—	—	—	—	1.00	1.00	—	—	—	—
⑥	D+L+WS+WL		1.00	1.05	0.95	1.25	1.00	1.05	1.00	1.05	—	—	1.00	1.00	—	—	1.00	1.00	1.00	1.00	0.50	1.25	0.50	1.25	1.00	1.00	—	—	—	—
⑦	D+L+TH+WS+WL		1.00	1.05	0.95	1.25	1.00	1.05	1.00	1.05	0.5	1.00	1.00	1.00	—	—	1.00	1.00	1.00	1.00	0.50	1.25	0.50	1.25	1.00	1.00	—	—	—	—
⑧	D+WS		1.00	1.05	—	—	1.00	1.05	1.00	1.05	—	—	1.00	1.00	—	—	1.00	1.00	—	—	1.00	1.25	—	—	1.00	1.00	—	—	—	—
⑨	D+TH+EQ		1.00	1.05	—	—	1.00	1.05	1.00	1.05	0.5	1.00	1.00	1.00	1.00	1.00	1.00	1.00	—	—	—	—	—	—	1.00	1.00	0.50	1.00	—	—
⑩	D+EQ		1.00	1.05	—	—	1.00	1.05	1.00	1.05	—	—	1.00	1.00	—	—	1.00	1.00	—	—	—	—	—	—	1.00	1.00	1.00	1.00	—	—
⑪	D+EQ	偶発作用支配状況	1.00	1.05	—	—	1.00	1.05	1.00	1.05	—	—	—	—	—	—	1.00	1.00	—	—	—	—	—	—	—	—	1.00	1.00	—	—
⑫	D+CO		1.00	1.05	—	—	1.00	1.05	1.00	1.05	—	—	—	—	—	—	1.00	1.00	—	—	—	—	—	—	—	—	—	—	1.00	1.00

9.8　鉄筋コンクリートT形橋脚の設計計算例

道路橋の設計計算例として，**図-9.1**の構造一般図に示す鋼橋の下部工である**図-9.2**の P-2鉄筋コンクリート T 形橋脚を例にして，以下に示す。

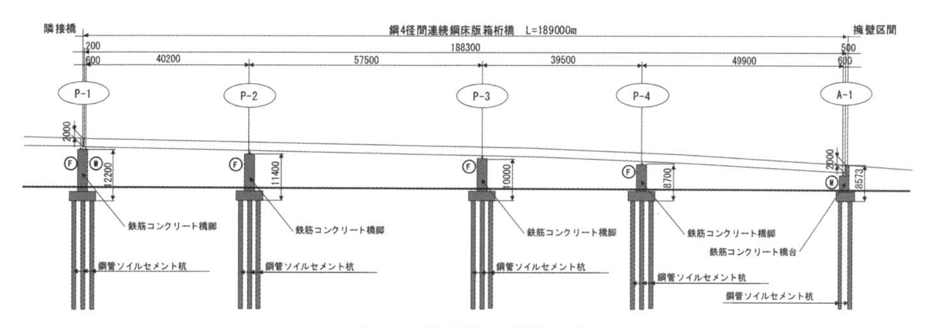

図-9.1　対象橋梁の構造一般図

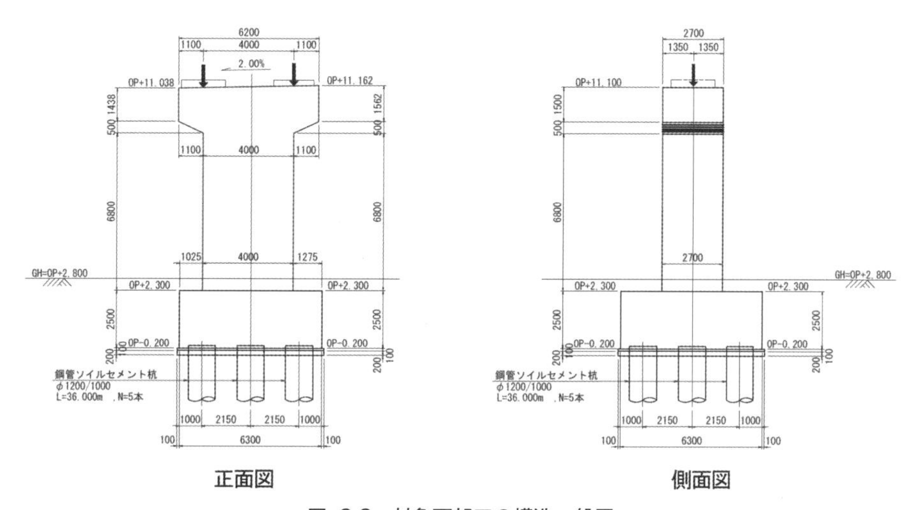

図-9.2　対象下部工の構造一般図

(1)　設計条件

本橋脚の設計条件を，以下に示す。

1）形式等

- 橋脚形式：鉄筋コンクリート T 形橋脚
- 基礎形式：杭基礎
- 重要度の区分：B 種の橋

2）上部工反力（荷重係数，荷重組合せを考慮しない値）

- 上部工死荷重反力：R_D=4000.0 kN
- 上部工活荷重反力：R_L=2200.0 kN
- 地震時水平反力：R_H=1200.0 kN

3）設計水平震度

・地域区分：A2地域（地域別補正係数 c_z=1.00，$c_{\mathrm{I}z}$=1.00，$c_{\mathrm{II}z}$=1.00）

・地盤種別：Ⅲ種地盤

・レベル１地震動の設計水平震度：

$$k_h=c_z \cdot k_{h0}=1.00\times0.30=0.30$$

・レベル２地震動（タイプⅠ）の設計水平震度：

$$k_{\mathrm{I}hg}=c_{\mathrm{I}z} \cdot k_{\mathrm{I}hg0}=1.00\times0.40=0.40$$

・レベル２地震動（タイプⅡ）の設計水平震度：

$$k_{\mathrm{II}hg}=c_{\mathrm{II}z} \cdot k_{\mathrm{II}hg0}=1.00\times0.60=0.60$$

4）単位体積重量

・鉄筋コンクリート：γ_c=24.5 kN/m^3

・フーチング上の土砂：γ_s=19.0 kN/m^3

・水：γ_w=9.8kN/m^3

5）使用材料および材料強度の特性値

・コンクリートの設計基準強度 σ_{ck}=24 N/mm^2

・鉄筋の降伏強度：σ_{sy}=345 N/mm^2（SD345）

6）設計で考慮する荷重または影響

・**表-9.4**の通りである。

表-9.4　設計で考慮する荷重または影響

荷重または影響＼設計で着目する方向	橋軸方向	橋軸直角方向	備考
1）死荷重（D）	○	○	
2）活荷重（L）	○	○	
3）衝撃の影響（I）	○	○	
4）プレストレス力（PS）	−	−	鋼橋のため考慮しない
5）コンクリートのクリープの影響（CR）	−	−	鋼橋のため考慮しない
6）コンクリートの乾燥収縮の影響（SH）	−	−	鋼橋のため考慮しない
7）土圧（E）	−	−	作用しない
8）水圧（HP）	−	−	作用しない
9）浮力または揚圧力（U）	○	○	
10）温度変化の影響（TH）	○	−	
11）温度差の影響（TF）	○	○	
12）雪荷重（SW）	−	−	積雪地域でないため考慮しない
13）地盤変動の影響（GD）	−	−	圧密沈下等の影響がないため考慮しない
14）支点移動の影響（SD）	−	−	圧密沈下等の影響がないため考慮しない
15）遠心荷重（CF）	−	−	直橋，橋面に軌道がないため考慮しない
16）制動荷重（BK）	−	−	直橋，橋面に軌道がないため考慮しない
17）橋桁に作用する風荷重（WS）	−	○	
18）活荷重に対する風荷重（WL）	−	○	
19）波圧（WP）	−	−	海上部に位置しないため考慮しない
20）地震の影響（EQ）	○	○	
21）衝突荷重（CO）	−	−	車両が立ち入らない地点のため考慮しない

7）作用の組合せに対する荷重組合せ係数および荷重係数

・表-9.3の通りである。

⑵　張出ばりの設計

⒜曲げモーメントに対する検討

曲げモーメントに対して，図-9.3に示す，はり付け根の位置において検討する。

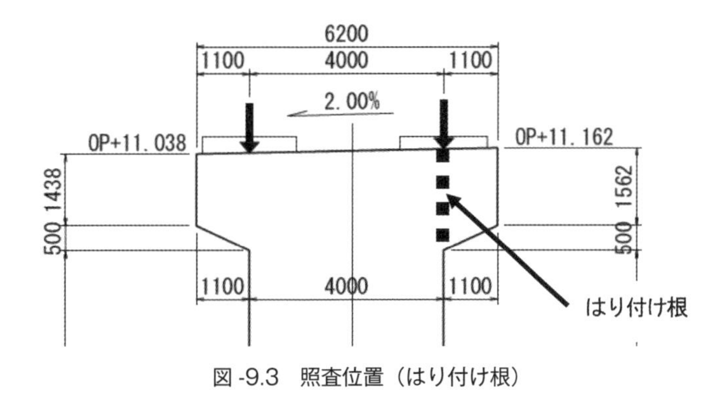

図-9.3　照査位置（はり付け根）

⒝曲げモーメントに対する照査結果

耐久性能の照査結果を表-9.5に，耐荷性能の照査結果を表-9.6に示す。ここでは，代表として死荷重および死荷重＋活荷重の組合せに対するものを示している。

表-9.5　曲げモーメントに対する耐久性能の照査結果

荷重ケース名					D	D+L
荷重ケースの種類					永続作用 支配状況	変動作用 支配状況
判定					OK	OK
部材寸法		部材幅	B	mm	2700.0	2700.0
		部材高	H	mm	2040.0	2040.0
		有効高	d	mm	1940.0	1940.0
断面力		曲げの状態			上面側引張	上面側引張
		曲げモーメント（はり）	Md	kN･m	72.334	72.334
		曲げモーメント（コーベル）	Md	kN･m	72.334	72.334
		軸力	Nd	kN	0.000	0.000
特性値		コンクリート設計基準強度	σ_{ck}	N/mm^2	30.0	30.0
		鉄筋の降伏強度	σ_{sy}	N/mm^2	345.0	345.0
耐久性	中立軸（圧縮縁から）		X	mm	332.7	332.7
	腐食に対する照査	鉄筋引張応力度制限値	σ_{st}	N/mm^2	100.0	—
		鉄筋の引張応力度（はり）	σ_s	N/mm^2	6.4	—
		鉄筋の引張応力度（コーベル）	σ_s	N/mm^2	7.1≦100.0	—
	疲労に対する照査	コンクリートの圧縮応力度制限値	σ_{ca}	N/mm^2	—	10.0
		鉄筋引張応力度制限値	σ_{st}	N/mm^2	—	180.0
		コンクリートの圧縮応力度制限値	σ_c	N/mm^2	—	0.1≦10.0
		鉄筋の引張応力度（はり）	σ_s	N/mm^2	—	6.1
		鉄筋の引張応力度（コーベル）	σ_s	N/mm^2	—	6.7≦180.0

表 -9.6　曲げモーメントに対する耐荷性能の照査結果

荷重ケース名					D+L
荷重ケースの種類					変動作用 支配状況
判定					OK
部材寸法	部材幅 部材高 有効高		B H d	mm mm mm	2700.0 2040.0 1940.0
断面力	曲げの状態				上面側引張
	曲げモーメント 軸力		Md Nd	kN･m kN	72.334 0.000
特性値	コンクリート設計基準強度 鉄筋の降伏強度 降伏曲げモーメント 破壊抵抗曲げモーメント		σ_{ck} σ_{sy} Myc Muc	N/mm^2 N/mm^2 kN･m kN･m	30.0 345.0 3523.570 3523.570
最小鉄筋量照査	曲げ部材	ひび割れモーメント 最大抵抗モーメント 1.7M	Mc Muc ―	kN･m kN･m kN･m	4158.610 3523.570≦4158.610 122.967≦4158.610
	単位幅 鉄筋量	配置幅 鉄筋量 単位幅当たり	W ΣAs As	m mm^2 mm^2	2.7 6193.6 2293.9≧500.0
最大鉄筋量照査	釣合い 鉄筋量	破壊抵抗曲げモーメント 降伏曲げモーメント	Muc Myc	kN･m kN･m	3523.570 3523.570≦3523.570
限界状態3　部材破壊に対する照査	調査・解析係数 部材・構造係数 抵抗係数		ξ_1 ξ_2 ϕu		0.90 0.90 0.80
	曲げモーメントの制限値		Mud	kN･m	72.334≦2283.273

(c)せん断力に対する検討

せん断力に対して，図 -9.4に示す，はりの付け根からはりの高さ h の1/2離れた位置において検討する。

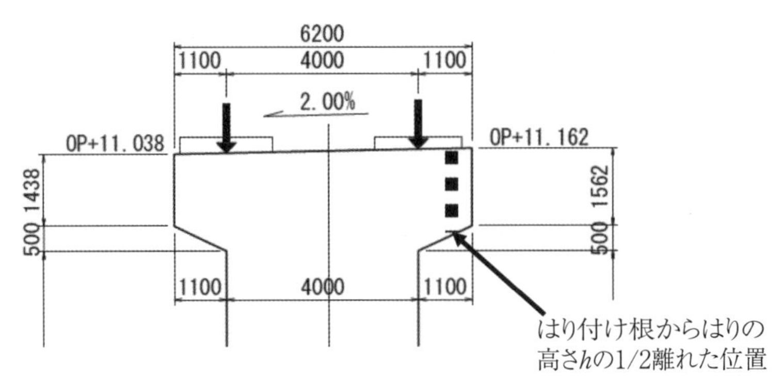

図 -9.4　照査位置（はり付け根からはりの高さ h の1/2離れた位置）

(d)せん断力に対する照査結果

耐久性能の照査結果を表 -9.7に，耐荷性能の照査結果を表 -9.8に示す。ここでは，代表として死荷重および死荷重＋活荷重の組合せに対するものを示している。

表-9.7 せん断力に対する耐久性能の照査結果

荷重ケース名				D	D+L
荷重ケースの種類				永続作用 支配状況	変動作用 支配状況
判定				OK	OK
部材寸法	部材幅	B	mm	2700.0	2700.0
	部材高	H	mm	1596.8	1596.8
断面力	曲げの状態			上面側引張	上面側引張
	曲げモーメント	Md	kN·m	0.350	0.333
	せん断力	Sd	kN	8.776	8.358
	軸力	Nd	kN	0.000	0.000
	圧縮縁が部材軸方向となす角度	β	度	24.444	24.444
	引張鋼材が部材軸方向となす角度	γ	度	−1.146	−1.146
	有効高の変化の影響を考慮したせん断力	Sh	kN	8.674	8.261
断面諸量	軸方向引張鉄筋比	pt	%	0.153	0.153
	有効幅	b	mm	2700.0	2700.0
	有効高	d	mm	1496.8	1496.8
せん断スパン	せん断スパン	L	mm	0.0	0.0
	有効高 $d/1.15$($L<d/1.15$のとき $d/1.15$を L とする)	$d/1.15$	mm	1301.6	1301.6
係数	コンクリート負担分の割増係数	Cdc		1.0000	1.0000
	せん断補強鉄筋負担分の低減係数	Cds		1.0000	1.0000
	有効高 d に関する補正係数	ce		0.9255	0.9255
	引張鉄筋比 pt に関する補正係数	cpt		0.8065	0.8065
	正負交番繰返し作用の影響に関する補正係数	cc		1.0000	1.0000
鉄筋	せん断補強鉄筋の断面積	Aw	mm^2	1013.4	1013.4
	部材軸方向の間隔	a	mm	105.0	105.0
コンクリート	コンクリートが負担できるせん断応力度の基本値	τ_c	N/mm^2	0.370	0.370
	平均せん断応力度	τ_r	N/mm^2	0.276	0.276
耐久性	コンクリートが負担できるせん断応力度に関する低減係数	ϕuc	—	0.65	0.65
	コンクリートが負担できるせん断力	Scd	kN	725.471	725.471
	せん断補強鉄筋が負担するせん断力の合計	Ss	kN	0.000	0.000
	鉄筋の引張応力度の制限値(腐食)	σ_{sa}	N/mm^2	100.0	100.0
	鉄筋の引張応力度の制限値(疲労)	σ_{sa}	N/mm^2	180.0	180.0
	鉄筋の引張応力度(腐食)	σ_s	N/mm^2	0.0≦100.0	—
	鉄筋の引張応力度(疲労)	σ_s	N/mm^2	—	0.0≦180.0

表-9.8　せん断力に対する耐荷性能の照査結果

区分		項目	記号	単位	値
荷重ケース名					D
荷重ケースの種類					永続作用 支配状況
判定					OK
部材寸法		部材幅	B	mm	2700.0
		部材高	H	mm	1596.8
断面力		曲げの状態			上面側引張
		曲げモーメント	Md	kN·m	0.350
		せん断力	Sd	kN	8.776
		軸力	Nd	kN	0.000
		圧縮縁が部材軸方向となす角度	β	度	24.444
		引張鋼材が部材軸方向となす角度	γ	度	−1.146
		有効高の変化の影響を考慮したせん断力	Sh	kN	8.674
断面諸量		軸方向引張鉄筋比	pt	%	0.153
		有効幅	b	mm	2700.0
		有効高	d	mm	1496.8
せん断スパン		せん断スパン	L	mm	0.0
		有効高 $d/1.15$($L<d/1.15$のとき $d/1.15$を L とする)	$d/1.15$	mm	1301.6
係数		コンクリート負担分の割増係数	Cdc		1.0000
		せん断補強鉄筋負担分の低減係数	Cds		1.0000
		有効高 d に関する補正係数	ce		0.9255
		引張鉄筋比 pt に関する補正係数	cpt		0.8065
		正負交番繰返し作用の影響に関する補正係数	cc		1.0000
鉄筋		せん断補強鉄筋の断面積	Aw	mm^2	0.0
		部材軸方向の間隔	a	mm	105.0
コンクリート		コンクリートが負担できるせん断応力度の基本値	τ_c	N/mm^2	0.370
		平均せん断応力度	τ_r	N/mm^2	0.276
特性値		せん断補強鉄筋の降伏強度	σ_{sy}	N/mm^2	345.0
		コンクリートの圧縮に対するせん断耐力	$Sucw$	kN	16165.440
		コンクリートの平均せん断応力度	τ_{rmax}	N/mm^2	4.0
斜引張破壊		調査・解析係数	ξ_1		0.90
		部材・構造係数	ξ_2		0.85
		コンクリートの抵抗係数	ϕuc		0.65
		せん断補強鉄筋の抵抗係数	ϕus		0.65
		補正係数	k		1.30
	コンクリート	部材縁で応力度0となる曲げモーメント	$M0$	kN·m	0.000
		$M0/Md(\leqq 1.0)$	—	—	0.000
		最大のせん断力に等価なせん断応力度	τ_{cmax}	N/mm^2	—
		せん断力の上限値 $(\tau_{cmax}\cdot b\cdot d)/1000$	—	—	—
		コンクリートが負担できるせん断力の特性値	Sc	kN	1450.941
		せん断補強鉄筋が負担できるせん断力の合計の特性値	Ss	kN	0.000
		斜引張破壊に対するせん断力の制限値	$Susd$	kN	8.674≦721.480
ウエブコンクリートの圧壊		コンクリートのせん断応力度の制限値	τ_{ma}	N/mm^2	1.900
		コンクリートの平均せん断応力度	τ_m	N/mm^2	0.002≦1.900
		調査・解析係数	ξ_1		0.90
		部材・構造係数×抵抗係数	$\xi_2\cdot\phi ucw$		0.70
		圧壊に対するせん断力の制限値	$Susd$	kN	8.674≦10184.227

⑶　柱の設計

⒜曲げモーメントおよびせん断力に対する検討

曲げモーメントおよびせん断力に対して，図-9.5に示す，柱基部断面において検討する。以下では，代表として橋軸方向の照査結果を示している。

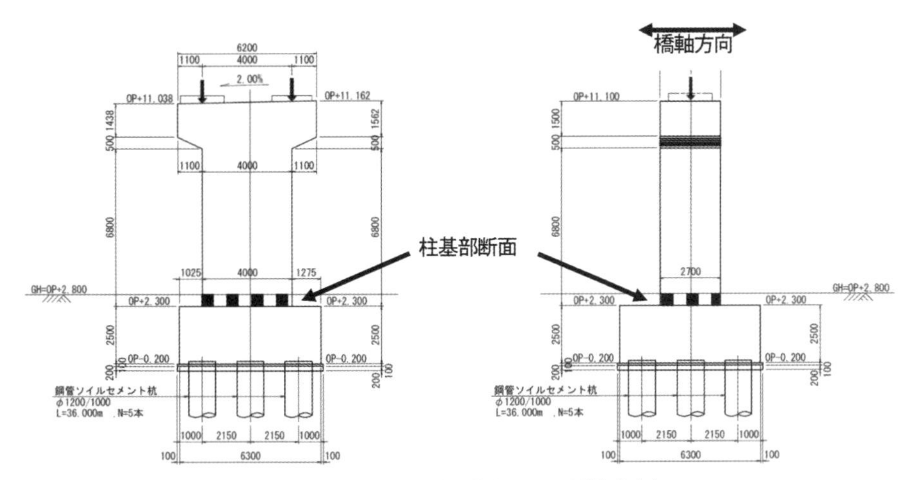

図-9.5　照査位置（柱基部断面・橋軸方向）

⒝曲げモーメントおよびせん断力に対する照査結果

曲げモーメントに対する耐荷性能の照査結果を表-9.9に，せん断力に対する耐荷性能の照査結果を表-9.10にそれぞれ示す。ここでは，代表として死荷重+地震の影響の組合せに対するものを示している。

表-9.9　曲げモーメントに対する耐荷性能の照査結果

荷重ケース名					D+EQ(U)(水位無視)	D+EQ(U)(水位無視)
荷重ケースの種類					変動作用 支配状況	変動作用 支配状況
判定					OK	OK
部材寸法	部材幅		B	mm	4000.0	4000.0
	部材高		H	mm	2700.0	2700.0
	有効高		d	mm	2550.0	2550.0
断面力	曲げの状態				前面側引張	前面側引張
	曲げモーメント		Md	kN·m	18730.649	18730.649
	軸力		Nd	kN	6597.315	6597.315
特性値	コンクリート設計基準強度		σ_{ck}	N/mm^2	30.0	30.0
	鉄筋の降伏強度		σ_{sy}	N/mm^2	390.0	390.0
	降伏曲げモーメント		Myc	kN·m	34893.329	34893.329
	破壊抵抗曲げモーメント		Muc	kN·m	36789.984	36789.984
最小鉄筋量照査	曲げ部材	ひび割れモーメント	Mc	kN·m	13761.032	13761.032
		最大抵抗モーメント	Muc	kN·m	36789.984≧13761.032	36789.984≧13761.032
		1.7M	—	kN·m	31842.103＞13761.032	31842.103＞13761.032
	単位幅鉄筋量	配置幅	W	m	13.4	13.4
		鉄筋量	ΣAs	mm^2	76528.0	76528.0
		単位幅当たり	As	mm^2	5711.0≧500.0	5711.0≧500.0
	軸方向部材	鉄筋軸圧縮応力度制限値	σ_{Sa}	N/mm^2	345.0	345.0
		コンクリート圧縮応力度制限値	σ_{Ca}	N/mm^2	12.7	12.7
		軸方向鉄筋量	As	mm^2	76528.0	76528.0
		0.008A'	—	mm^2	3413.9≦76528.0	3413.9≦76528.0
最大鉄筋量照査	釣合い鉄筋量	破壊抵抗曲げモーメント	Muc	kN·m	36789.984	36789.984
		降伏曲げモーメント	Myc	kN·m	34893.329≦36789.984	34893.329≦36789.984
	軸方向鉄筋量	部材断面積	Ac	mm^2	10800000.0	10800000.0
		0.06Ac	—	mm^2	648000.0	648000.0
		鉄筋量	As	mm^2	76528.0≦648000.0	76528.0≦648000.0
限界状態1	部材破壊に対する照査	調査・解析係数	ξ_1		0.90	0.90
		抵抗係数	ϕu		1.00	1.00
		曲げモーメントの制限値	Mud	kN·m	18730.649≦31403.997	18730.649≦31403.997
限界状態3	部材破壊に対する照査	調査・解析係数	ξ_1		0.90	0.90
		部材・構造係数	ξ_2		0.90	0.90
		抵抗係数	ϕu		1.00	1.00
		曲げモーメントの制限値	Mud	kN·m	18730.649≦29799.887	18730.649≦29799.887

表-9.10　せん断力に対する耐荷性能の照査結果

荷重ケース名					D+EQ(U)(水位無視)	D+EQ(U)(水位無視)
荷重ケースの種類					変動作用 支配状況	変動作用 支配状況
判定					OK	OK
部材寸法		部材幅	B	mm	4000.0	4000.0
		部材高	H	mm	2700.0	2700.0
断面力		曲げの状態			前面側引張	前面側引張
		曲げモーメント	Md	kN·m	18730.649	18730.649
		せん断力	Sd	kN	2073.695	2073.695
		軸力	Nd	kN	6597.315	6597.315
		圧縮縁が部材軸方向となす角度	β	度	0.000	0.000
		引張鋼材が部材軸方向となす角度	γ	度	0.000	0.000
		有効高の変化の影響を考慮したせん断力	Sh	kN	2073.695	2073.695
断面諸量		軸方向引張鉄筋比	pt	%	0.375	0.375
		有効幅	b	mm	4000.0	4000.0
		有効高	d	mm	2550.0	2550.0
せん断スパン		せん断スパン	L	mm	8800.0	8800.0
		有効高 $d/1.15$($L<d/1.15$のとき $d/1.15$を L とする)	$d/1.15$	mm	2217.4	2217.4
係数		コンクリート負担分の割増係数	Cdc		1.0000	1.0000
		せん断補強鉄筋負担分の低減係数	Cds		1.0000	1.0000
		有効高 d に関する補正係数	ce		0.7675	0.7675
		引張鉄筋比 pt に関する補正係数	cpt		1.0751	1.0751
		正負交番繰返し作用の影響に関する補正係数	cc		1.0000	1.0000
鉄筋		せん断補強鉄筋の断面積	Aw	mm^2	1432.5	1432.5
		部材軸方向の間隔	a	mm	150.0	150.0
コンクリート		コンクリートが負担できるせん断応力度の基本値	τ_c	N/mm^2	0.370	0.370
		平均せん断応力度	τ_r	N/mm^2	0.305	0.305
特性値		せん断補強鉄筋の降伏強度	σ_{sy}	N/mm^2	345.0	345.0
		コンクリートの圧縮に対するせん断耐力	$Sucw$	kN	40800.000	40800.000
		コンクリートの平均せん断応力度	τ_{rmax}	N/mm^2	4.0	4.0
斜引張破壊		調査・解析係数	ξ_1		0.90	0.90
		部材・構造係数	ξ_2		0.85	0.85
		コンクリートの抵抗係数	ϕuc		0.95	0.95
		せん断補強鉄筋の抵抗係数	ϕus		0.95	0.95
		補正係数	k		1.30	1.30
	コンクリート	部材縁で応力度0となる曲げモーメント	$M0$	kN·m	0.000	0.000
		$M0/Md(\leqq 1.0)$	—	—	0.000	0.000
		最大のせん断力に等価なせん断応力度	τ_{cmax}	N/mm^2	1.400	1.400
		せん断力の上限値 $(\tau_{cmax}\cdot b\cdot d)/1000$	—	—	14280.000	14280.000
		コンクリートが負担できるせん断力の特性値	Sc	kN	4048.438	4048.438
		せん断補強鉄筋が負担できるせん断力の合計の特性値	Ss	kN	9497.475	9497.475
		斜引張破壊に対するせん断力の制限値	$Susd$	kN	2073.695≦9844.493	2073.695≦9844.493
ウエブコンクリートの圧壊		コンクリートのせん断応力度の制限値	τ_{ma}	N/mm^2	2.900	2.900
		コンクリートの平均せん断応力度	τ_m	N/mm^2	0.203≦2.900	0.203≦2.900
		調査・解析係数	ξ_1		0.90	0.90
		部材・構造係数×抵抗係数	$\xi_2\cdot\phi ucw$		1.00	1.00
		圧壊に対するせん断力の制限値	$Susd$	kN	073.695≦36720.000	073.695≦36720.000

(4) 橋脚の配筋図

上記により断面決定された本橋脚の配筋図を，図-9.6および図-9.7に示す。

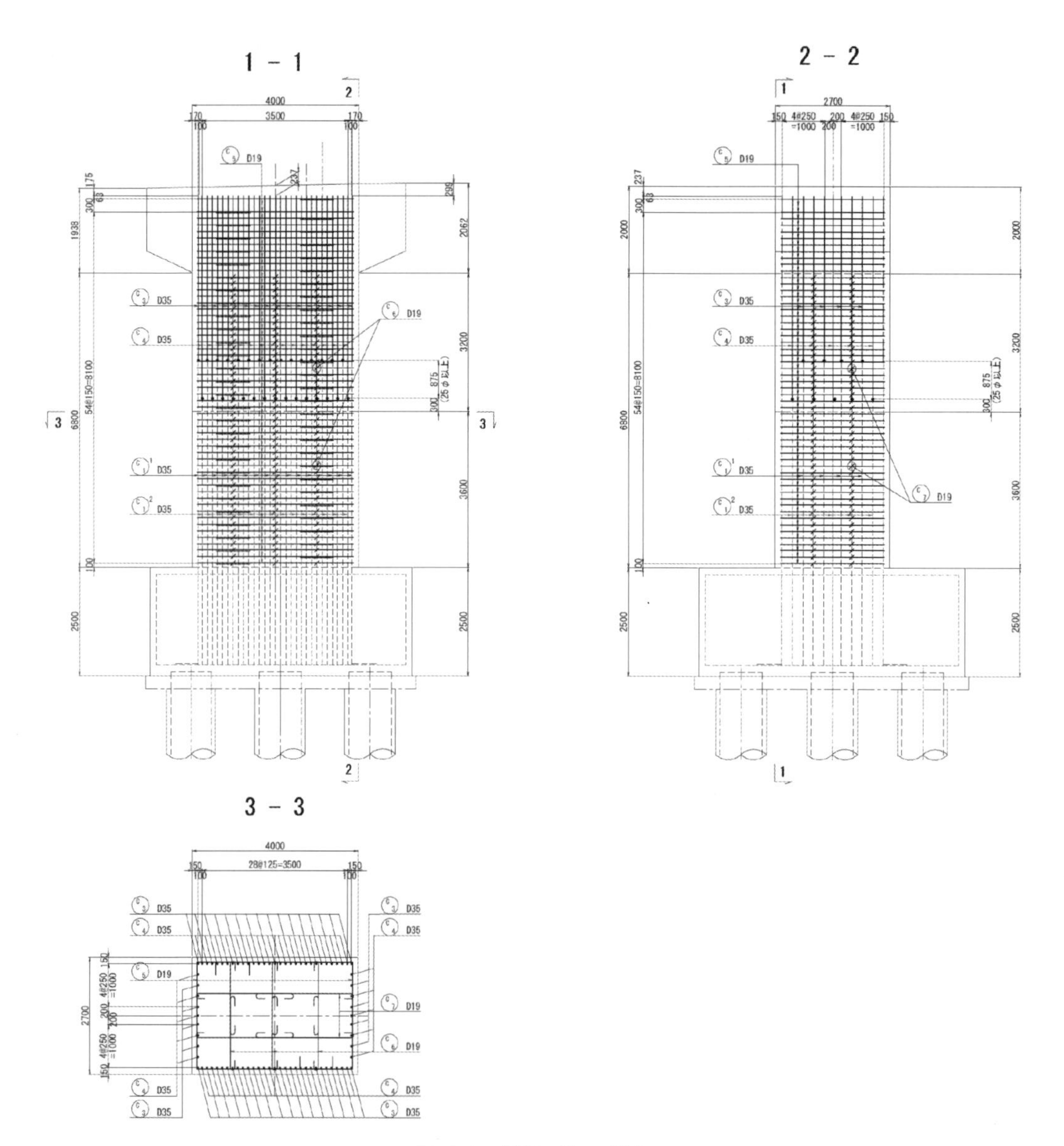

図-9.6　橋脚配筋図（柱）

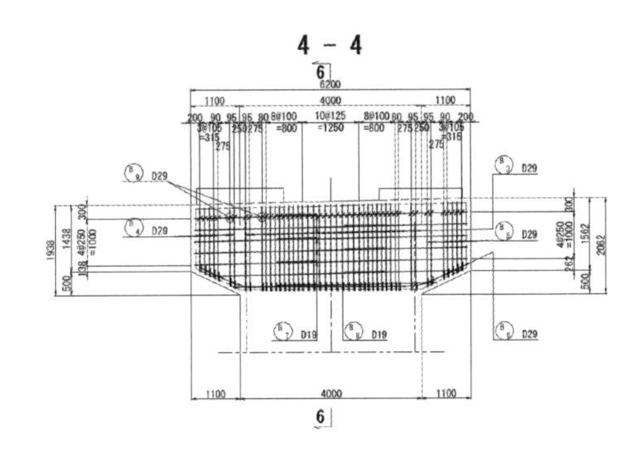
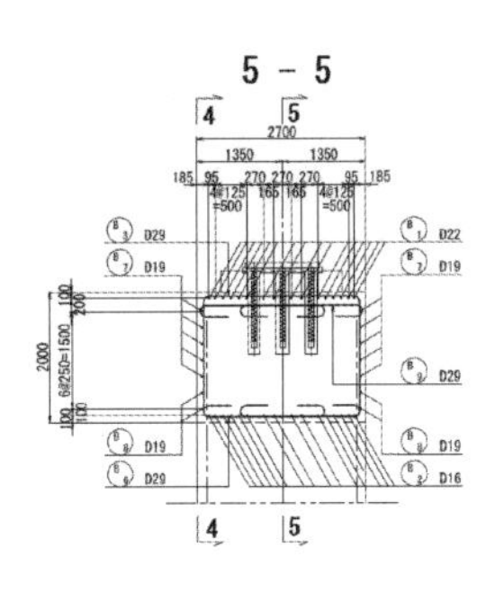
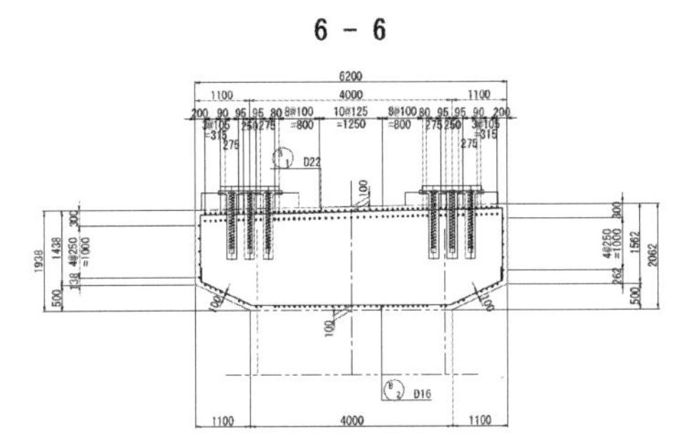

図-9.7　橋脚配筋図（はり）

参考文献

1）日本道路協会：道路橋示方書・同解説　Ⅰ共通編，2017.
2）日本道路協会：道路橋示方書・同解説　Ⅱ鋼橋・鋼部材編，2017.
3）日本道路協会：道路橋示方書・同解説　Ⅲコンクリート橋・コンクリート部材編，2017.
4）日本道路協会：道路橋示方書・同解説　Ⅳ下部構造編，2017.
5）日本道路協会：道路橋示方書・同解説　Ⅴ耐震設計編，2017.
6）阪神高速道路株式会社：設計基準第2部　構造物設計基準（橋梁編），2021.
7）日本道路協会：平成29年道路橋示方書に基づく道路橋の設計計算例，2018.

付　録

付録　表１　異形棒鋼の周長［mm］※

呼び名	1本	2本	3本	4本	5本	6本	7本	8本	9本	10本
D6	20	40	60	80	100	120	140	160	180	200
D10	30	60	90	120	150	180	210	240	270	300
D13	40	80	120	160	200	240	280	320	360	400
D16	50	100	150	200	250	300	350	400	450	500
D19	60	120	180	240	300	360	420	480	540	600
D22	70	140	210	280	350	420	490	560	630	700
D25	80	160	240	320	400	480	560	640	720	800
D29	90	180	270	360	450	540	630	720	810	900
D32	100	200	300	400	500	600	700	800	900	1000
D35	110	220	330	440	550	660	770	880	990	1100
D38	120	240	360	480	600	720	840	960	1080	1200
D41	130	260	390	520	650	780	910	1040	1170	1300
D51	160	320	480	640	800	960	1120	1280	1440	1600

※ JIS 規格の数値（cm　単位）を mm 単位で表示

索引

[英語]

EFTA　45
EU　45
JIS 規格値　43
PC 鋼線　156
PC 鋼棒　156
PC 鋼より線　156

[あ]

アーム長　59
安全係数　43
安全性　38
安全率　38
ウェブ圧縮破壊　122
内ケーブル方式　158
帯鉄筋　14
折曲げ鉄筋　126

[か]

荷重　5
荷重の規格値　42
荷重の特性値　42
割線弾性係数　31
環境性能　10
換算断面　56
乾燥収縮　2
期待値　42
強度低減係数　43　62
許容応力度設計法　38　54
許容限度　39
許容ひび割れ幅　15
形式の選定　173
限界状態　8　38
限界状態設計法　38　56
公称値　42
構造性能　39
構造物係数　9　40　66
降伏点　53

[さ]

最小鉄筋比　67
材料強度の特性値　41　43
材料係数　29
作用　5
自己収縮　2
終局強度設計法　38
終局限界状態　39　57
主鉄筋　48
使用限界状態　40
使用性　38
シリンダー強度　29
試案　45
指針（案）　45
脆性破壊　43　54
生起確率　42
性能照査型設計法　45
性能設計　38
設計圧縮強度　29
設計荷重　42
設計基準強度　29　49
設計供用期間　173
設計耐用期間　8
設計断面耐力　43
設計断面力　42
設計付着強度　97
設計曲げ耐力　64
セットロス　161
線形解析　42
せん断圧縮破壊　122
せん断スパン比　54
せん断引張破壊　122
せん断補強鉄筋　13
相互作用図　106
塑性　54
塑性ヒンジ　20
外ケーブル方式　158

[た]
耐久性　38
耐震性能　10　145
たわみ　94
短期変形　94
弾性　54
単鉄筋はり　51
断面耐力　40
断面破壊の終局限界状態　39
断面力　40
中心軸圧縮　102
中立軸　50
中立軸比　56
長期変形　94
釣合い断面　54
釣合破壊　107
鉄筋コンクリート　1
等価応力ブロック　63
等価繰返し回数　143
特性値　29
土木学会示方書　102

[な]
斜め引張破壊　122
斜めひび割れ　12　123
二次モーメント　102
熱膨張係数　49

[は]
パーシャルプレストレッシング　155
ハウトラス　127
橋の架橋位置　173
橋の重要度　146　173
引張強度　30
ひび割れ　1
ひび割れ幅　98
標準フック　21
標準養生　49
疲労　141
疲労強度　141
疲労限界状態　40
疲労破壊　40　141
複鉄筋はり　51
部材係数　64
復旧性　38
フックの法則　7
不動態皮膜　49
部分安全係数　38
フルプレストレッシング　155
プレキャスト部材　77
プレテンション方式　157
平面保持の仮定　12　165
平面保持の法則　50
ポストテンション方式　157
ほぞ　132
細長比（λ）　102

[ま]
曲げ圧縮破壊　54　107
曲げ強度　30
曲げ降伏モーメント　74
曲げ引張破壊　53　64　107
曲げひび割れ発生モーメント　72
曲げモーメントの再分配　42

[や]
ヤング係数　49
ヤング係数比　50
有効高さ　56
有効プレストレス　159
有効率　164
ユーロコード　44
要求性能　9　39
呼び名　34

[ら]
レベル１地震動　145
レベル２地震動　145

[わ]
ワーレントラス　127

MEMO

MEMO

MEMO

MEMO

MEMO

【著者紹介】
辻　幸和（つじ　ゆきかず）
群馬大学・前橋工科大学名誉教授　監修

山下　典彦（やました　のりひこ）
大阪産業大学　工学部　教授　執筆：1章

緑川　猛彦（みどりかわ　たけひこ）
福島工業高等専門学校　都市システム工学科　教授　執筆：2章、8章

李　春鶴（り　ちゅんふ）
宮崎大学　工学教育研究部　准教授　執筆：3章

松尾　栄治（まつお　えいじ）
九州産業大学　建築都市工学部　教授　執筆：4章

井上　真澄（いのうえ　ますみ）
北見工業大学　工学部　社会環境系　教授　執筆：5章

庭瀬　一仁（にわせ　かずひと）
日揮株式会社　インダストリーソリューション本部　原子力プロジェクト部　プロジェクトマネージャー　執筆：6章
（前　八戸工業高等専門学校　産業システム工学科　教授）

志村　敦（しむら　あつし）
阪神高速道路株式会社　建設事業本部　大阪建設部　部長　執筆：7章、9章

基礎から実践　鉄筋コンクリート

2025年2月14日　初版第1刷発行

発行者　柴山　斐呂子

発行所　理工図書株式会社

〒102-0082　東京都千代田区一番町 27-2
電話 03（3230）0221（代表）
FAX 03（3262）8247
振替口座　00180-3-36087 番
https://www.rikohtosho.co.jp
お問合せ info@rikohtosho.co.jp

Printed in Japan　ISBN978-4-8446-0957-5

印刷・製本　丸井工文社